49,00

QUEM SOMOS?

A Érica é uma editora especializada em publicações técnicas voltadas para leitores ávidos de informações atualizadas, completas, de fácil compreensão, e material dirigido a estudantes, autodidatas e profissionais de mercado.

Nossas publicações são produzidas por conhecidos e atuantes profissionais de mercado nacional e internacional, cobrindo diversos segmentos, tais como: Eletrônica, Computação, Linguagens, Negócios, Finanças, Marketing, Inglês, Multimídia, Turismo e outros, constituindo um caminho seguro e certo para os que desejam ampliar e solidificar sua base de conhecimentos, assim como para os iniciantes, aos quais dedicamos grande parte de nossas obras.

POR QUE SE CADASTRAR NA EDITORA ÉRICA?

Estamos em contínuo aprimoramento, sempre com o objetivo de melhor servir nossos leitores, cuja opinião é muito importante para que possamos melhorar ainda mais nossos serviços, fornecendo sempre produtos modernos e de qualidade.

Ao preencher e remeter a ficha de cadastro constante no final deste livro, nossos leitores passarão a receber, de forma sistemática, não somente informações sobre nossos lançamentos, como também sobre assuntos variados de interesse geral, escritos por alguns de nossos 500 autores.

PARTICIPE, não é necessário selar o cartão de resposta, basta preenchê-lo e depositá-lo em uma das inúmeras caixas de correio em todas as cidades brasileiras.

Gilio Aluisio Simone
Renato Crivellari Creppe

Conversão Eletromecânica de Energia

UMA INTRODUÇÃO AO ESTUDO

Ano: 2002 2001 2000 **1999**

Edição: 8 7 6 5 4 3 2 **1**

Editora Érica Ltda.

Dados Internacionais de Catalogação na Publicação (CIP)
(Câmara Brasileira do Livro, SP, Brasil)

Simone, Gilio Aluisio, 1944 -
Conversão Eletromecânica de Energia / Gilio Aluisio Simone, Renato Crivellari Creppe. - São Paulo: Érica, 1999.

Bibliografia
ISBN 85-7194-603-5

1. Energia Elétrica - Conversão eletromecânica. I. Creppe, Renato Crivellari, 1965 - II. Título.

99-0180 CDD-621.31

Índices para catálogo sistemático

1. Conversão eletromecânica: Energia: Engenharia Elétrica 621.31
2. Energia Elétrica: Conversão Eletromecânica: Engenharia Elétrica 621.31

ÉRICA EDITORA

Editora Érica Ltda.
Rua Jarinu, 594 - Tatuapé
CEP: 03306-000 - São Paulo - SP - Caixa Postal: 14.577
Fone: (011) 295.3066 Fax: (011) 217-4060
Home Page: **www.erica.com.br**

Às esposas ZILDA e LILIANE,
pelo incentivo e paciência demonstrados.

AGRADECIMENTOS

Ao Grande Arquiteto do Universo, que é Deus.

Aos nossos pais, Donato e Ermides Bambozzi Simone e Carlos e Antonia Crivellari Creppe, por uma dívida não pagável.

Aos Amigos Professores do Departamento de Engenharia Elétrica da Faculdade de Engenharia da UNESP - Campus de Bauru.

Aos Amigos:

Prof. Carlos Rodrigues de Souza

Dr. Jordão Poloni Filho

Prof. Aziz Kalaf Filho

Prof. Roberto Leite

Prof. Alcindo Antoniássi

Prof. Dib Karan Junior

Prof. Marcelo Chrispim

Prof. José Alfredo Covolan Ulson

DADOS SOBRE OS AUTORES

Gilio Aluisio Simone é brasileiro, nascido em Lins, São Paulo, em 1944.

Graduação:

Engenheiro Eletricista pela Escola de Engenharia de Lins (Lins – São Paulo), formado em 1968.

Pós-Graduações:

Mestre em Engenharia Elétrica pela Universidade Federal de Uberlândia (Uberlândia – MG), formado em 1989.

Doutor em Engenharia Elétrica pela Universidade Estadual de Campinas (Campinas – SP), formado em 1992.

Livre Docente em Transformadores pela Universidade Estadual Paulista – UNESP (Bauru – SP), formado em 1997.

Atividades Profissionais:

Projetista de Instalações Elétricas - 1969 a 1989.

Professor de:

Transformadores de Potência na Escola de Engenharia de Lins e na Faculdade de Engenharia da UNESP – Campus de Bauru.

Conversão Eletromecânica de Energia na Escola de Engenharia de Lins, na Faculdade de Engenharia da UNESP – Campus de Bauru e de Ilha Solteira.

Máquinas de Fluxo na Faculdade de Engenharia da UNESP – Campus de Bauru.

Pequenas Centrais Hidrelétricas (pós-graduação) na Faculdade de Ciências Agronômicas da UNESP - Campus de Botucatu.

Conversão Eletromecânica de Energia na Faculdade de Engenharia Einstein, da Organição Einstein de Ensino, em Limeira - SP.

Eletrotécnica Aplicada na Faculdade de Engenharia Einstein, da Organição Einstein de Ensino, em Limeira - SP.

Renato Crivellari Creppe é brasileiro, nascido em Bauru, São Paulo, em 1965.

Graduação:

Engenheiro Eletricista pela Faculdade de Engenharia de Bauru (Bauru, São Paulo), formado em 1987.

Pós-Graduações:

Mestre em Engenharia Elétrica pela Universidade Estadual de Campinas - UNICAMP (Campinas - S. P.), formado em 1992.

Doutor em Engenharia Elétrica pela Universidade Estadual de Campinas - UNICAMP (Campinas - S. P.), formado em 1997.

Atividades Profissionais:

Professor de:

Máquinas Elétricas na Faculdade de Engenharia da UNESP - Campus de Bauru.

Conversão Eletromecânica de Energia na Faculdade de Engenharia da UNESP - Campus de Bauru.

PREFÁCIO

Esta obra tem o objetivo de ser o primeiro contato do estudante com a Conversão Eletromecânica de Energia. Este curso foi ministrado durante 15 anos aos alunos da Escola de Engenharia de Lins e é ministrado aos alunos do curso de Engenharia Elétrica da Universidade Estadual Paulista - UNESP - Campus de Bauru, desde 1987. Com ele consegue-se oferecer um embasamento sólido para o desenvolvimento de disciplinas ligadas ao ramo das Máquinas Elétricas e dos Transformadores Elétricos.

Os autores esperam que os leitores, pessoas ligadas ao ramo de conversores, máquinas elétricas e transformadores, encontrem, neste trabalho, substância para as suas pesquisas e seus estudos nesse importante ramo da ciência.

VOLTANDO ÀS ORIGENS

As novas tecnologias que se fizeram presentes durante e após a Segunda Guerra Mundial introduziram grandes mudanças no campo da Engenharia Elétrica, exigindo uma visão matemática mais acurada dos fenômenos envolvidos. Até então, procurava-se entender e descrever as formas de operar dos dispositivos conversores. Equacionamentos mais burilados eram preteridos por explicações detalhadas e descritivas. Novas disciplinas, mais específicas, começaram a ser introduzidas nas grades curriculares e as especializações vieram substituir a visão generalista menos detalhada.

A Conversão Eletromecânica de Energia é uma disciplina que pode ser encaixada nessa nova visão e dentro dessa nova necessidade da formação profissional do engenheiro eletricista, seja qual for a modalidade seguida. A Resolução 48/76 do Conselho Federal de Educação tornou a Conversão de Energia uma matéria de formação geral para todas as modalidades de Engenharia Elétrica. Sendo uma matéria, cada currículo criou uma gama de disciplinas que contemplava uma ementa básica e, dessa forma, a Conversão Eletromecânica de Energia vem atender a uma parte significativa dessa ementa básica. Fundamentada nos fenômenos físicos há muito descritos pela Física e em "pilares básicos" que são os Princípios da Conservação da Energia, da Reversibilidade e dos Trabalhos Virtuais, constrói-se todo um arcabouço matemático semelhante a uma "caixa de ferramentas" da qual se retira a ferramenta mais apropriada à tarefa. Por exemplo, a equação:

$$f = \frac{1}{2} \cdot v^2 \cdot \frac{dC(x)}{dx}$$

é de imenso alcance na determinação das forças que atuam em dispositivos conversores que operam no campo elétrico. Desde que o pesquisador possa determinar com exatidão a capacitância de um determinado dispositivo conversor e colocá-la em função do deslocamento de um membro mecânico, este pode determinar a intensidade e o sentido de uma força que atua em um proposto dispositivo conversor.

De forma semelhante, potentes equações são desenvolvidas para dispositivos que operam no campo magnético.

Cumpre sempre ressaltar que a Conversão Eletromecânica de Energia, como disciplina e como todo teórico, veio à luz muito tempo depois da disciplina Máquinas Elétricas e isto exige que o leitor, o estudioso dessa nova arte, dê um espaço para a forma de pensar da Conversão e não a entenda como uma disciplina complementar à de Máquinas Elétricas - a visão que a Conversão Eletromecânica de Energia deve trazer ao leitor, transcende, de muito, aplicações imediatas de conhecimento. Portanto, é por demais proveitoso que o leitor dê asas à sua capacidade criativa, porque da Conversão Eletromecânica de Energia pode nascer muitas idéias novas, não ligadas às máquinas elétricas existentes.

SUMÁRIO

Introdução ao Estudo dos Componentes Discretos Usados na Eletricidade

1.1: FUNDAMENTOS

É imensa a variedade de dispositivos e equipamentos eletromagnéticos que operam na prática. Porém, é relativamente pequeno o número de fenômenos físicos em que estão fundamentados esses dispositivos e equipamentos. Verifica-se que uns poucos princípios físicos norteiam a operação dos referidos.

Matematicamente, todo dispositivo ou equipamento criado ou desenvolvido pelo homem obedece a três princípios básicos e imutáveis:

- *Princípio da Conservação da Energia*
- *Princípio dos Trabalhos Virtuais*
- *Princípio da Reversibilidade*

O Princípio da Conservação da Energia é fundamental para a limitação das possibilidades da conversão de energia, isto é, o homem não cria energia, ele a transfere de um local para outro ou a converte de uma forma para outra. Por exemplo, por meio de transformadores elétricos, o homem transfere energia elétrica da rede da concessionária, na tensão de 13.800 V, por exemplo, para a rede de distribuição de baixa tensão que alimenta residências, pequenas casas comerciais, pequenas fábricas, na tensão de 127 V/220 V ou

220 V/380 V, de acordo com a cidade e o Estado. Essa é uma das funções dos equipamentos auxiliares denominados transformadores elétricos.

Por outro lado, por meio de conversores de energia, o homem pode converter energia de uma forma para outra, isto é, pode converter energia elétrica em energia mecânica, energia mecânica em energia elétrica, energia elétrica em energia radiante (visível ou não), etc. Pode converter energia mecânico-hidráulica de um represamento hidráulico em energia mecânico-motriz por meio de máquinas hidráulicas denominadas turbinas, e pode converter essa energia mecânico-motriz em energia elétrica por meio de geradores mecânico-elétricos, o que é feito nas usinas ou parques geradores de energia elétrica.

Tanto os transferidores de energia quanto os conversores de energia cobram uma taxa para efetuarem a tarefa e essa taxa é denominada RENDIMENTO DA MÁQUINA e representada por η.

Matematicamente, rendimento de uma máquina, seja ela elétrica ou mecânica, é a relação estabelecida entre a potência ativa em suas portas de saída e a potência ativa entregue em suas portas de acesso.

$$\eta = \frac{P_{saída}}{P_{entrada}} \tag{1.1}$$

Portanto, no mesmo intervalo de tempo, a quantidade de energia obtida à saída ou à porta de saída do conversor ou do transferidor, ao fim do processo de conversão ou de transformação, é sempre menor do que a quantidade de energia que foi investida no processo. O processo de converter ou de transferir energia é sempre acompanhado de uma parcela de energia que é dissipada pelo conversor ou pelo transferidor. O termo dissipar, apesar de tradicional, pode trazer consigo a idéia de desaparecer com algo. No caso de uma máquina, essa energia que não é recebida às portas de saída da máquina, é, na verdade, convertida em outras formas de energia (calor e trabalho não útil devido a atritos e ventilação dos órgãos que compõem a máquina em questão).

Tome-se, para exemplo, uma lâmpada incandescente dotada de filamento de tungstênio. Grande parte da energia, na forma elétrica entregue a ela, é convertida em energia radiante não visível (calor) e uma pequena parcela, entre 10% e 15% da energia investida, é convertida em energia radiante visível (luz). Isto não é regra geral. A maior parte dos transferidores de energia e dos conversores de energia apresentam bom rendimento. Por exemplo, um motor elétrico trifásico convencional, usado comumente no acionamento de bombas de recalque de água, no acionamento de tornos, no acionamento de serras e de furadeiras de bancadas, apresenta rendimento superior a 78%.

1.2: COMPONENTES DISCRETOS USADOS NA ELETRICIDADE

A eletricidade possui três componentes fundamentais, a partir dos quais podem-se desenvolver circuitos elétricos na forma mais ampla, analisando suas características e suas propriedades e simulando trabalho e armazenamento de energia, seja na forma de um campo elétrico, seja na forma de um campo magnético. São eles: o resistor, o capacitor e o indutor.

1.2.1: RESISTORES ELÉTRICOS

Em circuitos elétricos convencionais encontram-se equipamentos e dispositivos elétricos que apresentam respeitáveis valores de resistência elétrica, interconectados por condutores elétricos que efetuam a interligação desses dispositivos e equipamentos a fontes de energia elétrica, condutores esses dotados de baixa resistência elétrica. Assim são os circuitos elétricos. Para desenhar o que vem a se constituir em Diagramas Elétricos ou Circuitos Elétricos empregam-se resistores dotados de resistências elétricas equivalentes, conectados a condutores ideais, isentos de resistências elétricas.

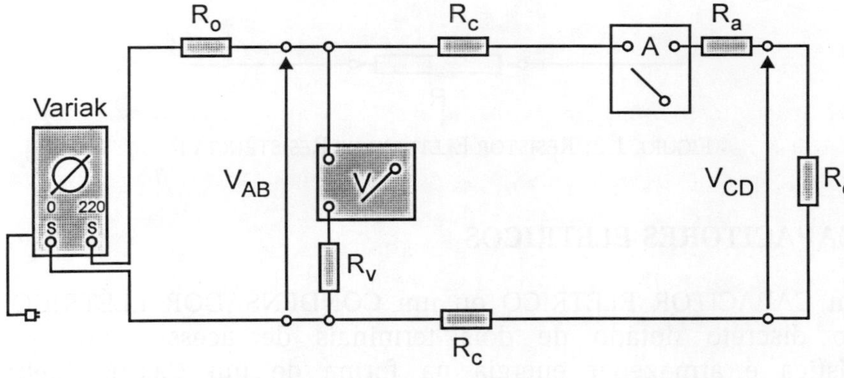

Ro: resistência interna do gerador

Rc: resistência ôhmica dos condutores que fazem a interconexão dos dispositivos e instrumentos de medida

Rv: resistência interna do voltímetro

Ra: resistência interna do amperímetro

Re: resistência da carga elétrica, no caso, o chuveiro

FIGURA 1.1: DIAGRAMA ELÉTRICO DE LIGAÇÃO DE UM CHUVEIRO SOB ENSAIO.

No Diagrama Elétrico da figura 1.1, representa-se um chuveiro elétrico ligado a uma fonte de energia elétrica e os condutores elétricos que interligam o equipamento aos instrumentos de medida. Denominou-se ali de VARIAK, um transformador de tensão de saída variável, variação essa realizada a partir de um botão rotativo externo. O Variak possui um núcleo magnético de desenho toroidal ao redor do qual executa-se o enrolamento. É um autotransformador de tensão de saída ajustável manualmente.

Portanto, RESISTORES ELÉTRICOS são componentes discretos dotados de dois terminais os quais são caracterizados, fundamentalmente, por um parâmetro que é a resistência elétrica. Podem, em muitas aplicações, portar uma ou mais informações adicionais que têm por finalidade adequar sua utilização ou orientar sua aplicação. Uma dessas informações é a sua potência de dissipação e a outra, a tolerância que se deve ter com relação ao seu valor nominal de resistência.

A representação de um RESISTOR ELÉTRICO é mostrada na figura 1.2.

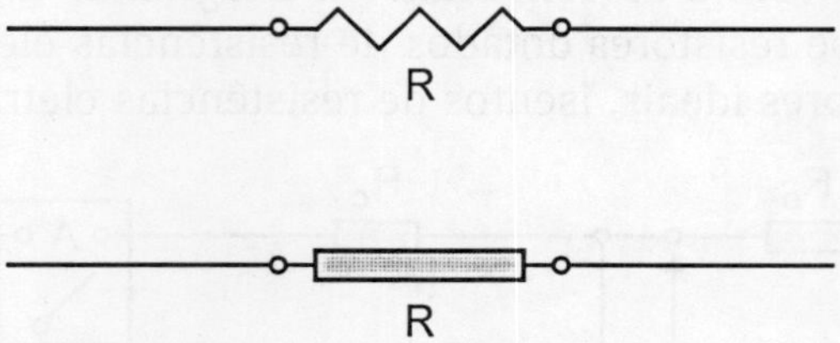

FIGURA 1.2: RESISTOR ELÉTRICO DE RESISTÊNCIA R.

1.2.2: CAPACITORES ELÉTRICOS

Um CAPACITOR ELÉTRICO ou um CONDENSADOR ELÉTRICO é um elemento discreto dotado de dois terminais de acesso, cuja principal característica é armazenar energia na forma de um Campo Elétrico de Intensidade **E**. Sua construção é bastante variada e depende da finalidade a que ele se destina. Existem capacitores cuja fundamental particularidade é apresentar elevadas capacitâncias em reduzido volume. Trabalham com um eletrólito altamente oxidante e suas placas são confeccionadas em alumínio. São chamados de CAPACITORES ELETROLÍTICOS.

Como regra geral, o capacitor é formado por duas superfícies condutoras elétricas separadas por um dielétrico que se caracteriza como um meio isolante de permissividade elétrica ε. O símbolo para um capacitor convencional, não polarizado, é mostrado na figura 1.3.

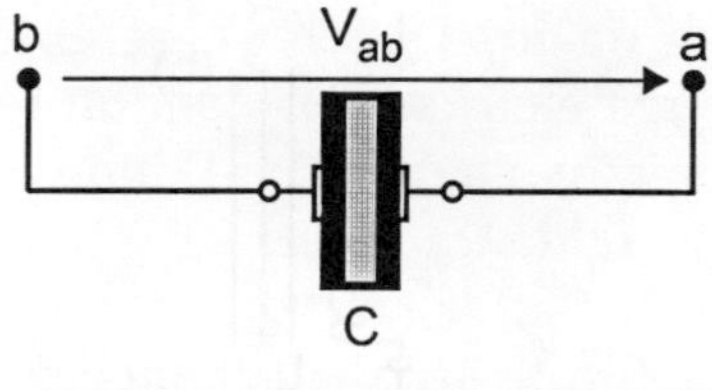

FIGURA 1.3: REPRESENTAÇÃO DE UM CAPACITOR CONVENCIONAL DE CAPACIDADE C.

Denomina-se capacitância a propriedade que apresenta um capacitor de estabelecer um campo elétrico quando submetido a uma diferença de potencial em seus terminais elétricos.

De uma forma geral, pode-se escrever:

$$C = \frac{q}{v_{AB}} \tag{1.2}$$

em que C é a capacitância do capacitor elétrico, v_{AB} é a tensão aplicada em seus terminais e q é a quantidade de carga trazida para o capacitor, sob a referida diferença de potencial.

1.2.3: INDUTORES ELÉTRICOS

Um INDUTOR é um componente elétrico dotado de dois terminais elétricos cuja principal característica é armazenar energia na forma de um campo magnético de "densidade de campo magnético" B. Embora qualquer condutor elétrico tenha a habilidade de armazenar energia na forma de um campo magnético e, portanto, venha a caracterizar-se como um indutor, apresentando a propriedade denominada INDUTÂNCIA, normalmente um INDUTOR é formado por um enrolamento de um condutor elétrico dotado de N espiras, depositadas sobre uma forma que tem por núcleo um material de permeabilidade magnética μ. Estão aí incluídos os indutores com núcleo de ar usados extensamente em eletrônica, e indutores com núcleo de materiais paramagnéticos usados em divisores de freqüência.

O símbolo de um INDUTOR é mostrado na figura 1.4, em que:

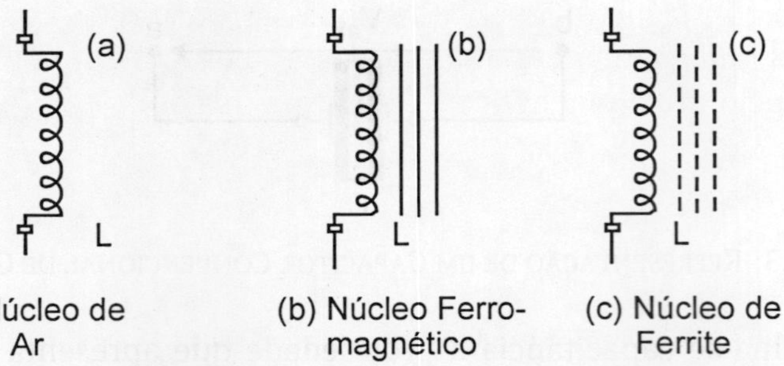

A) INDUTOR COM NÚCLEO DE AR OU DE MATERIAL PARAMAGNÉTICO; B) INDUTOR COM NÚCLEO DE FERRO; C) INDUTOR COM NÚCLEO COMPACTADO OU FERRITE

FIGURA 1.4: REPRESENTAÇÃO DE INDUTORES.

Define-se INDUTÂNCIA como a habilidade de uma estrutura física em armazenar energia na forma de um campo magnético de "intensidade de campo magnético" H ou de "densidade de campo magnético" B. Essa propriedade ou habilidade será denominada INDUTÂNCIA e representada por L.

Denomina-se "fluxo total concatenado" e representa-se por λ, o fluxo enlaçado por um enrolamento de material condutor elétrico, dotado de N espiras. Tome-se, para exemplo, o núcleo construído em material ferromagnético mostrado na figura 1.5. O material empregado para a construção do referido núcleo tem composição e seção reta homogêneas e constantes ao longo de todo o caminho oferecido ao fluxo magnético. Sobre esse núcleo, que tem a forma toroidal, executa-se um enrolamento uniformemente distribuído dotado de N espiras, como mostra a referida figura.

Ao circular pelo enrolamento do indutor citado, uma corrente elétrica de valor eficaz I, estabelece-se no enrolamento de N espiras, uma "força magnetomotriz" $\Im$, a qual tem por expressão:

$$\boxed{\Im(t) = N \cdot i(t)} \tag{1.3}$$

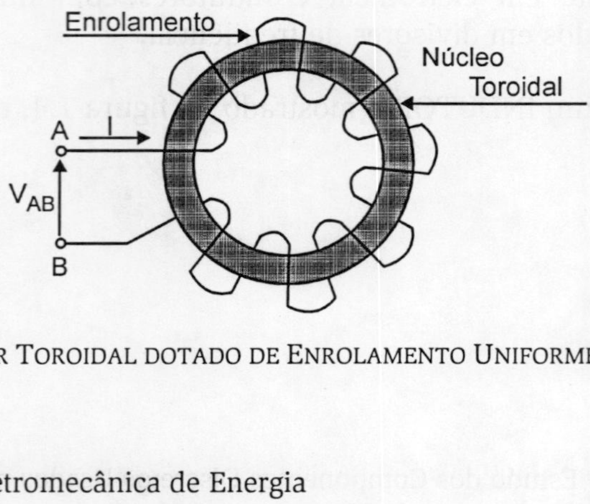

FIGURA 1.5: INDUTOR TOROIDAL DOTADO DE ENROLAMENTO UNIFORMEMENTE DISTRIBUÍDO.

Essa força magnetomotriz, que pode ser entendida como uma diferença de potencial magnético estabelecida no enrolamento de N espiras, é responsável pelo fluxo magnético ϕ, de forma que:

$$\boxed{\phi(t) = \frac{\Im(t)}{\Re_T}} \tag{1.4}$$

em que $\Re_T$ é a relutância magnética total oferecida ao fluxo magnético pelo núcleo magnético do indutor. O fluxo magnético total concatenado pelo enrolamento dotado de N espiras tem por expressão:

$$\lambda(t) = N \cdot \phi(t) \tag{1.5}$$

A indutância própria dessa estrutura magnética é definida por:

$$\boxed{L = \frac{\lambda(t)}{i(t)}} \tag{1.6}$$

Como o armazenamento de energia está sendo efetuado a partir de um fluxo magnético gerado pela corrente elétrica que circula pelo enrolamento do indutor, essa indutância é chamada de INDUTÂNCIA PRÓPRIA DO INDUTOR e sua unidade no sistema MKS - Giorgi é o HENRY.

1.2.3.1: CONSEQÜÊNCIAS

A indutância de uma estrutura magnética é uma propriedade que depende dos elementos construtivos da referida e não do valor da corrente elétrica que circula por ela. Assim, levando a equação (1.5) à equação (1.6), encontra-se:

$$L = \frac{N \cdot \phi(t)}{i(t)} \tag{1.7}$$

Levando a equação (1.4) à equação (1.7), resulta:

$$\boxed{L = \frac{N^2}{\Re_T}} \tag{1.8}$$

A relutância magnética depende unicamente do material empregado na construção do núcleo magnético de que é feita a estrutura magnética. Para um núcleo magnético de material homogêneo como o empregado no toróide da figura 1.5, pode-se escrever:

$$\Re_T = \frac{1}{\mu_{material}} \cdot \frac{l_{Fe}}{S_{Fe}} \tag{1.9}$$

em que $\mu_{material}$ é a permeabilidade magnética do material de que é feito o toróide, l_{FE} é o comprimento médio do percurso magnético e S_{Fe}, a seção reta do referido toróide. Operando as equações (1.8) e (1.9), resulta:

$$L = \mu_{material} \cdot \frac{N^2 \cdot S_{Fe}}{l_{Fe}} \tag{1.10}$$

que mostra que a indutância própria do indutor é uma função de elementos construtivos da estrutura magnética desenvolvida.

Toda a análise que está sendo realizada parte do princípio de que a permeabilidade magnética do material de que é feito o toróide é constante e independente da corrente que circula pelo enrolamento do indutor. Essa afirmação permite o traçado da curva característica $\mu = \mu(i(t))$ mostrada na figura 1.6.

FIGURA 1.6: CURVA CARACTERÍSTICA DA PERMEABILIDADE MAGNÉTICA DE QUE É FEITO O NÚCLEO MAGNÉTICO.

O comportamento mostrado na figura 1.6 é muito idealizado, pois os materiais ferromagnéticos empregados na construção de núcleos magnéticos são fortemente dependentes das intensidades das correntes que circulam pelos enrolamentos que circundam esses núcleos. A figura 1.7, levantada para uma amostra de aço-silício empregada em transformadores de pequena potência, permite ao observador constatar essa dependência. Denomina-se "intensidade do campo magnético" e representa-se por H, a relação estabelecida entre a "força magnetomotriz" estabelecida no enrolamento e o comprimento médio do caminho percorrido pelo fluxo gerado por essa força magnetomotriz .

$$H(t) = \frac{N \cdot i(t)}{l_{Fe}} \tag{1.11}$$

em que o produto (N . i(t)) é a força magnetomotriz imposta pela corrente ao circular pelas N espiras do indutor da figura 1.5, guardadas todas as considerações feitas ao referido indutor.

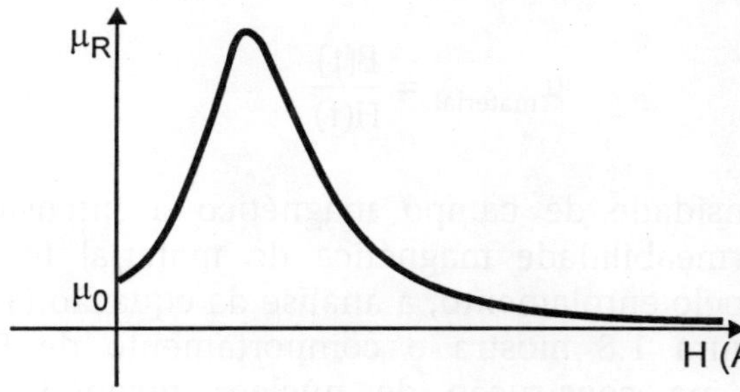

FIGURA 1.7: COMPORTAMENTO DA PERMEABILIDADE MAGNÉTICA PARA UMA AMOSTRA DE AÇO-SILÍCIO.

Levando a equação (1.11) à equação (1.7) e anteriores, obtém-se:

$$H(t) \cdot l_{Fe} = \Re_T \cdot \phi(t) \tag{1.12}$$

ou ainda:

$$\phi(t) = \frac{H(t) \cdot l_{Fe}}{\Re_T} \tag{1.13}$$

A equação (1.9) informa a maneira de determinar-se a relutância magnética de um núcleo magnético homogêneo. Levando a equação (1.9) à equação (1.13), resulta:

$$\phi(t) = \mu_{material} \cdot H(t) \cdot S_{Fe} \tag{1.14}$$

em que:

$$\mu_{material} = \frac{\phi(t)}{S_{Fe}} \cdot \frac{1}{H(t)} \tag{1.15}$$

A relação $(\phi(t)/S_{Fe})$ denomina-se "densidade de campo magnético" e é representada por B. No presente estudo, a corrente é uma função do tempo e, conseqüentemente, H e B são funções do tempo, como mostra a equação (1.16).

$$B(t) = \frac{\phi(t)}{S_{Fe}} \qquad (1.16)$$

Conseqüentemente:

$$\mu_{material} = \frac{B(t)}{H(t)} \qquad (1.17)$$

que relaciona a densidade de campo magnético à intensidade de campo magnético. Se a permeabilidade magnética do material for dependente da corrente que circula pelo enrolamento, a análise da equação (1.17) ganha certa complexidade. A figura 1.8 mostra o comportamento de B = B(H) para material empregado na construção de núcleos magnéticos de pequenos transformadores elétricos.

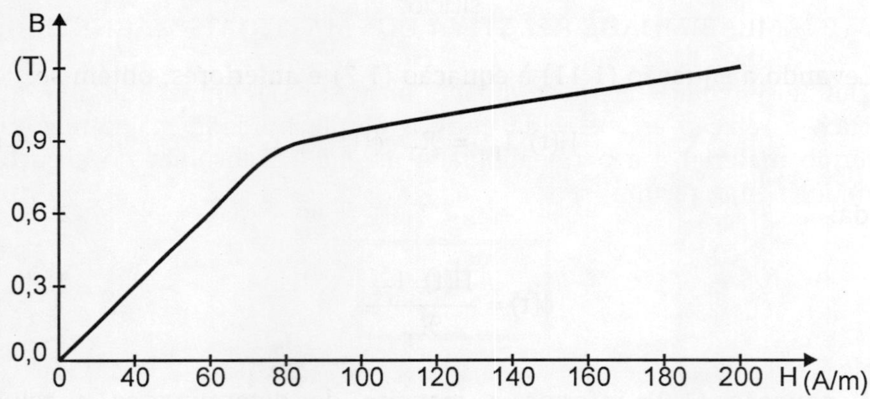

FIGURA 1.8: CURVA B = B(H) PARA UM NÚCLEO MAGNÉTICO DE AÇO-SILÍCIO SEM ORIENTAÇÃO PREFERENCIAL E PEQUENA PORCENTAGEM DE SILÍCIO NA LIGA DO MATERIAL FERROMAGNÉTICO.

Cuidado maior deve ser tomado na aplicação das equações apresentadas quando o núcleo magnético não é construído de material homogêneo, ou quando ele apresenta um entreferro (espaço de ar), como o núcleo mostrado na figura 1.9, pois a Intensidade e a Densidade de Campo Magnético devem ser analisadas por trechos, respeitando-se as características do meio magnético e as dimensões de cada trecho analisado.

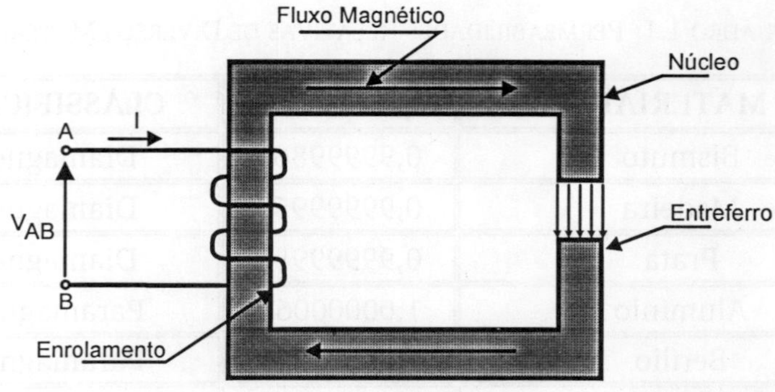

FIGURA 1.9: NÚCLEO MAGNÉTICO DOTADO DE ENTREFERRO.

1.2.3.2: PERMEABILIDADE MAGNÉTICA DO VÁCUO

No Sistema MKS - Giorgi, a permeabilidade magnética do vácuo ou do espaço livre tem como valor:

$$\mu_o = 4 \cdot \pi \cdot 10^{-7} \ \text{Henry/metro} \tag{1.18a}$$

1.2.3.3: PERMEABILIDADE RELATIVA DOS MATERIAIS MAGNÉTICOS

Define-se como "permeabilidade magnética relativa" de um material magnético a relação estabelecida entre a permeabilidade magnética absoluta do referido material e a permeabilidade magnética absoluta do espaço livre. Matematicamente, resulta:

$$\mu_R = \frac{\mu_{material}}{\mu_o} \tag{1.18b}$$

Quadro 1.1: Permeabilidades Relativas de Diversos Materiais

MATERIAL	μ relativa	CLASSIFICAÇÃO
Bismuto	0,99999860	Diamagnético
Madeira	0,99999950	Diamagnético
Prata	0,99999981	Diamagnético
Alumínio	1,00000065	Paramagnético
Berílio	1,00000079	Paramagnético
Níquel	50,00	Ferromagnético
Ferro Fundido	60,00	Ferromagnético
Cobalto	60,00	Ferromagnético
Aço -Silício (10 000 Gauss)	3000,00	Ferromagnético
Ferro Tecnicamente Puro	4000,00	Ferromagnético
Superliga	100000,00	Ferromagnético
Vácuo	1,0000000	Padrão
Ar	1,0000	

Fonte: Hayt, W. H. Eletromagnetismo. Livros Técnicos e Científicos Editora S. A.

que são adimensionais. Essa é uma forma bastante interessante de apresentar a permeabilidade magnética de um material, isto é, apresentá-la na sua forma relativa. O quadro 1.1 apresenta valores para a permeabilidade relativa de diversos materiais e informa como o material é classificado em relação ao seu comportamento em presença de uma manifestação magnética.

1.3: EXERCÍCIOS RESOLVIDOS

1.3.1: EXERCÍCIO RESOLVIDO 1

O Núcleo toroidal de seção reta circular, mostrado na figura 1.10 possui as dimensões dadas abaixo e um enrolamento dotado de 500 espiras. Faça circular pelo enrolamento uma corrente contínua de 0,5 A e determine a densidade de campo magnético do campo magnético que manifesta-se no núcleo mostrado na referida figura. O núcleo toroidal é feito em madeira e sua permeabilidade relativa, segundo o quadro 1.1, pode ser feita igual a 1,00 e independe da corrente que circula pelo enrolamento depositado ao redor do toróide.

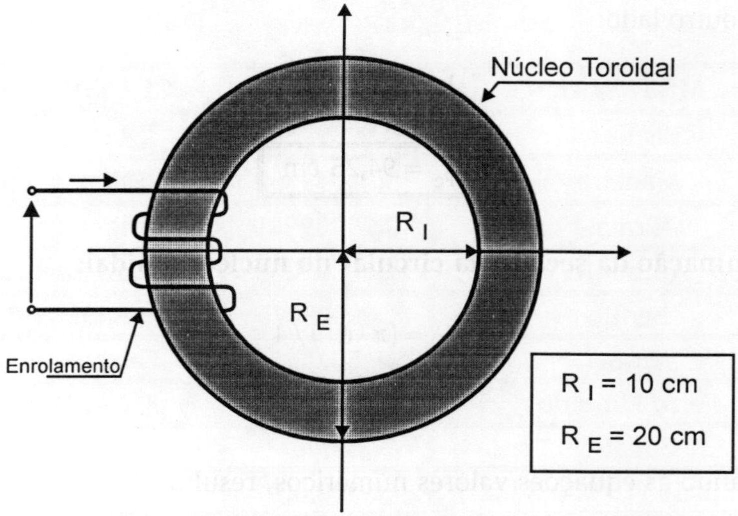

FIGURA 1.10: NÚCLEO TOROIDAL DO EXERCÍCIO RESOLVIDO 1.

RESOLVENDO

I) Determinação do comprimento médio do núcleo toroidal:

Sendo dados:

Re: raio externo = 20 cm

Ri: raio interno = 10 cm

O comprimento médio para o fluxo magnético será dado por:

$$l_{Fe} = 2 \cdot \pi \cdot R_{médio} \quad (e1.1)$$

com:

$$R_{médio} = \frac{R_E + R_I}{2} \quad (e1.2)$$

Levando às equações valores numéricos, resulta:

$$R_{médio} = \frac{20 + 10}{2} \quad (e1.3)$$

$$R_{médio} = 15\,\text{cm} \quad (e1.4)$$

Por outro lado:

$$l_{Fe} = 2 \cdot \pi \cdot 15 \quad \text{(e1.5)}$$

$$\boxed{l_{Fe} = 94{,}25 \text{ cm}} \quad \text{(e1.6)}$$

II) Determinação da seção reta circular do núcleo toroidal:

$$S_{Fe} = (\pi \cdot d^2)/4 \quad \text{(e1.7)}$$

$$d = R_E - R_I \quad \text{(e1.8)}$$

Levando às equações valores numéricos, resulta:

$$d = 20 - 10 \quad \text{(e1.9)}$$

$$\boxed{d = 10 \text{ cm}} \quad \text{(e1.10)}$$

Por outro lado:

$$S_{Fe} = (\pi \cdot 10^2)/4 \quad \text{(e1.11)}$$

em que:

$$\boxed{S_{Fe} = 78{,}54 \text{ cm}^2} \quad \text{(e1.12)}$$

III) Determinação da relutância magnética oferecida ao fluxo:

$$\Re_T = \frac{1}{\mu_{material}} \cdot \frac{l_{Fe}}{S_{Fe}} \quad \text{(e1.13)}$$

Por outro lado:

$$\mu_R = \frac{\mu_{material}}{\mu_o} \quad \text{(e1.14)}$$

Levando às equações valores numéricos, resulta:

$$1 = \frac{\mu_{material}}{4 \cdot \pi \cdot 10^{-7}} \quad \text{(e1.15)}$$

em que:

$$\mu_{material} = 12{,}57 \cdot 10^{-7} \text{ H/m} \tag{e1.16}$$

Levando valores à equação (e1.13), resulta:

$$\Re_T = \frac{1}{\mu_{material}} \cdot 1{,}20 \cdot 10^2 \tag{e1.17}$$

em que:

$$\boxed{\Re_T = 95{,}5 \cdot 10^6 \ \text{Ae}/\text{wb}} \tag{e1.18}$$

que exprime a relutância oferecida ao fluxo magnético pelo núcleo toroidal construído em madeira e uniformemente enrolado com 500 espiras de condutor de cobre.

IV) Determinação da força magnetomotriz gerada:

$$\Im = N \cdot I_{DC} \tag{e1.19}$$

em que:

$$\Im = 500 \cdot 0{,}5 \tag{e1.20}$$

$$\boxed{\Im = 250 \ \text{Ae}} \tag{e1.21}$$

que representa a força magnetomotriz aplicada ao toróide pelo enrolamento de 500 espiras por onde circula a corrente contínua de 0,5 A.

V) Determinação do fluxo magnético:

$$\phi = \frac{\Im}{\Re} \tag{e1.22}$$

$$\phi = \frac{250}{95{,}5 \cdot 10^6} \tag{e1.23}$$

em que:

$$\boxed{\phi = 26{,}17 \cdot 10^{-7} \text{ Wb}} \tag{e1.24}$$

que é o fluxo magnético que demanda o toróide de madeira. Para que esse fluxo magnético fique confinado ao núcleo, o enrolamento deve ser distribuído uniformemente ao longo de todo o toróide, não devendo ser concentrado em uma ou outra região do referido.

VI) Determinação da densidade de campo magnético:

$$B = \frac{\phi}{S_{Fe}} \tag{e1.25}$$

$$B = \frac{0{,}000002617}{0{,}007854} \tag{e1.26}$$

em que:

$$B = 3{,}33 \cdot 10^{-4} \quad Wb/m^2 = 3{,}33 \ \text{Gauss} \tag{e1.27}$$

que fornece a densidade de campo magnético no toróide, em TESLA, que é unidade do Sistema MKS - Giorgi ou em GAUSS. Esse valor é pequeno porque o núcleo toroidal feito em madeira, tem uma permeabilidade magnética muito baixa e, conseqüentemente, uma relutância magnética elevada. Quando tal acontece, duas soluções se apresentam:

1) *Elevar a intensidade da corrente que circula pelo enrolamento; ou*
2) *Adotar outro material para a confecção do toróide. Realizar um toróide de alumínio pouco ou nada adianta porque, apesar de o alumínio ser paramagnético, sua permeabilidade magnética pode ser considerada igual à do vácuo, que é praticamente, a permeabilidade da madeira. Assim, uma solução é empregar para a construção do toróide um material ferromagnético, como, por exemplo, uma liga de ferro e silício, isto é, um aço-silício. Nesse caso, o projetista deve lançar mão de curvas muito confiáveis para o material ferromagnético empregado porque esses materiais, normalmente, não são magneticamente lineares e, para cada valor de força magnetomotriz aplicada ao núcleo, ter-se-á um valor para o fluxo magnético estabelecido porque esse está totalmente ligado à relutância magnética do toróide e essa relutância é fortemente dependente da permeabilidade magnética que, por sua vez, depende da densidade de campo magnético. Portanto, a estrutura magnética, agora, diz-se magneticamente não linear.*

VII) Determinação da intensidade de campo magnético:

$$H = \frac{\Im}{l_{Fe}} \qquad (e1.28)$$

$$H = \frac{250}{0,9425} \qquad (e1.29)$$

em que:

$$\boxed{H = 265,25\ A/m} \qquad (e1.30)$$

que fornece a intensidade de campo magnético no toróide de madeira.

VIII) Determinação da indutância do INDUTOR:

Pela definição de indutância, escreve-se:

$$L = \frac{\lambda}{I} = \frac{N \cdot \phi}{I} \qquad (e1.31)$$

Aplicando à equação (e1.31), valores numéricos, resulta:

$$L = \frac{500 \cdot 0,000002617}{0,5} \qquad (e1.32)$$

em que:

$$\boxed{L = 2,62 \cdot 10^{-3}\ H} \qquad (e1.33)$$

que caracteriza a indutância própria do indutor sob estudo. Como, por outro lado, a indutância é uma propriedade da estrutura magnética formada, isto é, é a "habilidade de uma estrutura em armazenar energia em um campo magnético", ela deve independer da intensidade e da natureza da corrente que circula pelo indutor. Por essa razão:

$$L = \frac{\lambda}{I} = \frac{N \cdot \phi}{I} \qquad (e1.34)$$

e:

$$\phi = \frac{\Im}{\Re} \qquad (e1.35)$$

Levando à equação (e1.34) a equação (e1.35), resulta:

$$L = \frac{N}{I} \cdot \left[\frac{N \cdot I}{\Re} \right] \qquad (e1.36)$$

ou ainda:

$$\boxed{L = \frac{N^2}{\Re}} \qquad (e1.37)$$

Levando valores numéricos à equação (e1.37), resulta:

$$L = \frac{500^2}{95{,}5 \cdot 10^6} \qquad (e1.38)$$

$$\boxed{L = 2{,}62 \cdot 10^{-3} \text{ Henry}} \qquad (e1.39)$$

que mostra que o indutor sob análise possui um valor de indutância comparativamente bastante baixo pelo seu tamanho físico. Para contornar o problema da pequena habilidade para armazenar energia, pode-se dotar o indutor de um núcleo de material ferromagnético ou um material aglomerado do tipo FERRITE.

1.3.2: EXERCÍCIO RESOLVIDO 2

O Núcleo toroidal de seção reta circular, mostrado na figura 1.10 possui as dimensões dadas e um enrolamento dotado de 500 espiras. Faça circular pelo enrolamento uma corrente alternada senoidal de expressão i(t) = 0,707 . cos(ω.t) em A e determine a densidade de campo magnético do campo magnético que solicita o referido núcleo. A permeabilidade magnética relativa do material de que é feito o toróide é feita valer 1,0 porque o núcleo do toróide é de alumínio e independe da corrente que circula pelo enrolamento.

RESOLVENDO

O alumínio é um material paramagnético e sua permeabilidade magnética é, praticamente, igual à permeabilidade do vácuo. Não apresenta o fenômeno "saturação magnética" e sua permeabilidade magnética pode ser tomada como constante, independendo do valor e da natureza da corrente que percorre o enrolamento do indutor. Neste exercício, o indutor irá operar em corrente alternada i(t).

I) Determinação do comprimento médio do núcleo toroidal:

Sendo dados:

R_E: raio externo = 20 cm

R_I: raio interno = 10 cm

O comprimento médio para o fluxo magnético será dado por:

$$l_{Fe} = 2 \cdot \pi \cdot R_{médio} \quad \text{(e2.1)}$$

ou ainda:

$$R_{médio} = \frac{R_E + R_I}{2} \quad \text{(e2.2)}$$

Levando às equações valores numéricos, resulta:

$$R_{médio} = 15\,\text{cm} \quad \text{(e2.3)}$$

Por outro lado:

$$l_{Fe} = 2 \cdot \pi \cdot 15 \quad \text{(e2.4)}$$

$$\boxed{l_{Fe} = 94{,}25\,\text{cm}} \quad \text{(e2.5)}$$

II) Determinação da seção reta circular do núcleo toroidal:

$$S_{Fe} = (\pi \cdot d^2)/4 \quad \text{(e2.6)}$$

$$d = R_E - R_I \quad \text{(e2.7)}$$

Levando às equações valores numéricos, resulta:

$$\boxed{d = 10\,\text{cm}} \quad \text{(e2.8)}$$

Por outro lado:

$$S_{Fe} = (\pi \cdot 10^2)/4 \quad \text{(e2.9)}$$

em que:

$$\boxed{S_{Fe} = 78{,}54\,\text{cm}^2} \quad \text{(e2.10)}$$

III) Determinação da relutância magnética oferecida ao fluxo:

$$\Re_T = \frac{1}{\mu_{material}} \cdot \frac{l_{Fe}}{S_{Fe}} \qquad \text{(e2.11)}$$

Por outro lado:

$$\mu_R = \frac{\mu_{material}}{\mu_o} \qquad \text{(e2.12)}$$

Levando às equações valores numéricos, resulta:

$$1{,}00 = \frac{\mu_{material}}{4 \cdot \pi \cdot 10^{-7}} \qquad \text{(e2.13)}$$

em que:

$$\mu_{material} = 12{,}57 \cdot 10^{-7} \text{ H/m} \qquad \text{(e2.14)}$$

Levando valores numéricos à equação (e2.11), resulta:

$$\Re_T = \frac{1}{\mu_{material}} \cdot 1{,}20 \cdot 10^2 \qquad \text{(e2.15)}$$

em que:

$$\boxed{\Re_T = 95{,}5 \cdot 10^6 \text{ Ae/Wb}} \qquad \text{(e2.16)}$$

que exprime o valor da relutância magnética oferecida ao fluxo magnético pelo toróide executado em alumínio.

IV) Determinação da força magnetomotriz gerada:

$$\Im(t) = N \cdot I_{max} \cdot \cos(\omega \cdot t) \qquad \text{(e2.17)}$$

em que:

$$\Im(t) = 500 \cdot 0{,}707 \cdot \cos(\omega \cdot t) \qquad \text{(e2.18)}$$

$$\Im = 353{,}50 \cdot \cos(\omega \cdot t) \text{ em (Ae)} \qquad \text{(e2.19)}$$

V) Determinação do fluxo magnético:

$$\phi(t) = \frac{\Im(t)}{\Re} \qquad \text{(e2.20)}$$

em que:

$$\phi(t) = \frac{353{,}50 \cdot \cos(\omega \cdot t)}{9549296586} \qquad \text{(e2.21)}$$

de que:

$$\phi(t) = 3{,}7 \cdot 10^{-6} \cdot \cos(\omega \cdot t) \quad \text{em Wb} \qquad \text{(e2.22)}$$

VI) Determinação da densidade de campo magnético:

$$B(t) = \frac{\phi(t)}{S_{Fe}} \qquad \text{(e2.23)}$$

em que:

$$B_{max} = \frac{0{,}0000037}{0{,}007854} \qquad \text{(e2.24)}$$

que:

$$B_{max} = 4{,}71 \cdot 10^{-4} \quad Wb/m^2 = 4{,}17 \text{ Gauss} \qquad \text{(e2.25)}$$

que fornece a densidade de campo magnético no toróide feito em alumínio. Esse valor está bastante baixo, se comparado com toróides que operam com núcleo de materiais ferromagnéticos. Quando tal acontece, duas soluções se apresentam:

1) *Elevar a intensidade da corrente que circula pelo enrolamento; ou*
2) *Elevar o número de espiras do enrolamento, isto é, aumentar o valor da força magnetomotriz aplicada.*

Para o presente caso, o item 2 parece o mais indicado.

VII) Determinação da intensidade de campo magnético:

$$H(t) = \frac{\Im(t)}{l_{Fe}} \qquad \text{(e2.26)}$$

em que:

$$H(t) = \frac{353{,}55}{0{,}9425} \cdot \cos(\omega \cdot t) \qquad \text{(e2.27)}$$

de que:

$$H(t) = 375{,}13 \cdot \cos(\omega \cdot t) \quad \text{em A/m} \qquad \text{(e2.28)}$$

que fornece a intensidade de campo magnético no toróide feito em alumínio.

VIII) Determinação da indutância do indutor:

Pela definição de indutância, escreve-se:

$$L = \frac{N^2}{\Re_T} \qquad \text{(e2.29)}$$

Aplicando à equação (e2.29), valores numéricos, resulta:

$$L = \frac{500 \cdot 500}{95{,}5 \cdot 10^6} \qquad \text{(e2.30)}$$

em que:

$$\boxed{L = 2{,}618 \cdot 10^{-3} \quad \text{Henry}} \qquad \text{(e2.31)}$$

que caracteriza a indutância própria do indutor sob estudo. Como foi ressaltado anteriormente, a indutância é uma função da estrutura magnética e não da corrente que circula pelo enrolamento colocado nela.

Como o indutor está operando com alimentação alternada senoidal, pode-se calcular a "dificuldade" que esse indutor oferece à circulação da corrente. Essa "dificuldade", que não é de natureza ôhmica, denomina-se "reatância Indutiva" e é expressa por:

$$\boxed{X_L = (2 \cdot \pi \cdot f) \cdot L} \qquad \text{(e2.32)}$$

Levando valores à equação (e2.32) e supondo que a freqüência do sinal da corrente alternada senoidal que circula pelo enrolamento do indutor vale f = 60 Hertz, resulta:

$$X_L = (2 \cdot \pi \cdot 60) \cdot 2{,}618 \cdot 10^{-3} \qquad \text{(e2.33)}$$

ou ainda:

$$\boxed{X_L = 0{,}987\ \Omega} \tag{e2.34}$$

que representa o valor da "reatância indutiva" oferecida por esse indutor à circulação da corrente alternada senoidal de 60 Hertz. Notar que a reatância indutiva cresce com a freqüência da corrente circulante.

1.3.3: EXERCÍCIO RESOLVIDO 3

Um núcleo toroidal de seção reta retangular é feito em chapas de aço-silício, classificação ARMCO M-36, enroladas em caracol. Sobre o núcleo é feita uma bandagem de cadarço de algodão e impregnada com verniz. Com o núcleo estruturado e envernizado, efetua-se sobre ele um enrolamento dotado de N espiras de condutor de cobre bitola 22 AWG para operar com uma corrente alternada senoidal de 0,4 A, em valor eficaz. Adotando como densidade de campo magnético máxima para esse toróide o valor de 9.000 Gauss, desenvolva, passo a passo, o exercício até a determinação do número de espiras do enrolamento depositado no toróide. Comente cada passo.

A Chapa Armco M-36 tem as seguintes características:

QUADRO E3.1: DENSIDADES E INTENSIDADES DE CAMPO MAGNÉTICO PARA A CHAPA ARMCO M - 36

B_M (Gauss)	4.000	6.000	8.000	10.000	11.000	12.000	13.000
H (Ae/cm)	0,315	0,370	0,440	0,540	0,600	0,700	0,900

QUADRO E3.2: DENSIDADES E PERMEABILIDADES RELATIVAS PARA A CHAPA ARMCO M - 36

B_M (Gauss)	1.000	2.000	4.000	6.000	7.000	8.000	10.000
μrel_{AC}	3.400	4.600	7.200	9.000	9.600	10.000	10.400

Dados: $R_{EXTERNO} = 10$ cm e $R_{INTERNO} = 08$ cm,

Profundidade b = 3 cm

RESOLVENDO

I) Determinação da relutância magnética do núcleo:

Ao escolher a densidade de campo magnético com a qual o núcleo vai operar, deve-se buscar um valor para B que esteja dentro da região linear da curva B = B (H). A primeira ação do pesquisador é construir, a partir dos dados fornecidos no quadro (e3.1), em escala adequada, a curva B = B(H) para a chapa magnética a ser empregada na construção do toróide. Construída a referida curva, o projetista deve localizar nela o ponto em que tem residência o valor B_M = 9.000 Gauss. Construída a curva e localizado o ponto, deve examinar se o valor escolhido está na região linear da mencionada curva. Se o pesquisador avançar para pontos em que B_M tem valores maiores do que 9.000 Gauss e, portanto, já na região não linear da referida curva, as equações e o modelo desenvolvido precisam de alterações feitas para atender à não-linearidade magnética do material de que é feito o núcleo do toróide. Se o pesquisador adota valores inferiores a 9.000 Gauss e, portanto, opera rigidamente dentro da região linear da curva B = B(H), o dispositivo em desenvolvimento poderá ter grande massa de aço-silício e o seu preço e seu peso poderão inviabilizar algumas aplicações. Portanto, como regra geral, a partir dos dados oferecidos no quadro (e3.1), trace a curva B = B(H) para o material a ser empregado e escolha um ponto no final superior da região linear da referida curva. Para a chapa de aço-silício Armco M - 36, esse ponto está em torno de 9.000 Gauss.

Definido um valor para a densidade de campo magnético, traça-se, com os valores fornecidos no quadro (e3.2), em escala adequada, a curva característica $\mu_{REL} = \mu_{REL}$ (B). Construída a referida curva, busca-se nela a permeabilidade relativa da chapa Armco M-36 para o valor de B_M = 9.000 Gauss. Exame à curva construída fornece:

$$\mu_{REL} = 10.200$$

Esse valor encontrado é adimensional. A permeabilidade magnética absoluta do material é determinada segundo a equação:

$$\mu_{REL} = \frac{\mu_{CHAPA}}{\mu_O} \qquad \text{(e3.1)}$$

Levando à equação (e3.1) o valor da permeabilidade magnética do espaço livre, resulta:

$$10.200 \cdot 4 \cdot \pi \cdot 10^{-7} = \mu_{CHAPA} \qquad \text{(e3.2)}$$

$$\mu_{CHAPA} = 12{,}82 \cdot 10^{-3} \quad \text{Henry/m}$$

que é o valor da permeabilidade magnética absoluta do aço-silício de que é feita a chapa empregada.

Como o núcleo magnético tem:

$$R_{EXTERNO} = 10 \text{ cm} \quad e \quad R_{INTERNO} = 08 \text{ cm}$$

o raio médio do toróide vale:

$$R_{MÉDIO} = \frac{R_{EXTERNO} + R_{INTERNO}}{2} \qquad (e3.3)$$

Levando valores à equação (e3.3), resulta:

$$R_{MÉDIO} = \frac{10+8}{2}$$

$$R_{MÉDIO} = 9 \quad cm$$

O comprimento médio do toróide é dado por:

$$l_{MÉDIO} = 2 \cdot \pi \cdot R_{MÉDIO} \qquad (e3.4)$$

ou ainda

$$l_{MÉDIO} = 2 \cdot \pi \cdot 9$$

em que:

$$l_{MÉDIO} = 56{,}55 \quad cm$$

Como o toróide é feito de chapa enrolada formando uma espiral, ele oferece uma seção reta retangular ao fluxo magnético. Como a profundidade do núcleo magnético vale b = 3 cm, resulta uma seção reta ao núcleo, dada por:

$$S_{FÍSICA} = (R_{EXTERNO} - R_{INTERNO}) \cdot b \qquad (e3.5)$$

$$S_{FÍSICA} = (10-8) \cdot 3$$

em que:

$$S_{FÍSICA} = 6 \quad cm^2$$

Como o núcleo do toróide é feito em chapa enrolada, ele não forma um todo maciço, porém um "empilhamento de chapas" e, por essa razão, deve-se adotar um fator que leve em conta o fato. Esse fator é denominado "fator de empilhamento" e contido no intervalo:

$$\boxed{0,88 \le fe \le 0,94} \tag{e3.6}$$

Como o núcleo não forma um todo compacto, a seção magnética do referido é menor do que a sua seção física. Assim:

$$fe = \frac{S_{FE}}{S_{FÍSICA}} \tag{e3.7}$$

em que:

$$S_{FE} = fe \cdot S_{FÍSICA} \tag{e3.8}$$

Levando valores numéricos à equação (e3.8), resulta:

$$S_{FE} = 0,92 \cdot 6$$

$$S_{FE} = 5,52 \quad cm \tag{e3.9}$$

Definidos a permeabilidade magnética, o comprimento médio e a seção magnética do núcleo, determina-se sua relutância magnética:

$$\Re = \frac{1}{\mu_{CHAPA}} \cdot \frac{l_{MÉDIO}}{S_{FE}} \tag{e3.10}$$

Levando à equação (e3.10) valores numéricos, resulta:

$$\Re = \frac{10^3}{12,87} \cdot \frac{56,55 \cdot 10^{-2}}{5,52 \cdot 10^{-4}}$$

$$\Re = 79600,35 \ \ Ae/Wb \tag{e3.11}$$

que é o valor da relutância magnética do núcleo toroidal.

II) Determinação do fluxo magnético que solicita o núcleo:

$$\phi_{MAX} = B_{MAX} \cdot S_{FE} \qquad \text{(e3.12)}$$

Como se está trabalhando com unidades do sistema MKS - Giorgi, deve-se fazer a passagem das unidades de todas as grandezas para esse sistema. A seção reta, como já foi feito anteriormente, deve ser dada em m^2. A densidade de campo magnético nesse sistema é dada em Tesla, e:

$$\boxed{1 \;\; \text{Tesla} = 10^4 \;\; \text{Gauss}} \qquad \text{(e3.13)}$$

Levando à equação (e3.12), valores numéricos, encontra-se:

$$\phi_{MAX} = 9.000 \cdot 10^{-4} \cdot 5{,}52 \cdot 10^{-4}$$

$$\boxed{\phi_{MAX} = 4{,}968 \cdot 10^{-4} \;\; \text{Wb}} \qquad \text{(e3.14)}$$

que representa o valor do fluxo magnético estabelecido no núcleo do toróide.

III) Determinação da força magnetomotriz necessária para impulsionar o fluxo:

A força magnetomotriz necessária será dada por:

$$\Im_{MAX} = \Re \cdot \phi_{MAX} \qquad \text{(e3.15)}$$

Levando valores à equação (e3.15), resulta:

$$\Im_{MAX} = 79{,}6 \cdot 10^3 \cdot 4{,}968 \cdot 10^{-4}$$

$$\boxed{\Im_{MAX} = 39{,}5455 \;\; \text{Ae}} \qquad \text{(e3.16)}$$

IV) Determinação do número de espiras do enrolamento depositado no núcleo:

A corrente proposta para o enrolamento, em seu valor eficaz, é de 0,4 A. O valor máximo dessa corrente, num regime alternante senoidal, será dado por:

$$I_{MAX} = I_{EF.} \cdot \sqrt{2} \qquad \text{(e3.17)}$$

em que:

$$I_{MAX} = \sqrt{2} \cdot 0{,}4$$

$$I_{MAX} = 0{,}5657 \ \text{ em A} \qquad \text{(e3.18)}$$

Por outro lado, a força magnetomotriz gerada pela corrente que circula por um enrolamento é expressa por:

$$\mathfrak{I} = N \cdot I \qquad \text{(e3.19)}$$

em valores eficazes, e:

$$\mathfrak{I}_{MAX} = N \cdot I_{MAX} \qquad \text{(e3.20)}$$

em valores máximos. Levando valores numéricos à equação (e3.20), resulta:

$$39{,}5455 = N \cdot 0{,}5657$$

em que:

$$N = 70 \ \text{ espiras} \qquad \text{(e3.21)}$$

que caracteriza o número de espiras que deve ser depositado ao redor do núcleo toroidal em análise para que se estabeleça uma densidade de campo magnético de 9.000 Gauss no referido.

V) Determinação da indutância da estrutura magnética ou do INDUTOR formado:

Em exercício anterior, demonstrou-se que a INDUTÂNCIA de uma estrutura magnética pode ser determinada por:

$$L = \frac{N^2}{\mathfrak{R}} \qquad \text{(e3.22)}$$

Levando os valores obtidos à equação (e3.22), resulta:

$$L = \frac{70^2}{79600{,}35}$$

em que:

$$\boxed{L = 0{,}0616 \ \text{Henry}} \qquad \text{(e3.23)}$$

que representa a "habilidade da estrutura magnética em armazenar energia na forma de um campo magnético". A tensão aplicada aos terminais do indutor, a menos das quedas na resistência própria do condutor de que é feito o enrolamento, pode ser determinada por:

$$V_X = (2 \cdot \pi \cdot f) \cdot L \cdot I \qquad \text{(e3.24)}$$

porque a alimentação do indutor é alternada e senoidal. f é a freqüência do sinal de alimentação:

$$V_X = (2 \cdot \pi \cdot 60) \cdot 0{,}0616 \cdot 0{,}4$$

em que:

$$V_X = 9{,}30 \quad \text{Volts} \qquad \text{(e3.25)}$$

Na equação (e3.24), dividindo a tensão aplicada no indutor puro pela corrente, determina-se um ente que tem dimensão de impedância, denominado "**reatância indutiva**":

$$\frac{V_X}{I} = X_L = (2 \cdot \pi \cdot f) \cdot L \qquad \text{(e3.26)}$$

Para esse INDUTOR, a reatância indutiva tem como valor:

$$\boxed{X_L = (2 \cdot \pi \cdot f) \cdot L} \qquad \text{(e3.26)}$$

$$X_L = (2 \cdot \pi \cdot 60) \cdot 0{,}0616$$

ou ainda:

$$X_L = 23{,}223 \quad \Omega \qquad \text{(e3.27)}$$

que representa o valor da **reatância indutiva** dessa estrutura magnética.

1.4: EXERCÍCIOS PROPOSTOS

1.4.1: EXERCÍCIO PROPOSTO 1

Usando como ponto de partida a estrutura magnética do exercício anterior, monte o dispositivo proposto no exercício. Chame de primário o enrolamento de 70 espiras acima calculado. Faça uma bandagem de cadarço sobre o enrolamento primário, envernize o conjunto e deixe-o secar bem. Sobre a bandagem, portanto eletricamente isolado do enrolamento primário, faça um enrolamento secundário de 35 espiras, cobrindo toda a bandagem. Use condutor de cobre bitola 20 AWG para o enrolamento secundário de 35 espiras. Faça nova camada de cadarço e envernize-a. Deixe o verniz secar bem. Agora, o leitor tem um núcleo magnético de chapas de aço-silício enroladas em espiral, um enrolamento primário de 70 espiras de condutor de cobre bitola 22 AWG, um enrolamento secundário de 35 espiras de condutor de cobre bitola 20 AWG. Tudo eletricamente isolado entre si. Observar que existem quatro terminais de condutores: dois pertencentes ao enrolamento primário e dois, ao secundário. Isso é um transformador convencional de relação de espiras 2:1. Dos dados do exercício resolvido 3 pode-se concluir que a tensão máxima que se pode aplicar no enrolamento de 70 espiras é 12 Volts, em corrente alternada senoidal e, por conseguinte, no enrolamento secundário, o enrolamento de 35 espiras é 6,0 Volts. **CUIDADO AO OPERAR ESTA MONTAGEM. SE O LEITOR APLICAR, POR EXEMPLO, 15 VOLTS NO ENROLAMENTO SECUNDÁRIO (DE 35 ESPIRAS), O TRANSFORMADOR TERÁ NO ENROLAMENTO PRIMÁRIO (DE 70 ESPIRAS) PERTO DE 30 VOLTS E A UNIDADE TRANSFORMADORA COMEÇA A TORNAR-SE POTENCIALMENTE PERIGOSA.**

Examinada a unidade transformadora, monte o circuito como mostra a figura 1.11 e tire suas conclusões. Se o leitor nunca operou uma unidade transformadora, deve-se fazer acompanhar de um técnico experiente ou de seu professor.

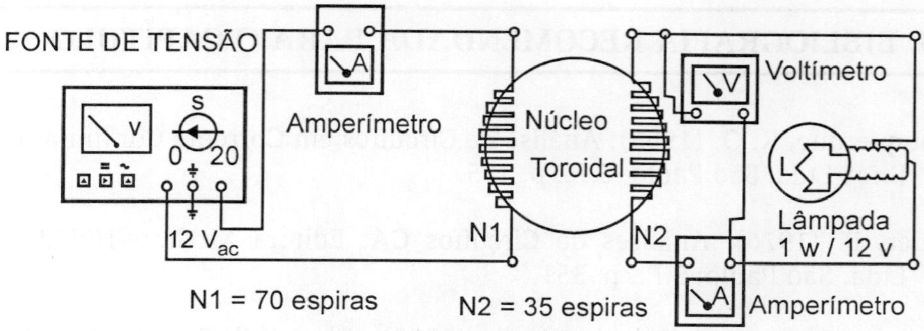

FIGURA 1.11 : CIRCUITO PARA A MONTAGEM DA UNIDADE TRANSFORMADORA.

1.4.2: EXERCÍCIO PROPOSTO 2

Com o enrolamento primário desligado da fonte de 12 V, **coloque no secundário do transformador do exercício resolvido 3 uma lâmpada incandescente de 1 W / 12 V**. Examine detalhadamente o circuito. Se tudo estiver correto, ligue o enrolamento primário (de 70 espiras) em uma fonte senoidal de 12 V. A lâmpada incandescente deve apresentar uma luminosidade reduzida, porque a tensão aplicada sobre ela é de, aproximadamente, 6 V. INTERPRETE OS RESULTADOS OBSERVADOS.

1.5: BIBLIOGRAFIA RECOMENDADA PARA O CAPÍTULO

Albuquerque, R. O. (**1995**). Análise de Circuitos em Corrente Contínua. Editora Érica Ltda. São Paulo. S.P.. p. 175.

Cutler, P. (**1976**). Análises de Circuitos CA. Editora McGraw-Hill do Brasil Ltda. São Paulo, S.P.. p. 351.

Clement, P. R. e Johnson, W. C. (**1960**). Electrical Engineering Science. McGraw-Hill Book Company, Inc. New York, U.S.A. p.588.

Dekker, A. J. (**1967**). Electrical Engineering Materials. Prentice-Hall of India. New Delhi, India. p. 208.

Gozzi, G. G. M. (**1996**). Circuitos Magnéticos. Editora Érica Ltda. São Paulo. S.P..p. 140.

Hayt, W. H. (**1983**). Eletromagnetismo. Livros Técnicos e Científicos Editora S.A. Rio de Janeiro, R. J.. p.403.

Morris, N. M. (**1975**). Electrical Circuits and Systems. The MacMillan Press Ltd. London. U.K. p.270.

Simone, G. A. (**1998**). Transformadores - Teoria e Exercícios. Editora Érica Ltda. São Paulo, S.P.. p. 312.

Capítulo 2

Forças Eletromotrizes Variacionais

2.1: INTRODUÇÃO

Denomina-se **Força Eletromotriz Variacional** aquela obtida pela variação de um fluxo magnético no tempo.

O físico inglês Michael Faraday, entre muitas outras pesquisas, estudou o comportamento do campo magnético, suas manifestações e suas conseqüências. Entre 1831 e 32, Faraday postulou as bases da Indução Eletromagnética. Postulava ele que "uma força eletromotriz é induzida em um circuito elétrico fechado, quando uma mudança, quando uma alteração é introduzida no campo magnético envolvido (concatenado) por este condutor envolvente".

Em 1833, E. Lenz deu uma forma matemática ao sentido da força eletromotriz induzida no circuito elétrico fechado, envolvendo um campo magnético. A postulação de Faraday e a Lei de Lenz estabelecem que a alteração no campo magnético envolvido por um circuito magnético fechado, a que se chamará ESPIRA, induz uma força eletromotriz cujo sentido de polarização é tal que a corrente elétrica produzida por ela procura criar um campo magnético que se opõe à variação do campo magnético que produziu a referida força eletromotriz induzida - fem - isto é, à ação - variar o campo magnético estabelecido na espira - corresponde uma reação igual e contrária--circulação de uma corrente impulsionada pela fem que cria um campo magnético que quer impedir a variação do campo anterior. Observar que Faraday e Lenz colocaram o fenômeno de forma qualitativa. A forma quantitativa ou matemática da Lei da Indução Eletromagnética foi estabelecida por Maxwell:

$$e = -N \cdot \frac{d\phi}{dt} \tag{2.1}$$

O sinal negativo presente na equação (2.1) é vital para o estabelecimento da polaridade da fem, pois ele explicita que a fem induzida em uma espira fará circular uma corrente elétrica, quando o circuito for fechado. Essa corrente elétrica criará fluxo magnético que, por sua vez, opor-se-á à variação no tempo do fluxo magnético originalmente estabelecido.

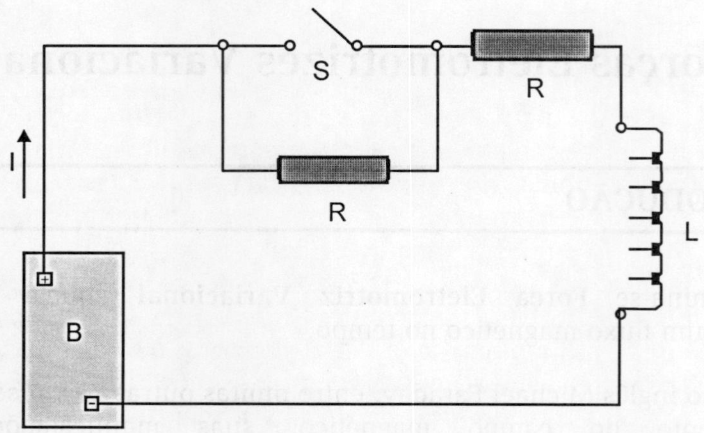

FIGURA 2.1: CIRCUITO ELÉTRICO OPERANDO EM CORRENTE CONTÍNUA.

Observação acurada à equação (2.1) mostra que uma espira que enlace (que concatene) um fluxo magnético constante no tempo, não variante no tempo, não será sede de forças eletromotrizes induzidas.

De forma a permitir uma análise complementar, introduz-se o circuito da figura 2.1. Neste, uma bateria automotiva de fem igual a 12 volts é ligada a um circuito formado por resistores de resistências elétricas iguais entre si e igual a 2 ohms cada. Um enrolamento de N espiras é associado ao circuito, como mostra a referida figura. Uma chave S pode ser acionada e ligada em paralelo com um dos resistores de resistência R igual a 2 ohms.

Até o instante t_1, a chave S está aberta e a corrente que circula pelo circuito elétrico da figura 2.1 vale 3 A. No instante t_1, a chave é fechada e a corrente começa, gradativamente, a crescer até atingir um valor estável caracterizado por uma corrente de regime de 6 A no instante t_2. Quando esta atingiu um valor estável e constante, a chave S, no instante $t_3 > t_2$, é aberta. A corrente elétrica começa a decrescer novamente e, passado um intervalo de tempo, que depende das características do circuito elétrico sob análise, ela voltou ao valor inicial de 3 A. No instante $t_4 > t_3$, a corrrente estabiliza-se no valor de 3 A.

A figura 2.2(a) mostra o comportamento da corrente elétrica que circula pelo indutor, desde o instante t_0 até o instante $t_4 >> t_0$. Para o indutor L, ter-se-á: no instante t_0, a corrente é estável no tempo, o fluxo magnético estabelecido pela corrente no indutor é constante e sua derivada em relação ao tempo é nula. No instante t_1, a chave S é fechada e a tendência da corrente é crescer, porque a resistência elétrica total do circuito diminuiu. O fluxo magnético, presente no indutor, era constante e agora, chave fechada, deve crescer. A essa tendência do fluxo, o enrolamento do indutor responde com uma força eletromotriz induzida - fem - cuja polaridade é contrária à da corrente crescente. A intensidade dessa fem vai decaindo com o tempo. No instante t_2, a fem já é praticamente nula e a corrente flui limitada unicamente pela resistência de 2 ohms. No instante t_3, a chave S é aberta e, novamente, a corrente que circula pelo circuito quer variar (agora ela quer decrescer porque a resistência total do circuito aumentou para 4 ohms). Como a tendência da corrente é diminuir, a tendência do fluxo magnético no indutor é diminuir, entrando a atuar e isso ele o faz com a presença de uma intensa fem que, agora, quer impedir o fluxo magnético de decrescer. Sua polaridade é contrária à anteriormente estabelecida. No instante t_4, praticamente a corrente já estabilizou-se em 3 A, devido a ter encerrado a atuação da fem induzida pela variação do fluxo magnético no indutor. O comportamento da fem induzida no indutor pode ser visto na figura 2.2(b).

Esta é a forma de atuar da fem induzida, descoberta por Faraday, interpretada por Lenz e matematicalizada por Maxwell.

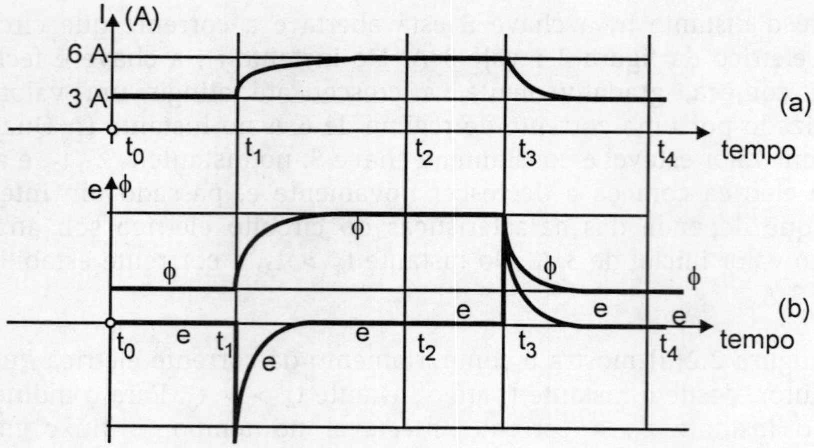

FIGURA 2.2: COMPORTAMENTO DA CORRENTE E DA FORÇA ELETROMOTRIZ INDUZIDA NO CIRCUITO DA FIGURA 2.1.

2.2: FORÇA ELETROMOTRIZ VARIACIONAL

O exemplo narrado no item 2.1 é típico da atuação de uma força eletromotriz de natureza variacional, isto é, oriunda da variação do fluxo magnético no tempo. Observar que o enrolamento do indutor, dotado de N espiras, permaneceu estático ao longo do tempo e o fluxo magnético concatenado com esse enrolamento variou no tempo por variação da corrente que circula pelo referido indutor. É uma condição presente em transformadores elétricos, em indutores para as mais diversas finalidades, em reatores limitadores de corrente usados em lâmpadas de descarga, em bobinas usadas em aparelhos eletrônicos, etc.

O fluxo magnético concatenado com determinado enrolamento dotado de N espiras é expresso por:

$$\lambda = N \cdot \phi \tag{2.2}$$

sendo:

$$\lambda = \lambda(N, \phi) \tag{2.3}$$

isto é, o fluxo total concatenado é uma função das variáveis dependentes N e ϕ, pois:

$$N = N(t) \qquad \text{e} \qquad \phi = \phi(t) \tag{2.4}$$

Dessa forma:

$$\boxed{\frac{d\lambda}{dt} = \frac{\partial\lambda}{\partial N}\cdot\frac{dN}{dt} + \frac{\partial\lambda}{\partial\phi}\cdot\frac{d\phi}{dt}} \quad (2.5)$$

em que o pesquisador está procedendo a uma investigação de todas as possibilidades envolvidas com as variáveis N e ϕ em relação ao tempo. Da observação das possibilidades constata-se que quatro casos podem se fazer presentes:

I: N é constante em relação a t;

II: ϕ é constante em relação a t;

III: N e ϕ são constantes em relação a t;

IV: N e ϕ são variáveis em relação a t.

Para o particular caso em que N é constante em relação a t, a derivada de N em relação a t é nula:

$$\frac{dN}{dt} = 0 \quad (2.6)$$

e:

$$\frac{d\lambda}{dt} = \frac{\partial\lambda}{\partial\phi}\cdot\frac{d\phi}{dt} \quad (2.7)$$

Como:

$$\frac{d\lambda}{d\phi} = N \quad (2.8)$$

resulta:

$$\frac{d\lambda}{dt} = N\cdot\frac{d\phi}{dt} \quad (2.9)$$

Por outro lado:

$$e = -\frac{d\lambda}{dt} \quad (2.10)$$

resultando:

$$\boxed{e = -N\frac{d\phi}{dt}} \quad (2.11)$$

o que mostra que a força eletromotriz variacional é um caso particular das possíveis forças eletromotrizes induzidas em um sistema eletromagnético mecânico. Se N fosse uma função do tempo, a equação (2.11) abrigaria duas parcelas de naturezas distintas: uma **mocional**, devido a um movimento de qualquer característica e uma **variacional**, devido à variação do fluxo magnético no tempo. Assim, a fem mostrada na equação (2.11), oriunda da variação do fluxo magnético no tempo, denomina-se "**força eletromotriz variacional**".

2.3: INDUTÂNCIA MÚTUA EM ESTRUTURAS MAGNÉTICAS

2.3.1: ASPECTOS GERAIS

A indutância própria é uma propriedade da estrutura magnética e se faz presente sempre que um determinado enrolamento, dotado de N espiras, tenha condições de armazenar energia na forma de um campo magnético. Dessa forma, um rolo de fio tem indutância magnética e esta é uma indutância própria da estrutura magnética. Indutância mútua, porém, só se faz presente quando existem interações de enrolamentos. A grosso modo, poder-se-ia dizer que somente existem indutâncias mútuas quando enrolamentos podem comunicar-se entre si magneticamente.

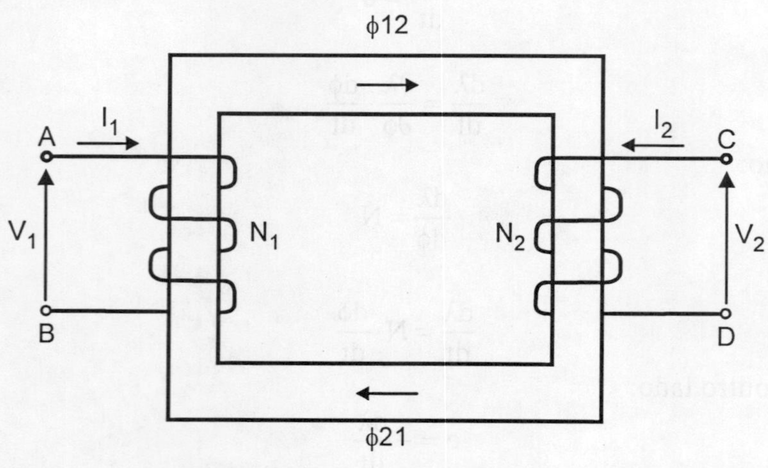

FIGURA 2.3: UNIDADE TRANSFORMADORA DOTADA DE DOIS ENROLAMENTOS - CASO 1.

Uma estrutura magnética, como a mostrada na figura 2.3, possui dois enrolamentos que podem estabelecer entre si comunicação magnética. Essa comunicação denominar-se-á acoplamento. Assim, quando dois ou mais enrolamentos estão magneticamente acoplados, pode existir entre eles indutâncias mútuas. Na figura 2.3, acoplaram-se magneticamente dois enrolamentos dotados de N_1 e N_2 espiras respectivamente. Determinadas as polarizações dos enrolamentos, dois casos particulares podem ser estudados.

2.3.1.1: AS CORRENTES NOS ENROLAMENTOS CIRCULAM DE FORMA QUE SUAS PARTICULARES FORÇAS MAGNETOMOTRIZES SÃO CONCORDANTES

A partir da figura 2.3, escreve-se:

$$\Im_T(t) = \Im_1(t) + \Im_2(t) \tag{2.12}$$

O fluxo mútuo que solicita a estrutura magnética da figura 2.3, dada a forma como suas correntes estão direcionadas, tem por expressão:

$$\phi_{mútuo} = \phi_{12} + \phi_{21} \tag{2.12}$$

Por outro lado, a força magnetomotriz total pode ser relacionada ao fluxo mútuo que solicita a unidade por:

$$\Im_T(t) = \Re_{mag} \cdot \phi_{mútuo} \tag{2.13}$$

ou ainda:

$$\Im_T(t) = N_1 \cdot i_1(t) + N_2 \cdot i_2(t) \tag{2.14}$$

No item 2.2, mostrou-se a relação entre a fem induzida e a variação do fluxo mútuo. Assim:

$$e_1(t) = -N_1 \cdot \frac{d\phi_{mútuo}(t)}{dt} \tag{2.15}$$

Exame ao circuito elétrico de um transformador, à luz da segunda Lei de Kirchhoff, mostra que:

$$v_1(t) = (-) \cdot e_1(t) \tag{2.16}$$

Comparando as equações (2.15) e (2.16), resulta:

$$v_1(t) = N_1 \cdot \frac{d\phi_{mútuo}(t)}{dt} \tag{2.17}$$

Levando a equação (2.12) à equação (2.17), resulta:

$$v_1(t) = N_1 \cdot \frac{d}{dt}(\phi_{12}(t) + \phi_{21}(t)) \tag{2.18}$$

Remanejando a equação (2.18), encontra-se:

$$v_1(t) = N_1 \cdot \frac{d\phi_{12}(t)}{dt} + N_1 \cdot \frac{d\phi_{21}(t)}{dt} \qquad (2.19)$$

Mudando as variáveis, isto é, efetuando as mudanças de variáveis possíveis, encontra-se:

$$v_1(t) = N_1 \cdot \frac{d\phi_{12}(i_1(t))}{di_1(t)} \cdot \frac{di_1(t)}{dt} + N_1 \cdot \frac{d\phi_{21}(i_2(t))}{di_2} \cdot \frac{di_2(t)}{dt} \qquad (2.20)$$

Porém, como era esperado na equação (2.20), ocorre:

$$\phi_{12}(i_1(t)) = \frac{N_1 \cdot i_1(t)}{\Re_{mag}} \qquad (2.21)$$

e:

$$\phi_{21}(i_2(t)) = \frac{N_2 \cdot i_2(t)}{\Re_{mag}} \qquad (2.22)$$

Levando as equações (2.21) e (2.22) à equação (2.20), resulta:

$$v_1(t) = N_1 \cdot \frac{d}{di_1(t)} \left[\frac{N_1 \cdot i_1(t)}{\Re_{mag}} \right] \cdot \frac{di_1(t)}{dt} + N_1 \cdot \frac{d}{di_2} \left[\frac{N_2 \cdot i_2(t)}{\Re_{mag}} \right] \cdot \frac{di_2(t)}{dt} \qquad (2.23)$$

Efetuando as derivadas possíveis e reagrupando termos, encontra-se:

$$v_1(t) = \left[\frac{N_1^2}{\Re_{mag}} \right] \cdot \frac{di_1(t)}{dt} + \left[\frac{N_1 \cdot N_2}{\Re_{mag}} \right] \cdot \frac{di_2(t)}{dt} \qquad (2.24)$$

Porém, as indutâncias própria e mútua envolvidas têm como expressão:

$$L_1 = \left[\frac{N_1^2}{\Re_{mag}} \right] \qquad (2.25)$$

e:

$$M = \left[\frac{N_1 \cdot N_2}{\Re_{mag}} \right] \qquad (2.26)$$

Levando as equações (2.25) e (2.26) à equação (2.24), resulta:

$$v_1(t) = L_1 \cdot \frac{di_1(t)}{dt} + M \cdot \frac{di_2(t)}{dt} \tag{2.27}$$

Como as referidas indutâncias, para a estrutura magnética da figura 2.3, são constantes em relação ao tempo, a equação (2.27) pode ganhar expressão particular:

$$v_1(t) = \frac{d}{dt}\left[L_1 \cdot i_1(t) + M \cdot i_2(t)\right] \tag{2.28}$$

Examinando o segundo membro da equação (2.28), encontra-se:

$$\left[L_1 \cdot i_1(t) + M \cdot i_2(t)\right] = \lambda_1(t) \tag{2.29}$$

em que:

$$\boxed{v_1(t) = \frac{d}{dt}\left[\lambda_1\right]} \tag{2.30}$$

que é a tensão nos terminais do enrolamento de N1 espiras, isto é, a tensão nos terminais do enrolamento primário, desprezando a resistência ôhmica dos condutores envolvidos nesse enrolamento. Ela é igual à variação do fluxo concatenado por esse enrolamento no tempo.

2.3.1.2: CONSIDERAÇÕES

A equação (2.27) traz a indutância mútua e mostra que ela está dotada de um sinal (+). Portanto, voltando à figura 2.3, conclui-se que, quando os particulares fluxos gerados pelas correntes que percorrem dois enrolamentos magneticamente acoplados forem concordantes, **a indutância mútua estabelecida para o acoplamento ou pelo acoplamento é positiva**. Não se pretende alterar a forma de alimentar o enrolamento N1.

2.3.1.3: AS CORRENTES NOS ENROLAMENTOS CIRCULAM DE FORMA QUE SUAS PARTICULARES FORÇAS MAGNETOMOTRIZES SEJAM DISCORDANTES

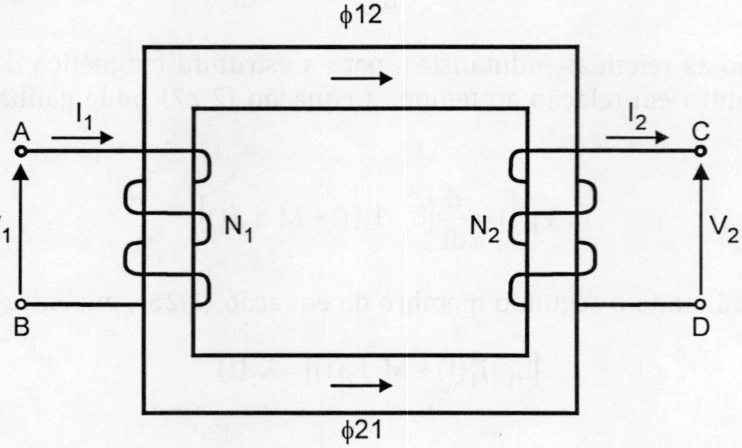

FIGURA 2.4: UNIDADE TRANSFORMADORA DOTADA DE DOIS ENROLAMENTOS - CASO 2.

A partir da figura 2.4, escreve-se:

$$\Im_T(t) = \Im_1(t) - \Im_2(t) \tag{2.31}$$

O fluxo mútuo que solicita a estrutura magnética, dada a forma como as correntes estão direcionadas, tem por expressão:

$$\phi_{\text{mútuo}} = \phi_{12} - \phi_{21} \tag{2.32}$$

Por outro lado, a força magnetomotriz total pode ser relacionada ao fluxo mútuo que demanda a unidade transformadora por:

$$\Im_T(t) = \Re_{\text{mag}} \cdot \phi_{\text{mútuo}} \tag{2.33}$$

ou ainda:

$$\Im_T(t) = N_1 \cdot i_1(t) - N_2 \cdot i_2(t) \tag{2.34}$$

No item 2.2, mostrou-se a relação entre a fem induzida e a variação do fluxo mútuo. Assim:

$$e_1(t) = -N_1 \cdot \frac{d\phi_{\text{mútuo}}(t)}{dt} \tag{2.35}$$

Exame ao circuito elétrico de um transformador, à luz da segunda Lei de Kirchhoff, mostra que:

$$v_1(t) = (-) \cdot e_1(t) \qquad (2.36)$$

Comparando as equações (2.35) e (2.36), resulta:

$$v_1(t) = N_1 \cdot \frac{d\phi_{mútuo}(t)}{dt} \qquad (2.37)$$

Levando a equação (2.32) à equação (2.37), resulta:

$$v_1(t) = N_1 \cdot \frac{d}{dt}(\phi_{12}(t) - \phi_{21}(t)) \qquad (2.38)$$

Remanejando a equação (2.38), resulta:

$$v_1(t) = N_1 \cdot \frac{d\phi_{12}(t)}{dt} - N_1 \cdot \frac{d\phi_{21}(t)}{dt} \qquad (2.39)$$

Mudando as variáveis, isto é, efetuando as mudanças de variáveis possíveis, encontra-se:

$$v_1(t) = N_1 \cdot \frac{d\phi_{12}(i_1(t))}{di_1(t)} \cdot \frac{di_1(t)}{dt} - N_1 \cdot \frac{d\phi_{21}(i_2(t))}{di_2} \cdot \frac{di_2(t)}{dt} \qquad (2.40)$$

Porém, como era esperado na equação (2.40), ocorre:

$$\phi_{12}(i_1(t)) = \frac{N_1 \cdot i_1(t)}{\Re_{mag}} \qquad (2.41)$$

e:

$$\phi_{21}(i_2(t)) = \frac{N_2 \cdot i_2(t)}{\Re_{mag}} \qquad (2.42)$$

Levando as equações (2.41) e (2.42) à equação (2.40), resulta:

$$v_1(t) = N_1 \cdot \frac{d}{di_1(t)}\left[\frac{N_1 \cdot i_1(t)}{\Re_{mag}}\right] \cdot \frac{di_1(t)}{dt} - N_1 \cdot \frac{d}{di_2}\left[\frac{N_2 \cdot i_2(t)}{\Re_{mag}}\right] \cdot \frac{di_2(t)}{dt} \qquad (2.43)$$

Efetuando as derivadas possíveis e reagrupando termos, resulta:

$$v_1(t) = \left[\frac{N_1^2}{\Re_{mag}}\right] \cdot \frac{di_1(t)}{dt} - \left[\frac{N_1 \cdot N_2}{\Re_{mag}}\right] \cdot \frac{di_2(t)}{dt} \tag{2.44}$$

Porém, as indutâncias própria e mútua têm como expressão:

$$L_1 = \left[\frac{N_1^2}{\Re_{mag}}\right] \tag{2.45}$$

e:

$$M = \left[\frac{N_1 \cdot N_2}{\Re_{mag}}\right] \tag{2.46}$$

Levando as equações (2.45) e (2.46) à equação (2.44), resulta:

$$v_1(t) = L_1 \cdot \frac{di_1(t)}{dt} - M \cdot \frac{di_2(t)}{dt} \tag{2.47}$$

Como as referidas indutâncias, para a estrutura magnética da figura 2.3, são constantes em relação ao tempo, a equação (2.47) pode ganhar expressão particular:

$$v_1(t) = \frac{d}{dt}\left[L_1 \cdot i_1(t) - M \cdot i_2(t)\right] \tag{2.48}$$

Examinando o segundo membro da equação (2.48), encontra-se:

$$[L_1 \cdot i_1(t) - M \cdot i_2(t)] = \lambda_1(t) \tag{2.49}$$

e:

$$\boxed{v_1(t) = \frac{d}{dt}\left[\lambda_1\right]} \tag{2.50}$$

que é a tensão aplicada nos terminais de entrada de um enrolamento de N_1 espiras em que R_1, a resistência ôhmica do enrolamento, é desprezada.

2.3.1.4: CONSIDERAÇÕES

A equação (2.47) traz a indutância mútua e mostra que ela está dotada de um sinal (-). Portanto, voltando à figura 2.4, conclui-se que, quando os particulares fluxos gerados pelas correntes que percorrem dois enrolamentos magneticamente acoplados forem discordantes, a indutância mútua estabelecida para o acoplamento ou pelo acoplamento é negativa. Não se pretende alterar a forma de alimentar o enrolamento de N_1 espiras.

Portanto, a indutância mútua de uma estrutura magnética pode estar antecipada de um sinal positivo ou de um sinal negativo, dependendo, em última análise, da polaridade do enrolamento em questão e da situação relativa da corrente do enrolamento em análise em relação a um enrolamento tomado como referência. Nos casos anteriores, o enrolamento tomado como referência foi o primário da unidade transformadora e a corrente elétrica entrava pelo terminal que continha o indicador (dot) de polarização do enrolamento.

2.4: EXERCÍCIOS

2.4.1: EXERCÍCIO RESOLVIDO 1

O núcleo magnético mostrado na figura 2.5, tem uma relutância magnética de valor igual a 80 000 Ae/Wb. Seu enrolamento é formado por 400 espiras de condutor e percorrido por uma corrente elétrica alternada senoidal. Determine a expressão da fem induzida nesse enrolamento e analise o resultado obtido.

Dados:

$$N = 400 \text{ espiras}$$

$$i(t) = 2 \cdot \cos(\omega . t + \pi/2)$$

$$\Re t = 80\,000 \text{ Ae/Wb}$$

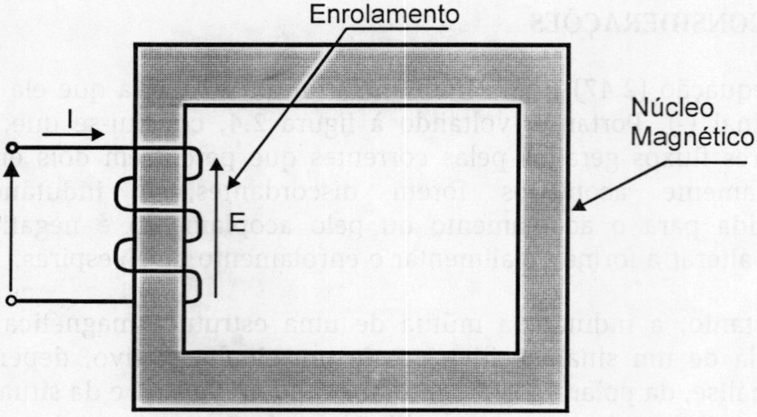

FIGURA 2.5: NÚCLEO MAGNÉTICO DOTADO DE UM ENROLAMENTO DE N ESPIRAS.

A força magnetomotriz $\Im$ gerada pela passagem da corrente i(t) pelas N espiras do enrolamento é expressa por:

$$\Im(t) = N \cdot i(t) \tag{e1.1}$$

Em valores numéricos:

$$\Im(t) = 400 \cdot 2 \cdot \cos(\omega \cdot t + \pi / 2) \tag{e1.2}$$

ou ainda:

$$\Im(t) = 800 \cdot \cos(\omega \cdot t + \pi / 2) \tag{e1.3}$$

Por outro lado, a força magnetomotriz e o fluxo magnético concatenado pelo enrolamento são relacionados por:

$$\boxed{\Im(t) = \Re_T \cdot \phi(t)} \tag{e1.4}$$

em que:

$$\phi(t) = \frac{\Im(t)}{\Re_T} \tag{e1.5}$$

Levando à equação valores já determinados:

$$\phi(t) = \frac{800 \cdot \cos(\omega \cdot t + \pi / 2)}{80000} \tag{e1.6}$$

em que:

$$\phi(t) = \frac{1 \cdot \cos(\omega \cdot t + \pi/2)}{100} \qquad \text{(e1.7)}$$

A partir da expressão matemática da Lei de Lenz, escreve-se:

$$\boxed{e(t) = -N\frac{d\phi(t)}{dt}} \qquad \text{(e1.8)}$$

ou ainda:

$$e(t) = -400 \cdot \frac{d}{dt}(1\!/_{100} \cdot \cos(\omega \cdot t + \pi/2) \qquad \text{(e1.9)}$$

Efetuando a derivada e ajustando os sinais, resulta:

$$\boxed{e(t) = 4 \cdot \omega \cdot \text{sen}(\omega \cdot t + \pi/2)} \qquad \text{(e1.10)}$$

Análise à equação (e1.10) permite determinar o módulo e a fase da fem induzida no enrolamento de 400 espiras do indutor mostrado na figura 2.5. A força eletromotriz induzida leva a uma diferença de potential nos terminais do indutor.

I: DETERMINAÇÃO DA INTENSIDADE DA FEM INDUZIDA:

$$e(t) = E_{máx} \cdot \text{sen}(\omega \cdot t + \pi/2) = E_{máx} \cdot \cos(\omega \cdot t) \qquad \text{(e1.11)}$$

Comparando as equações (e1.10) e (e1.11), encontra-se:

$$E_{máx} = 4 \cdot \omega \qquad \text{(e1.12)}$$

ou ainda:

$$E_{máx} = 4 \cdot (2 \cdot \pi \cdot f) \qquad \text{(e1.13)}$$

em que:

$$\boxed{E_{máx} = 8 \cdot \pi \cdot f} \qquad \text{(e1.14)}$$

em valor máximo. O valor eficaz da referida fem induzida equivale a:

$$E = \frac{E_{máx}}{\sqrt{2}} \qquad \text{(e1.15)}$$

em que:

$$\boxed{E = 17{,}77 \cdot f} \qquad \text{(e1.16)}$$

em que f é a freqüência do sinal de alimentação do indutor. Para a freqüência de 60 Hz, resulta:

$$\boxed{E = 1066{,}30 \text{ V}} \tag{e1.17}$$

II: DETERMINAÇÃO DA FASE DA FEM INDUZIDA:

Da equação (e1.10), resulta:

$$e(t) = 4 \cdot \omega \cdot \text{sen}(\omega \cdot t + \pi / 2) \tag{e1.18}$$

em que está presente a função seno associada a um arco a. Trabalhando trigonometricamente essa função e seu arco, resulta:

$$\text{sen}(\omega \cdot t + \pi / 2) = \cos(\omega \cdot t) \tag{e1.19}$$

Em que:

$$\boxed{e(t) = 8 \cdot \pi \cdot f \cdot \cos(\omega \cdot t)} \tag{e1.20}$$

que expressa o valor da fem induzida no enrolamento do indutor da figura 2.5. Levando essa força eletromotriz induzida e a corrente aplicada no enrolamento a um Diagrama Fasorial, encontra-se o disposto na figura 2.6.

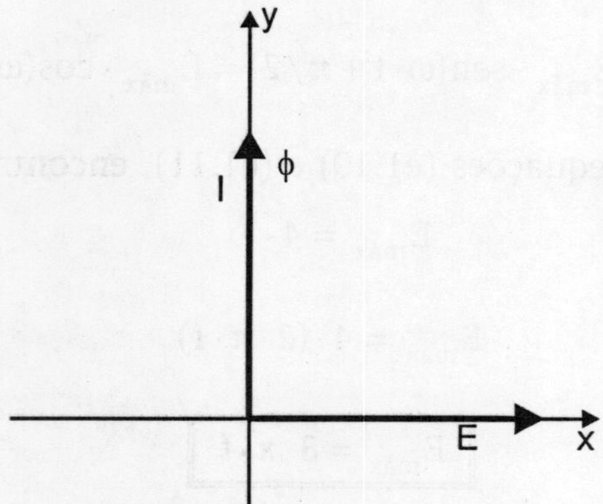

FIGURA 2.6: DIAGRAMA FASORIAL DA CORRENTE APLICADA E DA FEM INDUZIDA (VALORES EFICAZES).

No Diagrama Fasorial da figura 2.6, algumas observações são pertinentes:

1) A fem induzida é de natureza variacional, porque é oriunda da variação do fluxo magnético com o tempo e está atrasada 90° em relação ao fluxo magnético que lhe deu origem, e;

2) O fluxo magnético presente no núcleo está em fase com a corrente elétrica aplicada ao enrolamento e com a força magnetomotriz gerada, porque as perdas no ferro do núcleo magnético e as perdas no cobre dos enrolamentos foram desprezadas.

2.4.2: EXERCÍCIO RESOLVIDO 2

A partir do Postulado de Faraday, demonstre a expressão para a fem induzida em um enrolamento de N espiras pelo qual circula uma corrente senoidal do tipo i(t) = Imáx. cos(ω.t).

RESOLVENDO

Conhecidas as relações:

$$\boxed{\Im(t) = N \cdot i(t)} \qquad \text{(e2.1)}$$

$$\boxed{\Im(t) = \Re_T \cdot \phi(t)} \qquad \text{(e2.2)}$$

$$\boxed{e(t) = -N \cdot \frac{d\phi(t)}{dt}} \qquad \text{(e2.3)}$$

Levando a equação (e2.1) à equação (e2.2), resulta:

$$\phi(t) = \frac{N \cdot i(t)}{\Re_T} \qquad \text{(e2.3)}$$

A corrente que circula pelo enrolamento tem expressão fornecida. Assim:

$$\phi(t) = \frac{N \cdot I_{máx} \cdot \cos(\omega \cdot t)}{\Re_T} \qquad \text{(e2.4)}$$

em que:

$$\phi_{máx} = \frac{N \cdot I_{máx}}{\Re_T} \qquad \text{(e2.5)}$$

porque:

$$\phi(t) = \phi_{máx} \cdot \cos(\omega \cdot t) \qquad \text{(e2.6)}$$

Levando a equação (e2.6) à equação (e2.3), resulta:

$$e(t) = -N \cdot \frac{d}{dt} \cdot (\phi_{máx} \cdot \cos(\omega \cdot t)) \qquad (e2.7)$$

Efetuando a derivada proposta, resulta:

$$e(t) = (N \cdot \phi_{máx} \cdot \omega) \cdot sen(\omega \cdot t)) \qquad (e2.8)$$

O valor máximo da força eletromotriz induzida colhido da equação (e2.8) pode ser expresso por:

$$E_{máx} = N \cdot \phi_{máx} \cdot \omega = (2 \cdot \pi \cdot f) \cdot N \cdot \phi_{máx} \qquad (e2.9)$$

O valor eficaz da força eletromotriz induzida tem por expressão:

$$\boxed{E = \frac{E_{máx}}{\sqrt{2}}} \qquad (e2.10)$$

Levando a equação (e2.10) à equação (e2.9), resulta:

$$E = \frac{(2 \cdot \pi)}{\sqrt{2}} \cdot f \cdot N \cdot \phi_{max} \qquad (e2.11)$$

ou ainda:

$$\boxed{E = 4{,}44 \cdot f \cdot N \cdot \phi_{máx}} \qquad (e2.12)$$

clássica expressão da fem induzida em um enrolamento de N espiras, dotado de um fluxo magnético alternante e senoidal, gerado por uma corrente alternante e senoidal. Essa expressão é genérica e se presta a toda estrutura magnética que opere em regime alternante e senoidal (indutores, transformadores, atuadores, conversores, etc.).

2.4.3: EXERCÍCIO RESOLVIDO 3

Partindo dos terminais de secundário de uma unidade transformadora de dois enrolamentos, como mostrada na figura 2.7 determine o sinal da indutância mútua para as condições do transformador referido.

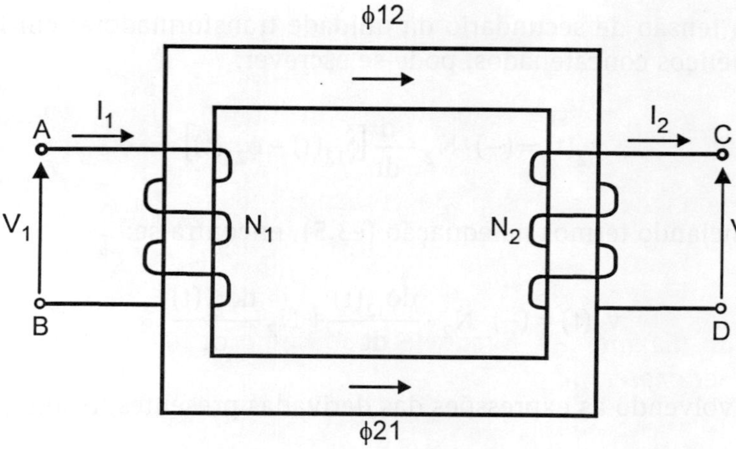

FIGURA 2.7: UNIDADE TRANSFORMADORA DOTADA DE DOIS ENROLAMENTOS. O SECUNDÁRIO OPERA COMO UM GERADOR.

RESOLVENDO

Para efeito da demonstração, podem-se tomar as resistências dos enrolamentos da unidade transformadora como apresentando valores desprezíveis, tais que:

$$R_1 = R_2 = 0 \qquad \text{(e3.1)}$$

De forma semelhante, as perdas no ferro do núcleo magnético.

Para um enrolamento secundário tradicional que possua resistência ôhmica, pode-se escrever:

$$e_2(t) = R_2 \cdot i_2 + v_2 \qquad \text{(e3.2)}$$

Se fizer valer a hipótese proposta na equação (e3.1), resulta:

$$e_2(t) = v_2(t) \qquad \text{(e3.3)}$$

Por outro lado, para o enrolamento secundário da unidade transformadora, a força eletromotriz induzida tem por expressão:

$$e_2(t) = (-) \cdot N_2 \cdot \frac{d\phi_{\text{mútuo}}(t)}{dt} \qquad \text{(e3.4)}$$

Para a tensão de secundário da unidade transformadora, em função dos fluxos magnéticos concatenados, pode-se escrever:

$$v_2(t) = (-) \cdot N_2 \cdot \frac{d}{dt}\left[\phi_{12}(t) - \phi_{21}(t)\right] \qquad \text{(e3.5)}$$

Remanejando termos na equação (e3.5), encontra-se:

$$v_2(t) = (-) \cdot N_2 \cdot \frac{d\phi_{12}(t)}{dt} + N_2 \frac{d\phi_{21}(t)}{dt} \qquad \text{(e3.6)}$$

Desenvolvendo as expressões das derivadas presentes, resulta:

$$v_2(t) = (-) \cdot N_2 \cdot \frac{d\phi_{12}(t)}{di_1(t)} \cdot \frac{di_1(t)}{dt} + N_2 \frac{d\phi_{21}(t)}{di_2(t)} \cdot \frac{di_2(t)}{dt} \qquad \text{(e3.7)}$$

Os fluxos magnéticos particulares, gerados em cada particular enrolamento, podem ser expressos por:

$$N_1 \cdot i_1 = \Re_{mag} \cdot \phi_{12} \qquad \text{(e3.8)}$$

resultando:

$$\phi_{12} = \frac{N_1 \cdot i_1}{\Re_{mag}} \qquad \text{(e3.9)}$$

e:

$$N_2 \cdot i_2 = \Re_{mag} \cdot \phi_{21} \qquad \text{(e3.10)}$$

resultando:

$$\phi_{21} = \frac{N_2 \cdot i_2}{\Re_{mag}} \qquad \text{(e3.11)}$$

Levando as considerações acima à equação (e3.7), resulta:

$$v_2(t) = (-) \cdot N_2 \cdot \frac{d}{di_1(t)}\left[\frac{N_1 \cdot i_1(t)}{\Re_{mag}}\right] \cdot \frac{di_1(t)}{dt} + N_2 \frac{d}{di_2(t)}\left[\frac{N_2 \cdot i_2(t)}{\Re_{mag}}\right] \cdot \frac{di_2(t)}{dt} \qquad \text{(e3.12)}$$

Efetuando as derivadas propostas:

$$v_2(t) = (-) \cdot \left[\frac{N_1 \cdot N_2}{\Re_{mag}} \right] \cdot \frac{di_1(t)}{dt} + \left[\frac{N_2^2}{\Re_{mag}} \right] \cdot \frac{di_2(t)}{dt} \qquad \text{(e3.13)}$$

Levando à equação (e3.13) as definições de indutância própria e mútua, resulta:

$$v_2(t) = (-) \cdot M \cdot \frac{di_1(t)}{dt} + L_2 \cdot \frac{di_2(t)}{dt} \qquad \text{(e3.14)}$$

ou ainda:

$$v_2(t) = \frac{d}{dt} \left[(-) \cdot M \cdot i_1(t) + L_2 \cdot i_2(t) \right] \qquad \text{(e3.15)}$$

A partir da definição de "fluxo total concatenado em um enrolamento", escreve-se:

$$v_2(t) = \frac{d}{dt} \left[\lambda_2(t) \right] \qquad \text{(e3.16)}$$

Sendo:

$$\boxed{\lambda_2(t) = [(-) \cdot M \cdot i_1(t) + L_2 \cdot i_2(t)]} \qquad \text{(e3.17)}$$

que caracteriza o fluxo total concatenado pelo enrolamento secundário. A indutância mútua, nas condições propostas no exercício, vem precedida do sinal negativo, porque os particulares fluxos gerados pelos enrolamentos primário e secundário se opõem, como mostra a equação (e3.5). Isto ocorre porque as correntes convencionadas, mostradas na figura 2.7, têm operações opostas. A corrente I_1 está chegando ao terminal do enrolamento primário da unidade transformadora - terminal dotado de dot - e a corrente I_2 está deixando o terminal do enrolamento secundário da unidade transformadora - -terminal dotado de dot.

2.5: EXERCÍCIOS PROPOSTOS

2.5.1: EXERCÍCIO PROPOSTO 1

Um núcleo magnético opera com uma densidade de campo magnético máxima de 9800 Gauss e possui uma seção reta de 45 cm^2. Determine o número de espiras que deve ter o enrolamento dessa estrutura magnética para que possa trabalhar conectado a um alimentador de 220 V (valor eficaz) na freqüência de 60 Hz.

R: 188 espiras

2.5.2: EXERCÍCIO PROPOSTO 2

No exercício resolvido 3 do capítulo 1, usou-se um núcleo toroidal de seção retangular para a construção de uma unidade transformadora experimental. A referida unidade possui S_{FE} = 5,52 cm^2 de seção reta magnética e trabalha com uma densidade de campo magnético de 9.000 Gauss. Usando o exposto no capítulo 2, determine a força eletromotriz induzida no enrolamento de 70 espiras (enrolamento primário).

RESOLVENDO

No exercício resolvido 2 deste capítulo, demonstrou-se que a força eletromotriz induzida num determinado enrolamento tem por expressão:

$$E = 4{,}44 \cdot f \cdot N \cdot \phi_{MÁX}$$

Por outro lado:

$$\phi_{MÁX} = B_{MÁX} \cdot S_{FE}$$

Levando às equações acima valores numéricos, encontra-se:

$$\phi_{MÁX} = 9.000 \cdot 10^{-4} \cdot 5{,}52 \cdot 10^{-4}$$

ou ainda:

$$\phi_{MÁX} = 4{,}968 \cdot 10^{-4}$$

e:

$$\boxed{E = 4{,}44 \cdot 60 \cdot 70 \cdot 4{,}968 \cdot 10^{-4}}$$

em que:

$$\boxed{E = 9{,}264 \ \ V}$$

Comparar este valor com o que foi obtido no mencionado exercício do capítulo 1. Observe que a tensão nos terminais de um enrolamento, desprezando a resistência ôhmica do condutor de que é feito o referido, é numericamente igual à força eletromotriz induzida nesse enrolamento.

Aplique o que foi explanado acima no enrolamento de 35 espiras do transformador do exercício resolvido 3 do capítulo 1 e observe que a tensão a ser obtida é de 4,632 Volts, que é a metade da obtida para o enrolamento primário. Faça comentários.

2.5.3: EXERCÍCIO PROPOSTO 3

Se for feito um segundo enrolamento secundário no toróide desenvolvido no exercício resolvido 3 do capítulo 1 e esse enrolamento possuir 460 espiras, qual será a força eletromotriz induzida no referido, respeitadas as condições impostas no exercício proposto no item 2.4.2 ?

R: 60,9 Volts

Se a força eletromotriz obtida em um enrolamento está ligada ao número de espiras dele, por que as bitolas dos condutores de todos os enrolamentos de um transformador não são iguais ?

R: Porque a bitola dos condutores, ou seja, a seção reta dos condutores empregados nos enrolamentos está ligada à corrente elétrica que passa por cada um dos enrolamentos. Assim, uma corrente elétrica maior vai exigir uma bitola que corresponda a um condutor de seção reta maior.

2.6: BIBLIOGRAFIA RECOMENDADA PARA O CAPÍTULO

Albuquerque, R. O. (**1995**). Análise de Circuitos em Corrente Alternada. Editora Érica Ltda. São Paulo. S. P..p. 142.

Cutler, P. (**1976**). Análises de Circuitos CA. Editora McGraw-Hill do Brasil Ltda. São Paulo, S. P.. p. 351.

Clement, P. R. e Johnson, W. C. (**1960**). Electrical Engineering Science. McGraw-Hill Book Company, Inc. New York, U.S.A. p.588.

Dekker, A. J. (**1967**). Electrical Engineering Materials. Prentice-Hall of India. New Delhi, India. p. 208.

Gozzi, G. G. M. (**1996**). Circuitos Magnéticos. Editora Érica Ltda. São Paulo, S. P..p. 140.

Morris, N. M. (**1975**). Electrical Circuits and Systems. The MacMillan Press Ltd. London, U. K. p.270.

Simone, G. A. (**1998**). Transformadores - Teoria e Exercícios. Editora Érica Ltda. São Paulo, S. P..p. 312.

Forças Eletromotrizes Mocionais

3.1: INTRODUÇÃO

Denomina-se "força eletromotriz mocional" aquela induzida em condutor ou em condutores elétricos por movimentação relativa do condutor em relação ao campo magnético isto é, quando entre o condutor e o campo magnético, existe velocidade relativa.

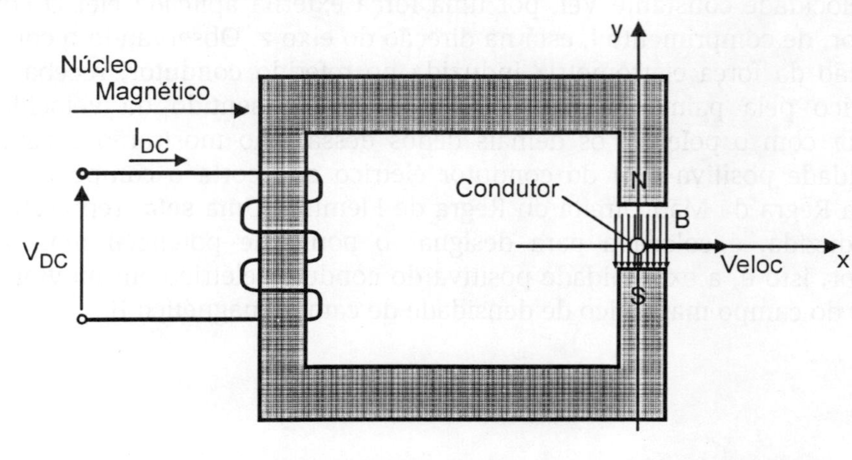

FIGURA 3.1: CONDUTOR ELÉTRICO MOVENDO-SE EM CAMPO MAGNÉTICO.

Diga-se que, por meio da passagem de uma corrente elétrica contínua em um enrolamento dotado de N espiras enroladas sobre uma estrutura magnética como a mostrada na figura 3.1, estabelece-se um campo magnético uniforme e de densidade de campo magnético B. No presente estudo, não levar-se-á em conta o espraiamento presente no entreferro formado entre as peças polares Norte e Sul de um campo magnético.

O condutor elétrico em análise está colocado numa direção que é paralela ao eixo z e é arrastado, por aplicação de uma força externa, na direção do eixo x. O campo magnético tem sua densidade de campo vinculada à direção do eixo y.

Partindo da equação (2.1), demonstra-se que a força eletromotriz induzida nesse condutor que corta o campo magnético com velocidade Vel tem por expressão:

$$\boxed{e = -\cdot B \cdot L \cdot (Vel)} \qquad (3.1)$$

3.2: GERAÇÃO DE ENERGIA ELÉTRICA - FORÇA ELETROMOTRIZ INDUZIDA

O sinal negativo presente na expressão (3.1) tem origem na equação (2.1) e no conceito de força eletromotriz induzida. Na figura 3.2, o campo magnético vem em direção ao leitor e seu sentido é da página do livro para fora, e corresponde à direção do eixo y. O condutor é arrastado na direção do eixo x, com velocidade constante Vel, por uma força externa aplicada ele. O corpo do condutor, de comprimento l, está na direção do eixo z. Observando o condutor e a atuação da força eletromotriz induzida no referido condutor, receba o fluxo magnético pela palma da mão direita; mostre o sentido da velocidade do condutor com o polegar; os demais dedos dessa mão mostrarão o sentido da extremidade positiva (+) do condutor elétrico que corta o campo magnético. Esta é a Regra da Mão Direita ou Regra de Fleming. Uma **seta**, representando a fem induzida, é colocada para designar o ponto de potencial mais alto do condutor, isto é, a extremidade positiva do condutor elétrico em movimento no interior do campo magnético de densidade de campo magnético B.

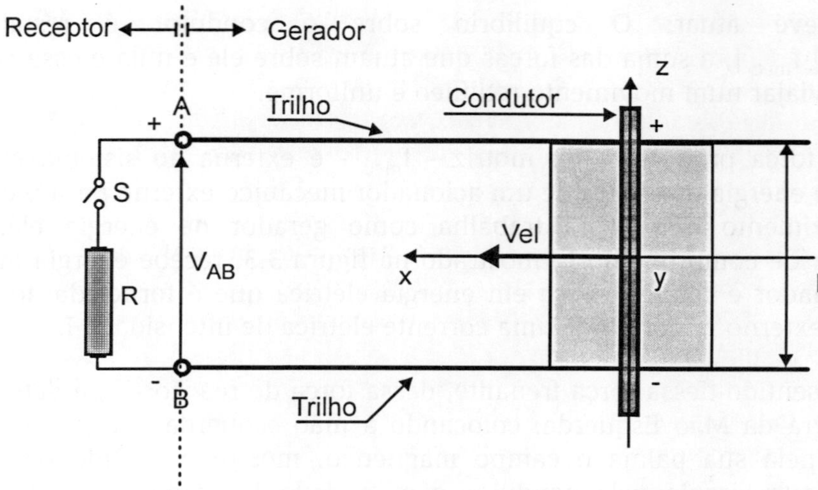

FIGURA 3.2: CONDUTOR ELÉTRICO CORTANDO CAMPO MAGNÉTICO
GERAÇÃO DE FORÇA ELETROMOTRIZ INDUZIDA (E).

Ao condutor da figura 3.2 agregaram-se condutores elétricos (de cobre ou de alumínio) que vão das extremidades dos trilhos até a chave S e ao resistor de resistência R que serve de carga elétrica para esse gerador elementar. Passando uma linha imaginária pelos pontos A e B, verticalmente, divide-se o plano em duas regiões e, conseqüentemente, o circuito elétrico visto como um todo. O lado que abriga o resistor de resistência R e a chave S caracteriza o RECEPTOR de energia elétrica. O que abriga o condutor e o campo magnético de densidade de campo magnético B caracteriza o GERADOR de energia elétrica e, portanto, o RECEPTOR de energia mecânica.

3.3: FORÇAS ENVOLVIDAS - AÇÃO E REAÇÃO

Fechando a chave S, os elétrons circulam no sentido horário, no circuito da figura 3.3 e a corrente elétrica convencional I, no sentido anti-horário do referido circuito. Dessa forma, está caracterizada a "ação" - cortar o campo magnético, induzir força eletromotriz e esta, estando o circuito fechado, impulsionar a corrente elétrica. Uma "reação igual e contrária" é esperada, pois é postulada por Newton. Essa "reação" se faz sentir a partir do aparecimento de uma força de reação - f_r - que, atuando em sentido contrário ao sentido da força que leva o condutor ao movimento (força propulsora - f_{mec}), tende a frear o referido condutor. Para que o movimento se mantenha, a força propulsora - f_{mec} - de mesma intensidade que f_r e de sentido contrário a esta, deve atuar. O equilíbrio sobre o condutor é restabelecido $| f_r | = | f_{mec} |$, a soma das forças que atuam sobre ele é nula e esse condutor passa a viajar num movimento retilíneo e uniforme.

A força propulsora ou motriz - f_{mec} - é externa ao sistema elétrico e transfere energia mecânica de um acionador mecânico externo para o condutor em movimento que agora trabalha como gerador de energia elétrica. O condutor de comprimento L, mostrado na figura 3.3, recebe energia mecânica do acionador e converte essa em energia elétrica que é fornecida ao circuito elétrico externo na forma de uma corrente elétrica de intensidade I.

O sentido dessa força frenante, dessa força de reação - f_r, é determinado pela Regra da Mão Esquerda: colocando a mão esquerda aberta, de forma a receber pela sua palma o campo magnético, mostre o sentido da corrente elétrica que circula pela condutor com o dedo indicador. O dedo polegar mostrará o sentido da força frenante f_r.

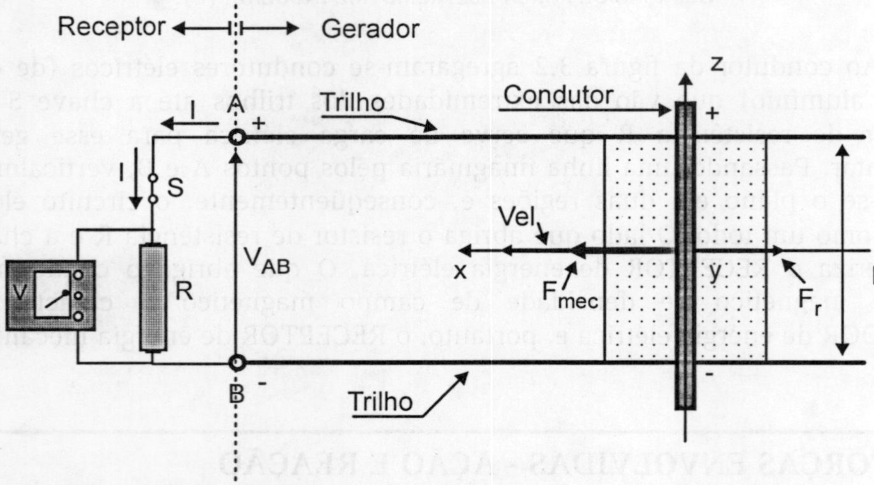

FIGURA 3.3: CONDUTOR ELÉTRICO CORTANDO CAMPO MAGNÉTICO - GERAÇÃO DE FORÇA ELETROMOTRIZ INDUZIDA (E) E CIRCULAÇÃO DE CORRENTE - FORÇAS ENVOLVIDAS.

3.3.1: CONSIDERAÇÕES

Do exposto nos itens anteriores, observa-se que entrega-se energia mecânica, fornecida por um acionador externo, e o equipamento converte essa energia mecânica em elétrica. Esse é o princípio físico da Conversão Mecânico--Elétrica de energia. Como tudo é regido por princípios imutáveis, o mesmo equipamento da figura 3.3, recebendo energia elétrica de uma fonte externa, por exemplo, de uma bateria, fornece energia mecânica para movimentação do condutor de comprimento L. É o Princípio da Reversibilidade. É o conversor efetuando conversão eletromecânica de energia.

Portanto, quando uma estrutura conversora recebe energia elétrica e a converte em energia mecânica, é denominada de MOTOR ou RECEPTOR. Quando essa mesma estrutura recebe energia mecânica e a converte em energia elétrica, é denominada de GERADOR.

3.4: FORÇA FRENANTE - F_R

3.4.1: FUNDAMENTOS

Força frenante é aquela que atua em sentido contrário ao da movimentação mecânica do condutor elétrico de comprimento L, quando o dispositivo está operando como gerador de energia elétrica. Na figura 3.3, a estrutura conversora está recebendo energia na forma mecânica e convertendo-a em energia elétrica, isto é, está operando como um GERADOR de energia elétrica.

3.4.2: EQUACIONAMENTO

A figura 3.3 mostra que um circuito elétrico de pouca complexidade pode ser claramente dividido em uma região geradora de energia elétrica e outra receptora. Para o RECEPTOR de energia elétrica, pode-se escrever:

$$P = R \cdot I^2 \qquad (3.2)$$

O trabalho realizado pela corrente elétrica circulando pelo resistor de resistência R, no intervalo de tempo Δt, tem por expressão:

$$\Delta T = P \cdot \Delta t \qquad (3.3a)$$

Para o ramo gerador de energia elétrica do circuito, a Mecânica permite dizer que o trabalho desenvolvido por uma força que desloca um corpo, no sentido e direção de deslocamento, vale:

$$\Delta T = f_{mec} \cdot \Delta x \qquad (3.3b)$$

em que Δx é o deslocamento produzido no condutor elétrico pela força f_{mec}, na direção e no sentido da referida força, denominada força propulsora. Por outro lado, a potência desenvolvida ou entregue pelo acionador mecânico ao sistema conversor de energia tem por expressão:

$$P = \frac{\Delta T}{\Delta t} \tag{3.4}$$

Levando a equação (3.4) à equação (3.3b) em que se dividiu ambos os membros por Δt, resulta:

$$\frac{\Delta T}{\Delta t} = f_{mec} \cdot \frac{\Delta x}{\Delta t} \tag{3.5}$$

ou ainda:

$$P = f_{mec} \cdot (Vel) \tag{3.6}$$

Comparando as equações (3.2) e (3.6), resulta:

$$R \cdot I^2 = f_{mec} \cdot (Vel) \tag{3.7}$$

equação que se caracteriza como um enlace entre o sistema receptor de energia mecânica e o sistema receptor de energia elétrica. A equação (3.7) tem dimensão de potência e, portanto, pode ser caracteriza como a potência mecânica que é convertida em elétrica pelo conversor de energia. Como foram desprezadas perdas de natureza mecânica e elétrica, diz-se que o "conversor de energia é ideal". Portanto, um conversor de energia é ideal quando as perdas de qualquer natureza são desprezadas ou consideradas externas ao conversor.

Com a chave S fechada o resistor R é percorrido por uma corrente elétrica I e a tensão em seus terminais pode ser expressa por:

$$V_{AB} = R \cdot I \tag{3.8}$$

Como o gerador elementar em estudo é uma unidade que opera em corrente contínua, pode-se, para o mesmo, escrever:

$$P = V_{AB} \cdot I \tag{3.9}$$

Levando a equação (3.9) à equação (3.6), encontra-se:

$$f_{mec} \cdot (Vel) = V_{AB} \cdot I \tag{3.10}$$

Aplicando a segunda Lei de Kirchhoff à malha única formada pelo condutor de comprimento L, pelos trilhos e pelo resistor de resistência R, encontra-se:

$$V_{AB} = - \cdot E \tag{3.11}$$

Como:

$$\boxed{E = - \cdot B \cdot L \cdot Vel} \tag{3.12}$$

que é a força eletromotriz mocional, induzida em um condutor que corta perpendicularmente um campo magnético de densidade B. Levando a equação (3.11) à equação (3.12), resulta:

$$V_{AB} = B \cdot L \cdot Vel \tag{3.13}$$

que é a tensão aquilatada pelo voltímetro colocado nos pontos A e B do circuito da figura 3.3. Essa tensão é devido à movimentação de um condutor de comprimento L cortando perpendicularmente um campo magnético de densidade B e denominada tensão mocional. Na equação (3.13), a densidade de campo magnético é dada em Tesla, o comprimento do condutor em m e a velocidade de translação do referido em m/s. A tensão aquilatada pelo voltímetro resulta em Volts.

Por outro lado, a força frenante gera um trabalho que pode ser expresso por:

$$\Delta T = (-) \cdot f_r \cdot \Delta x \tag{3.14}$$

O sinal negativo está ligado ao fato de que o sentido de deslocamento do condutor de comprimento ativo L é contrário ao sentido de atuação da força frenante - fr. Dessa forma, a potência gerada pelo conversor mecânico - elétrico pode ser expressa, por:

$$- \cdot f_r \cdot \frac{\Delta x}{\Delta t} = \frac{\Delta T}{\Delta t} \tag{3.15}$$

A força eletromotriz induzida no condutor ativo de comprimento L é responsável pela corrente circulante I. Dessa forma, a potência envolvida nessa conversão de energia vale:

$$e \cdot I = - \cdot f_r \cdot \frac{\Delta x}{\Delta t} \tag{3.16}$$

Como:

$$Vel = \frac{\Delta x}{\Delta t} \tag{3.17}$$

resulta:

$$e \cdot I = - \cdot f_r \cdot (Vel) \tag{3.18}$$

Levando a equação (3.1) à equação (3.18), resulta:

$$\boxed{f_r = B \cdot L \cdot I} \tag{3.19}$$

que expressa a intensidade da força resistente ou frenante - f_r - que atua no condutor ativo de comprimento L, quando ele está operando como conversor mecânico-elétrico de energia.

3.4.3: OPERAÇÃO COM O CONVERSOR ELETROMECÂNICO DE ENERGIA

No item 3.4.2, analisou-se expressão para a força frenante - f_r. Essa força origina-se da passagem da corrente elétrica por um condutor elétrico de comprimento L, imerso em um campo magnético de densidade B. Portanto, se uma corrente elétrica oriunda de uma fonte externa, por exemplo, de uma bateria, circular por esse condutor de comprimento L, nas condições acima descritas, uma força mecânica atuará sobre ele e essa força tem a intensidade e o sentido de f_r. Agora, porém, essa força não estará freando o condutor elétrico e sim, movimentando-o, e será uma força motora ou uma força motriz. A determinação de sua intensidade segue a equação (3.19) e o seu sentido é determinado pela Regra da Mão Esquerda, à semelhança de f_r, porque f_r é uma força que sempre tem como origem a passagem de corrente em um condutor ativo imerso em um campo magnético.

Na figura 3.4, uma fonte de energia elétrica externa, uma bateria, é usada para impulsionar a corrente elétrica I. O condutor ativo de comprimento L move-se por ação da força f_r, adquirindo uma velocidade Vel. Como conseqüência, uma força eletromotriz induzida se processa no condutor. O sentido de polarização para essa fem induzida, é determinado pela Regra da Mão Direita.

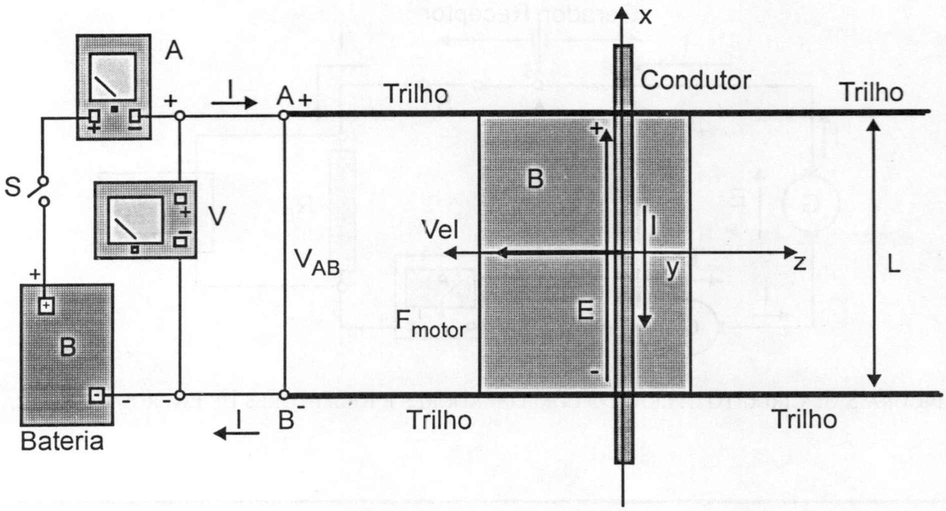

FIGURA 3.4: CONDUTOR CORTANDO CAMPO MAGNÉTICO - AÇÃO MOTORA.

3.5: CONVENÇÃO DE GERADOR E DE RECEPTOR

Em um circuito elétrico, existem elementos que, num determinado instante, estão atuando como GERADORES DE ENERGIA ELÉTRICA e outros, no mesmo instante, atuando como RECEPTORES DE ENERGIA ELÉTRICA. Para que se possa estabelecer a função que determinado elemento ou componente do circuito está desempenhando em um determinado instante, deve-se estabelecer e seguir uma convenção:

1) *Quando um determinado elemento estiver funcionando como GERADOR DE ENERGIA ELÉTRICA, a corrente elétrica convencional estará saindo de seu pólo positivo e entrando em seu pólo negativo.*

2) *Quando um determinado elemento estiver operando ou atuando como RECEPTOR DE ENERGIA ELÉTRICA, a corrente elétrica convencional estará entrando pelo seu pólo positivo e saindo pelo seu pólo negativo.*

A figura 3.5 mostra elementos que, num determinado instante, estão operando com uma ou outra função.

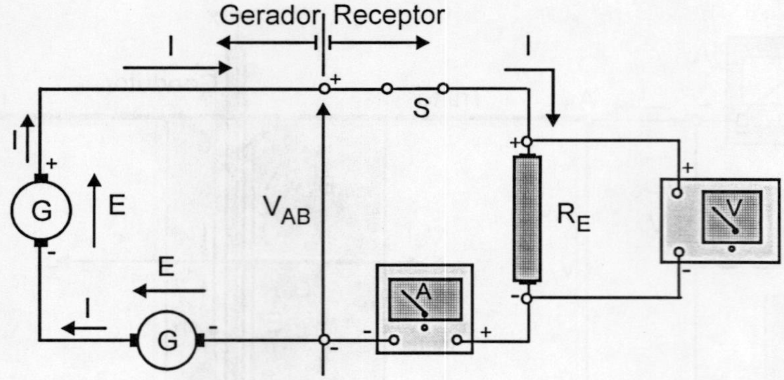

FIGURA 3.5: CIRCUITO OPERANDO COM GERADORES E RECEPTORES DE ENERGIA ELÉTRICA.

3.6: FORÇA MECÂNICA DE ORIGEM ELÉTRICA ATUANDO EM UM CONDUTOR IMERSO EM CAMPO MAGNÉTICO

Se um condutor de comprimento L, percorrido por uma corrente elétrica de intensidade I, é imerso em um campo magnético de densidade de campo B, estando B na direção do eixo Y e o condutor na direção de x, quando a corrente elétrica percorrer o referido condutor, ele ficará submetido a uma força mecânica de origem elétrica f, que tem a direção do eixo z. O sentido dessa força é determinado pela Regra da Mão Esquerda.

Tome-se, para análise, uma montagem como a mostrada na figura 3.6. O condutor de comprimento L está disposto sobre trilhos condutores, paralelos, alimentados por uma bateria de força eletromotriz E. Se o referido condutor mover-se por suas próprias forças, ele o fará no sentido positivo do eixo x, como mostra a referida figura. A força f, que agora é uma força motora, segue a equação (3.19) e produz um deslocamento Δx, cobrindo, na região entre os dois trilhos, uma superfície ΔS, concatenando um fluxo magnético $\Delta \phi$.

O trabalho realizado pela referida força motora será representado por:

$$\Delta T = f \cdot \Delta x \qquad (3.20)$$

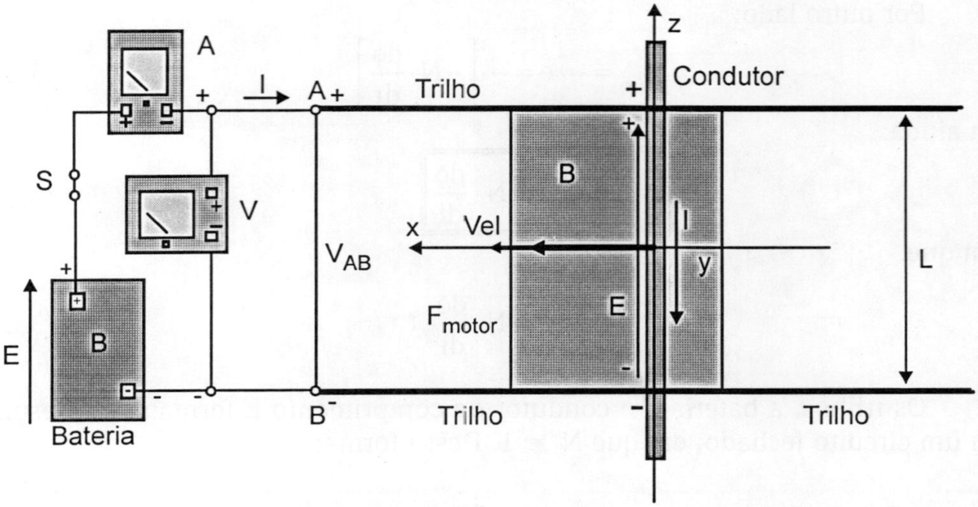

FIGURA 3.6: CONDUTOR ATIVO OPERANDO COMO RECEPTOR DE ENERGIA ELÉTRICA OU MOTOR.

A potência desenvolvida pelo dispositivo conversor, no intervalo de tempo Δt, tem por expressão:

$$P = \frac{\Delta T}{\Delta t} \tag{3.21}$$

Levando a equação (3.21) à equação (3.20), resulta:

$$P = \frac{\Delta T}{\Delta t} = f.\frac{\Delta x}{\Delta t} \tag{3.22}$$

Como:

$$\frac{\Delta x}{\Delta t} = Vel. \tag{3.23}$$

resulta:

$$P = f \cdot Vel. \tag{3.24}$$

Como a corrente está entrando pelo terminal positivo do condutor ativo de comprimento L, ele está operando como receptor de energia elétrica. A tensão em seus terminais é Vab e a potência entregue ao referido vale:

$$P = V_{AB} \cdot I \tag{3.25}$$

Por outro lado:

$$V_{AB} = -\cdot e = -\cdot \left[-N \cdot \frac{d\phi}{dt} \right] \quad (3.26)$$

ou ainda:

$$\boxed{V_{AB} = N \cdot \frac{d\phi}{dt}} \quad (3.27)$$

em que:

$$f \cdot Vel. = N \cdot \frac{d\phi}{dt} \cdot I \quad (3.28)$$

Os trilhos, a bateria e o condutor de comprimento L formam uma espira ou um circuito fechado, em que N = 1. Dessa forma:

$$f \cdot Vel. = \frac{d\phi}{dt} \cdot I \quad (3.29)$$

Operando uma mudança de variáveis na equação (3.29), resulta:

$$f \cdot Vel. = \frac{d\phi}{dx} \cdot \frac{dx}{dt} \cdot I \quad (3.30)$$

Como dx/dt = Vel, conclui-se:

$$f = \frac{d\phi}{dx} \cdot I \quad (3.31)$$

A região compreendida pelo campo magnético de densidade de campo B é aquela em que o condutor ativo de comprimento L pode mover-se. Assim:

$$\boxed{\phi(x) = B \cdot S(x)} \quad (3.32)$$

em que S é a superfície entre trilhos pela qual flui o fluxo $\phi(x)$.

Por outro lado:

$$S(x) = L \cdot x \quad (3.33)$$

Portanto:

$$\phi(x) = B \cdot L \cdot x \quad (3.34)$$

Dessa forma:

$$\frac{d\phi}{dx} = \frac{d}{dx}(\phi(x)) = \frac{d}{dx}(B \cdot L \cdot x) \tag{3.35}$$

Efetuando a derivada proposta na equação (3.35) e levando o resultado à equação (3.31), resulta:

$$\boxed{f = B \cdot L \cdot I} \tag{3.36}$$

que permite calcular a força motora que atua em um condutor ativo imerso em um campo magnético de densidade B, pela passagem de uma corrente elétrica I pelo referido condutor, obedecidas as direções de um sistema de eixos cartesianos ortogonais.

O dispositivo mostrado na figura 3.6 recebe energia elétrica e a converte em energia mecânica. Por essa razão é denominado de CONVERSOR ELETROMECÂNICO DE ENERGIA. É a base fundamental de operação dos dispositivos que operam no campo magnético. Observar que a conversão teve como alicerce maior um campo magnético. Estabelecido esse campo, pode-se fazer a passagem da corrente elétrica, obtendo, como conseqüência, a força motriz f e, como produto final, um trabalho realizado por essa força. Considerações outras sobre ação e reação podem ser feitas e observar-se-á que essa força motora será contrariada por uma força resistente de igual intensidade e de sentido contrário, atuando no sistema conversor. Em conversores rotativos, essas forças são as bases dos CONJUGADOS MOTOR e RESISTENTE. Este, devido à presença da carga mecânica aplicada ao eixo do conversor e aquele, devido a correntes elétricas circulando por condutores imersos em campo magnético.

3.7 CONSIDERAÇÕES FINAIS

A figura 3.7 mostra um processo completo de conversão de energia. O receptor de energia elétrica R, operando como um motor elétrico, recebe energia na forma elétrica e a converte para a forma mecânico-motriz. O gerador elétrico G recebe energia na forma mecânico-motriz e a converte para a forma elétrica. Como ambas as máquinas são reais, seus rendimentos são inferiores à unidade. Dessa forma, a quantidade de energia que deixa as portas elétricas do gerador G é menor do que a quantidade de energia elétrica que adentra as portas do receptor (motor) R num intervalo de tempo Δt. Por essa razão, $W_E > W_S$.

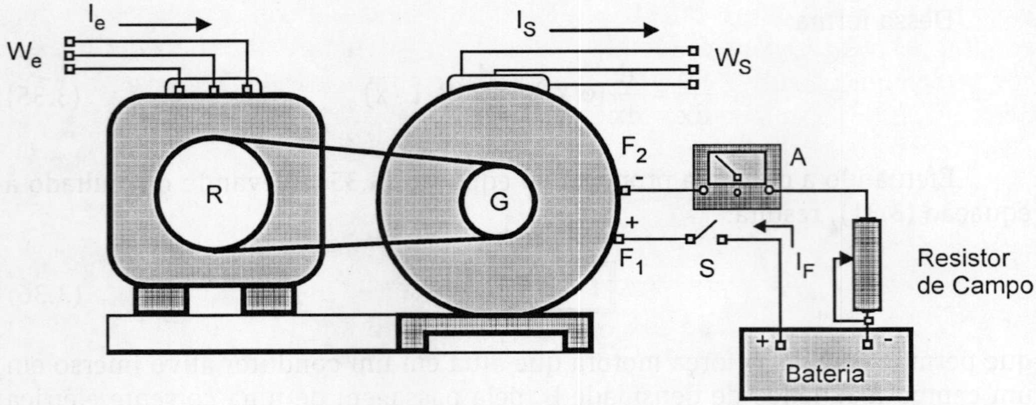

FIGURA 3.7: CONJUNTO RECEPTOR DE ENERGIA ELÉTRICA (R) E GERADOR DE ENERGIA ELÉTRICA (G).

Na figura 3.7, observa-se o gerador conectado eletricamente a uma bateria. Essa bateria fornece energia para alimentar o campo magnético de densidade de campo magnético B do gerador. É a base magnética do processo de conversão mecânico-elétrica de energia. O resistor de campo limita e ajusta a corrente do campo magnético do gerador. Por meio da passagem dessa corrente contínua, corrente de campo, gera-se e mantém-se o campo magnético no referido gerador elétrico. Recordar que:

$$E = B \cdot L \cdot Vel \qquad (3.37)$$

em intensidade. A polarização do condutor de comprimento L é determinada pela REGRA DA MÃO DIREITA.

A velocidade Vel dos condutores ativos, presentes no enrolamento do gerador, é fornecida pela correia que traz energia do motor elétrico para o gerador elétrico.

3.8: EXERCÍCIOS RESOLVIDOS

3.8.1: EXERCÍCIO RESOLVIDO 1

Um campo magnético criado entre duas peças polares (NORTE e SUL), como as mostradas na figura 3.8, opera com uma densidade de campo magnético B igual a 4500 Gauss. Um condutor de comprimento L = 0,5 m viaja nesse campo com velocidade Vel = 20 m/s. Despreze as resistências dos condutores de conexão e adote o valor da resistência externa ligada a esse condutor como sendo Re = 0,5 ohms. Determine a potência convertida e a corrente que circula pelo condutor ativo nas condições enunciadas no exercício.

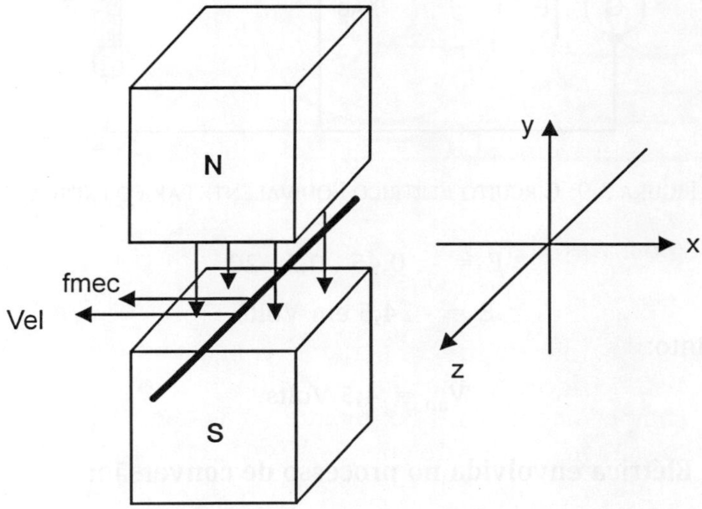

FIGURA 3.8: PEÇAS POLARES NORTE E SUL.

RESOLVENDO

I) Força Eletromotriz Induzida:

Como a densidade de campo magnético está em Gauss, unidade do Sistema CGS, deve ser passada para uma unidade do Sistema MKS - Giorgi e essa unidade é o Tesla. Sendo:

$$1 \text{ Tesla} = 10\,000 \text{ Gauss}$$

resulta:

$$4\,500 \text{ Gauss} = 0{,}45 \text{ Tesla}$$

E a fem induzida terá como valor:

$$E = - . B . L . Vel \qquad \text{(e1.1)}$$

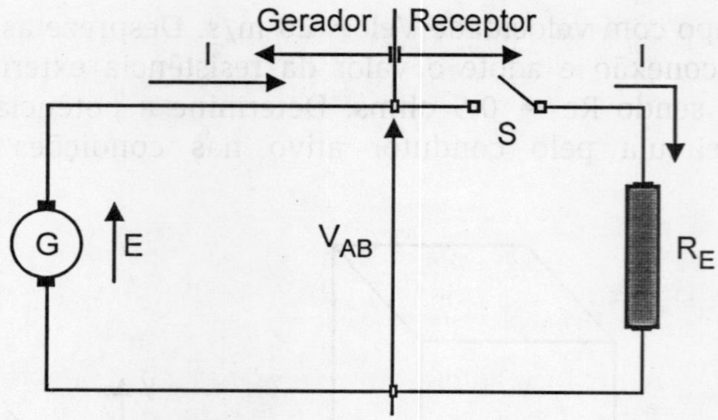

FIGURA 3.9: CIRCUITO ELÉTRICO EQUIVALENTE PARA O EXERCÍCIO.

$$E = - . 0{,}45 . 0{,}5 . 20$$

$$E = - . 4{,}5 \text{ em Volts}$$

Portanto:

$$V_{ab} = 4{,}5 \text{ Volts} \tag{e1.2}$$

II) Corrente Elétrica envolvida no processo de conversão:

Fechando a chave S, resulta:

$$V_{ab} = R . I \tag{e1.3}$$

Levando à equação (e1.3) valores numéricos, resulta:

$$4{,}5 = 0{,}5 . I$$

em que:

$$I = 9 \text{ A} \tag{e1.4}$$

que é a intensidade da corrente que circula pelo resistor externo e pelo condutor ativo, quando a chave S está fechada.

III) Potência Convertida pelo Conversor Ideal:

A potência convertida pelo conversor ideal terá como expressão:

$$P = R \cdot I^2 \tag{e1.5}$$

em que:

$$P = 0{,}5 . 9 . 9$$

$$P = 40{,}5 \text{ Watts} \tag{e1.6}$$

que é a potência convertida, da forma mecânica para a elétrica, pelo conversor ideal, isto é, aquele conversor isento de perdas de qualquer natureza .

A equação (1.1) informa:

$$\boxed{\eta = \frac{P_{saída}}{P_{entrada}}} \qquad (1.1)$$

Portanto, a potência do acionador exige conhecimento do rendimento do conversor e, portanto, das perdas envolvidas nas mais variadas formas: aquecimento, atrito, ventilação, ruídos, perdas no cobre, perdas no ferro, etc.

3.8.2: EXERCÍCIO RESOLVIDO 2:

Um gerador de força eletromotriz E = 6 V alimenta o circuito mostrado na figura 3.10. O condutor de comprimento L está imerso em um campo magnético de densidade de campo B igual a 4500 Gauss. Determine a intensidade da força motora que atua no conversor e que é acusada pelo dinamômetro.

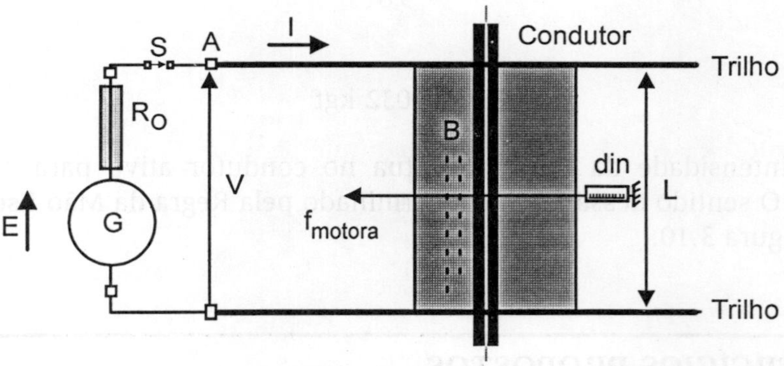

FIGURA 3.10: GERADOR ALIMENTANDO CONDUTOR ATIVO - CONVERSOR ELÉTRICO - MECÂNICO.

Dados: E = 4,5 V; L = 0,5 m; R_E = 1,0 ohm (resistência total equivalente)

Condutor bloqueado por Dinamômetro

RESOLVENDO

Sabendo que:

$$V_{ab} = R_E \cdot I \qquad (e2.1)$$

resulta:

$$4{,}5 = R_E \,.\, I$$

em que:

$$I = 4{,}5 \text{ A} \qquad \text{(e2.2)}$$

Por outro lado:

$$B = 4\,500 \text{ Gauss} = 0{,}45 \text{ Tesla}$$

Levando essas informações à equação (3.36), resulta:

$$f = B \,.\, L \,.\, I \qquad (3.36)$$

$$f = 0{,}45 \,.\, 0{,}5 \,.\, 4{,}5$$

em que:

$$f = 1{,}0125 \text{ N} \qquad \text{(e2.3)}$$

Porém:

$$1 \text{ kgf} = 9{,}81 \text{ N} \qquad \text{(e2.4)}$$

Portanto, a força apontada pelo DINAMÔMETRO será:

$$f = \frac{1{,}0125}{9{,}81}$$

em que:

$$f = 0{,}1032 \text{ kgf} \qquad \text{(e2.5)}$$

que é a intensidade da força que atua no condutor ativo para o exercício proposto. O sentido dessa força é determinado pela Regra da Mão Esquerda é e visto na figura 3.10.

3.9: EXERCÍCIOS PROPOSTOS

3.9.1: EXERCÍCIO PROPOSTO 1:

Determine a densidade de campo magnético de um campo para que um condutor imerso no referido seja submetido a uma força de 0,25 kgf, quando percorrido por uma corrente contínua de 5 A. O condutor tem um comprimento ativo de 0,65 m.

R: B = 7546 Gauss

3.9.2: EXERCÍCIO PROPOSTO 2

Um motor elétrico de corrente contínua trabalha na tensão de 220 V e solicita de uma fonte de energia elétrica externa uma corrente de 100 A. O rendimento desse motor é de 85%. Determine a potência disponível no eixo motriz do referido motor.

R: P = 18.700 Watts

3.9.3: EXERCÍCIO PROPOSTO 3

Um motor de corrente contínua é ligado a uma rede de alimentação de 220 V e solicita uma corrente elétrica de 25 A. O motor tem um rendimento igual a 0,84. Ligado diretamente ao eixo do referido motor, está um gerador de corrente contínua que trabalha na tensão de 12 V e possui um rendimento de 0,81. Qual a corrente que deixa os terminais desse gerador, quando o mesmo é solicitado a máxima carga?

R: I = 311,85 A

3.10: BIBLIOGRAFIA RECOMENDADA PARA O CAPÍTULO

Cutler, P. (**1976**). Análises de Circuitos CA. Editora McGraw-Hill do Brasil Ltda. São Paulo, S. P.. p. 351.

Clement, P. R. e Johnson, W. C. (1960). Electrical Engineering Science. McGraw-Hill Book Company, Inc. New York, U.S.A. p.588.

Dekker, A. J. (**1967**). Electrical Engineering Materials. Prentice-Hall of India. New Delhi, India. p. 208.

Gozzi, G. G. M. (**1996**). Circuitos Magnéticos. Editora Érica Ltda. São Paulo. S. P..p. 140.

Lister, E. C.(**1976**). Máquinas y Circuitos Electricos. Libros McGraw-Hill de México S. A. México. p. 374.

Morris, N. M. (**1975**). Electrical Circuits and Systems. The MacMillan Press Ltd. London. U. K. p.270.

Introdução ao Estudo da Conversão Eletromecânica de Energia

4.1: INTRODUÇÃO

Diz-se que conversão eletromecânica de energia ocorre quando um determinado dispositivo, que armazena energia na forma de um campo elétrico ou magnético, converte energia elétrica em energia mecânica ou converte energia mecânica em elétrica. Possuindo uma forma construtiva (geometria) que apresente partes fixas e partes móveis, os dispositivos, denominados CONVERSORES, efetuam conversão eletromecânica de energia. Um campo elétrico ou magnético estabelecido no dispositivo será a base de operação e de conversão de energia. Estabelecendo forças entre suas partes fixas e móveis, condiciona-se que uma força externa deve ser aplicada para reter as partes móveis na posição original. Estabelecido movimento relativo entre as partes fixas e móveis, realiza-se um trabalho mecânico e efetua-se conversão eletromecânica de energia, isto é, se for permitido um certo grau de deslocamento, existirá um intercâmbio de energia entre uma fonte de energia externa que atuará como agente da força externa e o dispositivo. Por outro lado, se o dispositivo recebe energia mecânica de uma fonte externa, poderá, usando como base um campo elétrico ou um magnético estabelecido, converter energia mecânica em energia elétrica. O mesmo tratamento utilizado no estudo dos processos de transferência de energia pode ser utilizado para o estudo dos processos de conversão de energia. A única diferença consiste no fato de que o intercâmbio energético, ao contrário dos dispositivos de transferência de energia (transformadores), pode se dar entre partes elétricas e mecânicas, enquanto nos transferidores de energia, existe transferência de energia sem o concurso de partes móveis.

A Conversão Eletromecânica de Energia - **C.E.E.** - estabelece o equacionamento matemático necessário para o estudo dos dispositivos que operam recebendo energia elétrica e fornecendo energia mecânica, ou recebendo energia mecânica e fornecendo energia elétrica. De forma bem ampla, a C. E. E. estuda o equacionamento fundamental para o estudo dos transdutores eletromecânicos. Dentre a imensa gama de transdutores encontram-se os sensores, os atuadores e as máquinas de energia operando em campos elétricos ou magnéticos, denominados conversores eletromecânicos de energia.

De outra forma, os conversores eletromecânicos de energia podem ser classificados de acordo com o nível de potência que conseguem manipular, gerando três grandes famílias:

- *SENSORES*
- *ATUADORES OU MÁQUINAS DE FORÇA*
- *MÁQUINAS DE ENERGIA OU CONVERSORES DE POTÊNCIA*

4.2: SENSORES, TRANSDUTORES E ATUADORES

4.2.1: ASPECTOS GERAIS

Dentro dos seis diferentes campos de energia (mecânica, térmica, magnética, elétrica, radiante e química) com os quais se pode trabalhar, existem seis diferentes naturezas de sinais que podem ser analisados, medidos, trabalhados e empregados. Dessa forma, pode-se ter às portas de entrada de um determinado dispositivo, um sinal radiante, visível, e às portas de saída, um sinal elétrico, por exemplo. Esse sinal elétrico, gerado a partir da energia radiante que chega ao dispositivo, poderá estar sendo empregado para acionar um sistema radiotransmissor e, dessa forma, o dispositivo em destaque é uma célula fotovoltaica operando como um conversor de energia. Por outro lado, a energia radiante que chega a um outro dispositivo pode estar sendo convertida em energia elétrica e estar alimentando um galvanômetro calibrado em LUX e, portanto, operando como um LUXMETRO. Fundamentalmente, ambos os dispositivos são conversores de energia, porém cada qual desempenha uma determinada função e trabalha a um nível de potência. Uma análise criteriosa às portas de entrada de um dispositivo, às suas portas de saída e ao elemento ou conjunto de elementos que estão ligados às portas de saída do referido, leva à sua classificação. A sua forma de operar pode, na atualidade, ser de uma simplicidade muito grande até uma total complexidade, dependendo do que lhe chega às portas de entrada e do que se pretende às suas portas de saída.

Se os sinais que chegam a um dispositivo estão em uma forma energética A e os que deixam o referido estão em uma forma energética B, está-se em presença de um conversor de energia da forma energética A para a forma B. De acordo com o nível de potência envolvido na conversão e de acordo com a sua finalidade, ter-se-ão:

- *TRANSDUTORES:*
    - *ATUADORES OU MÁQUINAS DE POTÊNCIA*
    - *SENSORES*
    - *MÁQUINAS DE ENERGIA OU CONVERSORES DE POTÊNCIA*

Quando à porta de entrada, o sinal é de natureza elétrica e à porta de saída, é de natureza mecânica ou vice-versa, estar-se-á em presença de um conversor eletromecânico de energia, enquadrado na grande família dos transdutores eletromecânicos de energia. Os dispositivos relacionados abaixo convertem energia da forma elétrica para a mecânica ou vice-versa e a sua finalidade pode ser bastante ampla, adaptando-se a um determinado processo sob análise:

- *alto-falantes*
- *microfones*
- *cápsulas fonográficas*
- *tacogeradores*
- *instrumentos de medida analógicos*
    - *ferro móvel*
    - *bobina móvel*
    - *eletrodinamométricos*
    - *eletrostáticos*

Na figura 4.1, mostra-se o princípio físico básico da operação das cápsulas fonográficas dinâmicas. Nessas, um ímã permanente de grande retentividade magnética é responsável pelo campo magnético de densidade de campo B, estabelecido no entreferro do dispositivo. Um carretel dotado de uma bobina de N espiras de condutor de cobre é colocado na haste central do ímã permanente.

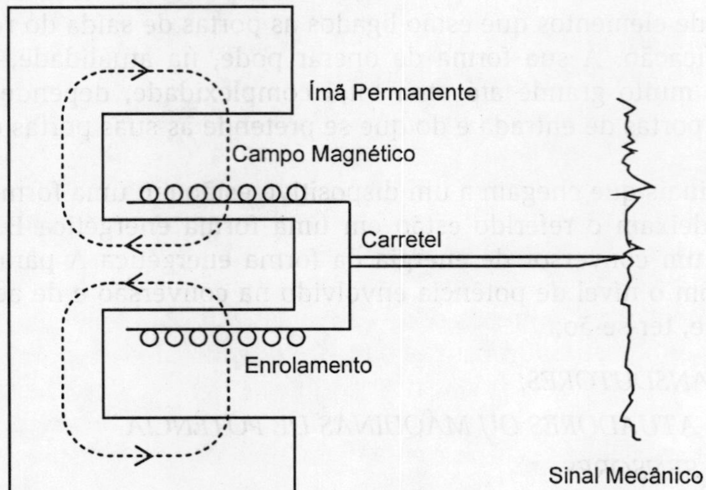

FIGURA 4.1: CÁPSULA FONOGRÁFICA DINÂMICA.

Quando se faz uma corrente elétrica alternante passar pelo enrolamento depositado no carretel da referida cápsula, forças mecânicas de origem elétrica atuam nos condutores ativos imersos no referido campo e o carretel torna-se sede da resultante de um sistema de forças que o movimenta, segundo o feitio do sinal aplicado ao enrolamento do carretel (enrolamento denominado "bobina"). Dessa forma, um sinal mecânico é gerado a partir do sinal elétrico injetado nos terminais da bobina do dispositivo. Dependendo das características mecânicas e elétricas do mecanismo, é a fidelidade de sua resposta ao converter um sinal de energia elétrica em um sinal de energia mecânica. Como o dispositivo é totalmente reversível, recebendo um sinal mecânico este o converte em um sinal elétrico, abrindo, assim, um sem--número de aplicações para esse "transdutor eletromecânico". Dependendo da finalidade que se pretende dar a ele, pode ser desenvolvido para operar com sinais de miliwatts ou com sinais de quilowatts.

4.2.2: TRANSDUTORES

Transdutor é um dispositivo o qual converte energia de uma forma energética A para outra, na forma energética B. Portanto, os transdutores são conversores de energia na forma mais ampla da análise. Tendo habilidade para converter energia, podem perfazer todo um universo de dispositivos conversores e atender a uma enorme gama de solicitações. Por exemplo, um gerador elétrico é um conversor eletromecânico de energia e, portanto, um transdutor, no caso, um transdutor eletromecânico. De acordo com a gama de potência envolvida no processo, no presente estudo ele será classificado como:

SENSOR

ATUADOR OU MÁQUINA DE FORÇA

MÁQUINA DE ENERGIA OU CONVERSOR DE POTÊNCIA

Voltando ao gerador, este é um transdutor eletromecânico de energia, pois recebe energia na forma mecânica e a converte para a forma elétrica. Se o nível de potência for elevado e a finalidade condicente, esse gerador poderá desempenhar a função de uma máquina de energia ou conversor de potência. Se a potência envolvida no processo de conversão for pequena e a finalidade for alimentar o processo com um sinal de informação proporcional a uma determinada variável de entrada, o transdutor pode ser classificado como um sensor. Portanto, um transdutor eletromecânico de energia, ele sempre é, porém, de acordo com o nível de potência envolvido, esse gerador pode ser:

I) *SENSOR: Nesse caso, o nível de potência envolvido é muito pequeno e sua tarefa é gerar um sinal de tensão proporcional à velocidade de seu eixo mecânico e entregar esse sinal a um dispositivo que vai compará-lo com uma referência e tomar uma determinada decisão.*

II) *MÁQUINA DE ENERGIA: Nesse caso, o transdutor eletromecânico tem por finalidade alimentar uma determinada carga; a quantidade de energia envolvida no processo é grande, comparada ao nível envolvido no sensor, e o referido gerador tem finalidade diversa do conversor do item I. Como o gerador converte energia mecânica em energia elétrica ou vice-versa, independente do nível de potência envolvido, pode-se enquadrá-lo na ampla família dos conversores eletromecânicos de energia estudados nos capítulos 8 e 9.*

Em face da REVERSIBILIDADE, a grande maioria dos transdutores convertem energia da forma A para a forma B ou da forma B para a forma A. Como toda regra deve admitir exceções, no ramo dos transdutores essas exceções existem. Por exemplo, um resistor percorrido por uma corrente elétrica converte energia elétrica em energia térmica. Portanto, atende à definição fundamental de transdutor. Pórem, esse mesmo resistor, se receber energia térmica, não a converte em energia elétrica. Essa particularidade também é encontrada dentro da família dos cristais de rocha, presentes na natureza. Quando um cristal apresenta o fenômeno da conversão de energia nos dois sentidos, é chamado de cristal piezelétrico. Nesta classificação, estão o QUARTZO e o SAL DE ROUCHELLE.

4.2.2.1: SENSORES

Aproveitando propriedades fundamentais do comportamento de elementos químicos, das substâncias químicas, das estruturas elétricas, das estruturas magnéticas ou das estruturas cristalinas, a técnica tem desenvolvido uma imensa gama de transdutores envolvendo sinais de pequenas, médias e grandes potências. Dessa forma, os transdutores estão presentes e atingem todas as formas de energia conhecidas (térmica, mecânica, elétrica, magnética, radiante e química).

Recebendo energia na forma A, que pode ser térmica, mecânica, elétrica, magnética ou radiante, o transdutor pode convertê-la para energia elétrica e, dessa forma, pode atender ao elo de controle de um determinado processo. Por exemplo, pode-se injetar água numa determinada mistura quando sua densidade atinge um valor estipulado como máximo, e cessar a injeção quando ela voltar a um mínimo predeterminado. O processo pode ser controlado pelo sensoriamento da corrente que circula pelo alimentador que energiza o enrolamento de armadura do motor elétrico do misturador-batedor, por exemplo.

Em algumas ocasiões, o sinal elétrico gerado por um transdutor, por sua qualidade ou por sua quantidade, não pode ser empregado diretamente no processo de controle. Nesse caso, o sinal deve passar por uma adequação que pode ser, por exemplo, uma amplificação.

De uma forma geral, portanto, qualquer dispositivo, que mostre variações de seu estado energético em sua ou em suas portas de saída em resposta a um sinal energético aplicado em sua porta ou suas portas de entrada, pode servir como um transdutor no sensoriamento de determinada variável. Para ser empregado no controle de determinado processo, ele deve produzir, em sua saída, um sinal energético que seja uma perfeita imagem do que chegou às suas portas de entrada, respeitando sempre que nas portas de entrada a energia está na forma A e nas portas de saída, na forma B.

Para que um determinado transdutor possa operar na tarefa de informar bem na malha de controle de um determinado processo, deve apresentar:

- *SENSIBILIDADE*
- *FIDELIDADE*
- *VELOCIDADE ADEQUADA DE RESPOSTA*
- *NENHUMA INTERFERÊNCIA NO PROCESSO SOB CONTROLE*

Com finalidade de informar, encontram-se:

TRANSDUTORES POTENCIOMÉTRICOS
TRANSDUTORES "STRAIN - GAUGE"
TRANSDUTORES DE CAPACITÂNCIA VARIÁVEL
TRANSDUTORES PIEZELÉTRICOS
TRANSDUTORES DE INDUÇÃO
TRANSDUTORES DE INDUTÂNCIA VARIÁVEL
TRANSDUTORES ACÚSTICOS
TRANSDUTORES POR RADIAÇÃO NUCLEAR
TRANSDUTORES DE NÍVEL
TRANSDUTORES DE CARGA
TRANSDUTORES DIFERENCIAIS DE PRESSÃO
TRANSDUTORES DE TEMPERATURA

4.2.2.2: ATUADORES

Tanto os processos sob controle como os elementos discretos de um processo requerem movimentos mecânicos de forma a executar uma tarefa ou obedecer a um sinal de comando. Essa parte do controle é executada por transdutores que, recebendo energia de um fluido, seja ele elétrico ou hidráulico, converte-a em energia mecânico-motriz, **desenvolvendo grandes forças e pequenos deslocamentos**. Esses formam a grande família dos transdutores de força ou máquinas de força, comumentemente denominados ATUADORES. Podem-se encontrar atuadores, que recebendo um sinal elétrico, executam a movimentação de um êmbolo e abrem ou fecham a passagem de um fluido, por exemplo.

Os atuadores são projetados e executados para desenvolverem grandes forças e realizarem deslocamentos pequenos. Recebem a particular denominação de "Máquinas de Força". Na Segunda Grande Guerra, conversores eletromagnéticos de topologia linear foram montados em cobertas de porta-aviões. Eles aceleravam uma aeronave de 5.000 kgf do repouso até a velocidade de decolagem. Ajudavam os motores de combustão interna da aeronave a arrancar do repouso e alcançar a velocidade necessária à decolagem com tanques de combustível cheios, carga plena de bombas e totalmente municiadas. Esses acionadores eletromagnéticos desenvolviam potências próximas de 10.000 HP e classificavam-se como ATUADORES.

Assim, um atuador tem uma clara diferença funcional, quando comparado com um sensor. De acordo com a tarefa que desenvolvem os ATUADORES, são classificados em:

- *SOLENÓIDES*
- *RELÉS*
- *MÁQUINAS DE FORÇA ROTATIVAS*
  - *SERVOMOTORES DC*
  - *SERVOMOTORES SÍNCRONOS*
  - *MOTORES UNIVERSAIS*
  - *MOTORES DE PASSO*
  - *AMPLIFICADORES MAGNÉTICOS*
- *MÁQUINAS DE FORÇA LINEARES*
  - *ATUADORES LINEARES*

4.2.2.3: MÁQUINAS DE ENERGIA OU CONVERSORES ELETROMECÂNICOS DE POTÊNCIA

São conversores que operam segundo alguns dos princípios que norteiam a operação dos Sensores e Atuadores, porém são capazes de gerenciar elevados níveis de energia e, portanto, de potência. São amplamente estudados nos capítulos 8 e 9.

São exemplos clássicos de CONVERSORES ELETROMECÂNICOS DE POTÊNCIA:

- *MÁQUINAS DE CORRENTE ALTERNADA*
  - *Síncronas*
  - *Assíncronas (indução)*
  - *Motores Universais*
- *MÁQUINAS DE CORRENTE CONTÍNUA*
  - *A Ímã Permanente*
  - *Com Enrolamento de Campo*

A figura 4.2 mostra, em corte, uma máquina síncrona de pólos salientes, usando uma configuração de execução denominada ESTATOR LISO - ROTOR SALIENTE. Denomina-se ESTATOR aquela parte do conversor que está parada em relação a um referencial colocado na Terra. Denomina-se ROTOR aquela parte do conversor que possui movimento em relação ao estator. No caso presente, o rotor gira em torno de um eixo mecânico, peça fundamental do conversor, porque esse eixo será a porta de saída ou de entrada da energia, na forma mecânica, fornecida ou recebida pelo conversor.

Na figura 4.2, o estator é confeccionado em chapas de aço-silício empilhadas, formando um "pacote" de chapas. Essas chapas empilhadas são ranhuradas e nas ranhuras são colocadas as bobinas que formam o ENROLAMENTO DO ESTATOR. As fases que formam esse enrolamento serão denominadas portas elétricas do estator. Quando o conversor opera como gerador, essas portas são saídas para a energia elétrica gerada. Quando o conversor opera como motor ou receptor, essas portas são entradas para a energia elétrica solicitada pelo conversor a uma fonte de energia elétrica externa ao processo de converter energia.

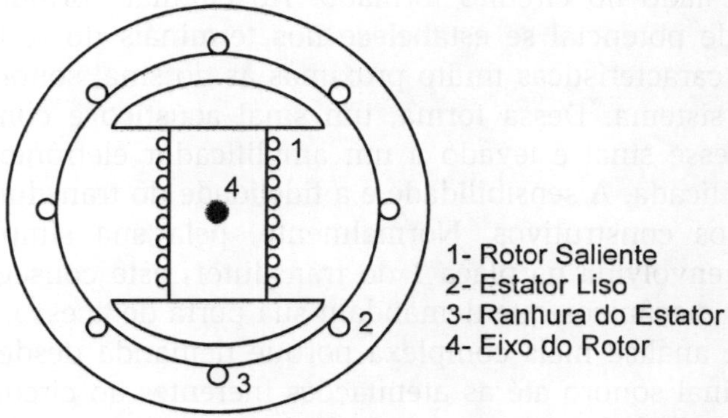

FIGURA 4.2: MÁQUINA SÍNCRONA DE PÓLOS SALIENTES.

O rotor, de desenho e construção salientes, tem esse nome porque os pólos que o constituem são bem visíveis e pronunciados. No caso da figura 4.2, está-se em presença de um rotor saliente ou de pólos salientes, de dois pólos, um Norte e o outro Sul. A polarização magnética dos pólos do rotor se deve à passagem de corrente pelo enrolamento depositado nele. Esse enrolamento, à semelhança de um solenóide, será percorrido por uma corrente contínua denominada corrente de campo da máquina, diretamente responsável pela criação da polarização e do campo magnético excitador do conversor. Esse campo magnético é o alicerce da conversão eletromecânica de energia para o referido conversor.

Alguns dispositivos não são facilmente classificáveis, ficando em uma região intermediária de classes de dispositivos. Isso não traz maiores dificuldades porque as equações a serem desenvolvidas cobrem toda a imensa família de conversores de energia, sejam os que operam no campo elétrico, sejam os que operam no campo magnético. Portanto, a delimitação rigorosa dos dispositivos não é fundamental para a introdução do equacionamento básico.

Os conversores eletromecânicos de energia, mostrados as figuras 4.1 e 4.2, exemplificam duas famílias de conversores por meio de dispositivos que operam com energia armazenada em campo magnético. Outra possibilidade de operação está baseada no armazenamento de energia em campo elétrico. A figura 4.3 mostra, de forma bastante simplificada, um microfone de capacitância, que é um tipo de transdutor acústico. Nesse, uma membrana, uma placa do capacitor a ser formado, é fixa (placa 2). A outra é mecanicamente móvel e movimenta-se sob a ação das ondas sonoras trazidas pelo meio material externo (ar). Essas ondas sonoras, movimentando a placa 1, modificam a espessura do dielétrico existente entre placas. Como o sistema possui um campo elétrico estabelecido pelo gerador excitador, alterando a espessura do dielétrico, altera-se a quantidade de cargas depositadas nas placas do transdutor acústico e essa modificação se processa às custas de corrente elétrica circulando pelo circuito e, portanto, pelo resistor R intercalado no circuito formado. Ao circular corrente pelo circuito, uma diferença de potencial se estabelece nos terminais do resistor. Esse sinal gerado deve ter características muito próximas às do sinal sonoro que causou a perturbação ao sistema. Dessa forma, um sinal acústico é convertido em um sinal elétrico e esse sinal é levado a um amplificador eletrônico, e daí a uma finalidade especificada. A sensibilidade e a fidelidade do transdutor estão ligadas a seus elementos construtivos. Normalmente, pela sua simplicidade e pela pequena massa envolvida na placa 1 do transdutor, este consegue ser bastante sensível a sinais mecânicos que demandam sua porta de acesso. A fidelidade de resposta já é de análise mais complexa porque demanda desde as freqüências envolvidas no sinal sonoro até as atenuações inerentes ao circuito elétrico e ao amplificador. Em altas freqüências, as indutâncias presentes em comprimentos de condutores e as capacitâncias parasitas, oriundas das proximidades de condutores, são elementos complicadores e alteram ou influem, muito, no modelo matemático a ser buscado para o transdutor.

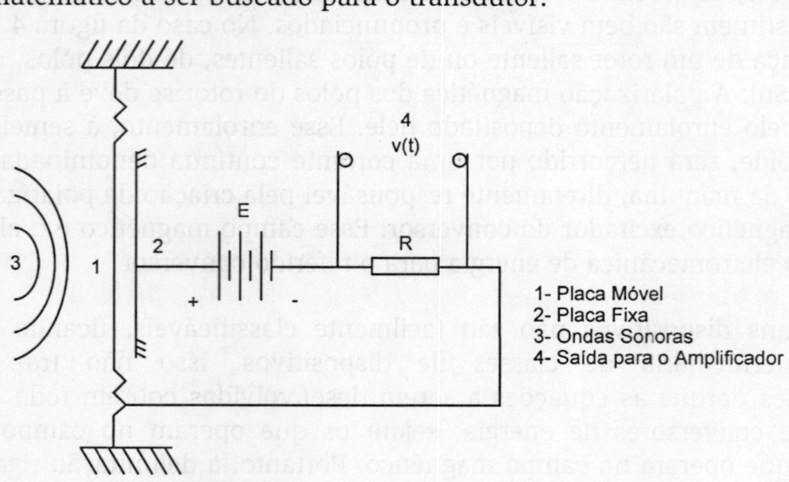

FIGURA 4.3 - MICROFONE DE CAPACITÂNCIA.

Portanto, observando a figura 4.3, nota-se que conversores de construção muito simples podem ter inúmeras e complexas aplicações. Um transdutor que opera no campo magnético, formado por uma bobina tubular e um êmbolo de material ferromagnético ($\mu >> \mu_0$) que se desloca pelo interior da bobina com atrito desprezível, pode ser visualizado na figura 4.4. O êmbolo encontra-se ligado a uma mola restauradora e é dotado de um ponteiro que se desloca sobre uma escala. Quando a bobina é energizada, o campo magnético criado pela passagem de uma corrente elétrica pela referida bobina faz surgir uma força mecânica - força portante - que arrasta o êmbolo para o interior da bobina até uma posição de equilíbrio dada pela reação da mola e pelo valor da tensão aplicada na bobina do dispositivo conversor. Calibrando convenientemente a sua escala, pode-se transformar o presente atuador em um instrumento de medida genericamente denominado de galvanômetro.

Um instrumento de medida semelhante poderia ser construído com funcionamento baseado no campo elétrico. Para isto, toma-se um conjunto de placas condutoras separadas por um dielétrico como o ar, por exemplo. Uma das placas é fixada a um sistema rígido e a outra, apoiada sobre elemento que não ofereça atrito significativo e que permita seu deslocamento em uma direção escolhida, preferencial, com percurso limitado por uma mola que tem também, função de restaurar ao membro mecânico sua posição original.

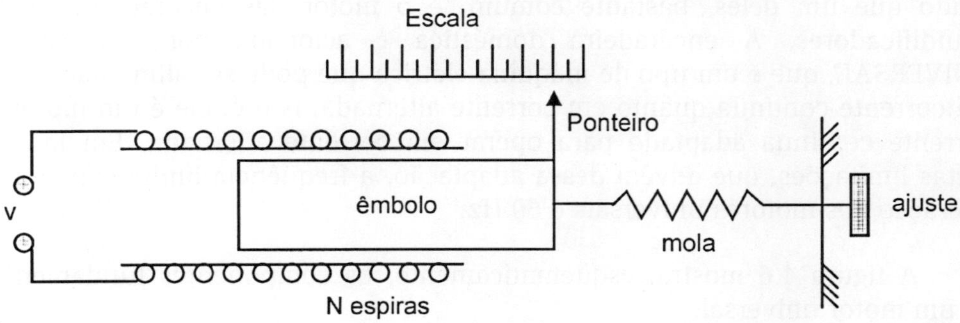

FIGURA 4.4: ATUADOR OPERANDO NO CAMPO MAGNÉTICO.

Calibrando convenientemente a escala do dispositivo, cuja montagem básica segue a figura 4.5, pode-se construir, também, um instrumento de medida, um voltímetro que opera tendo como base o campo elétrico.

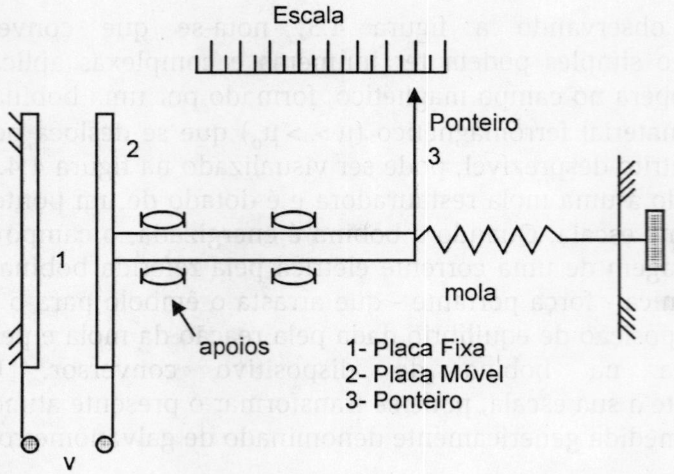

FIGURA 4.5: ATUADOR OPERANDO NO CAMPO ELÉTRICO

Os conversores de potência estão à volta de todos, sejam na forma de componentes de veículos automotores, eletrodomésticos, periféricos de computadores, geradores de usinas, motores de geladeiras, motores para ventiladores, motores industriais, serras elétricas, motores para bombas de água, etc. Nas residências, são encontrados diversos conversores de potência, sendo que um deles, bastante comum, é o motor das enceradeiras e dos liquidificadores. A enceradeira doméstica é acionada por um MOTOR UNIVERSAL, que é um tipo de máquina elétrica que pode ser alimentada tanto em corrente contínua quanto em corrente alternada, isto é, ele é um motor de corrente contínua adaptado para operar em corrente alternada. Em face de certas limitações, que advêm dessa adaptação, a freqüência limite superior de operação dos motores universais é 60 Hz.

A figura 4.6 mostra, esquematicamente, os componentes fundamentais de um motor universal.

O conversor de potência, mostrado na figura 4.6, pode operar como um motor, isto é, receber energia elétrica em corrente contínua ou alternada e fornecer energia mecânica, ou pode operar como um gerador. Quando opera como gerador, recebe energia mecânica e fornece energia elétrica. Porém, dada a sua origem, quando opera como gerador fornece corrente unidirecional ou retificada, o que vem a se caracterizar em uma máquina de corrente contínua. No caso da operação como motor ou de energia elétrica, representar-se-á a energia de entrada, na forma elétrica, por W_e e a energia de saída, na forma mecânica, por W_s.

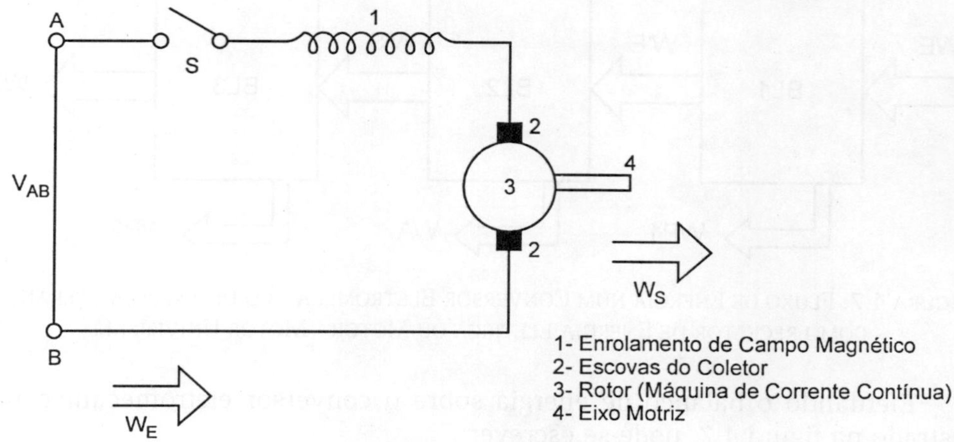

FIGURA 4.6: CONVERSOR DE POTÊNCIA - MOTOR UNIVERSAL.

Na figura 4.6:

W_E : Energia de Entrada

W_S : Energia de Saída

O fluxo de energia do conversor em questão, operando como motor, é mostrado na figura 4.7. Nesta figura, observa-se um Diagrama de Blocos que mostra o fluxo de energia em um conversor eletromecânico genérico operando como receptor de energia elétrica. Representados no diagrama, estão:

Bloco BL1 - Simula o recebimento da energia na forma elétrica, as perdas no cobre e as perdas no ferro do conversor real, quando está operando como motor ou receptor.

W_{P1} - Perdas no cobre e perdas no ferro (perdas Foucault, histerese, Joule e magnetostrição).

Bloco BL2 - Conversor Eletromecânico Ideal.

W_A - Energia armazenada na forma de um campo elétrico ou de um campo magnético (dependendo da natureza do conversor).

Bloco BL3 - Simula a saída da energia na forma mecânica e as perdas mecânicas do conversor (atrito nos mancais, rolamentos e ventilação).

W_{P2} - Perdas mecânicas (atrito e ventilação).

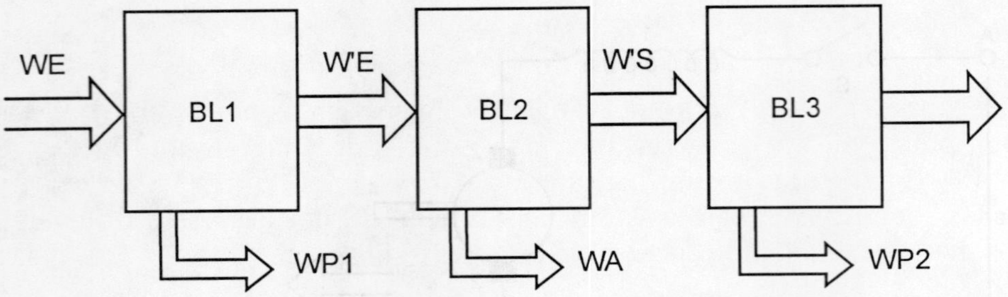

FIGURA 4.7: FLUXO DE ENERGIA NUM CONVERSOR ELETROMECÂNICO DE ENERGIA OPERANDO COMO RECEPTOR DE ENERGIA ELÉTRICA OU MOTOR - MOTOR UNIVERSAL.

Efetuando o balanço de energia sobre o conversor eletromecânico real, mostrado na figura 4.7, pode-se escrever:

$$W_E = W_A + W_P + W_S \tag{4.1}$$

A energia armazenada pelo conversor, simulada no bloco BL2, pode estar na forma de um campo elétrico ou magnético, sendo sua presença imprescindível para o processo de conversão eletromecânica de energia. Observando o balanço de energia, caracterizado pela equação (4.1), constata-se:

I) A energia de saída (W_S) é sempre menor que a de entrada (W_E) devido às perdas e ao armazenamento;

II) Todos os conversores possuem, em maior ou menor quantidade, perdas; e,

III) O bloco BL2 (Conversor Eletromecânico Ideal) não manipula as perdas, sejam de natureza elétrica, magnética ou mecânica.

Quando um dispositivo é estudado por meio de um Diagrama de Blocos, seu funcionamento, observado a partir do Conversor Eletromecânico Ideal, é isento de perdas. Portanto, nesse bloco o dispositivo pode ser admitido como ideal, só importando a energia que é convertida de elétrica para mecânica (motor) ou de mecânica para elétrica (gerador).

Refazendo o balanço de energia a partir do Diagrama de Blocos mostrado na figura 4.7, para o conversor real, escreve-se:

$$(W_E - W_{P1}) = W_A + (W_{P2} + W_S) \tag{4.2}$$

e, às portas do conversor eletromecânico ideal, observado o Diagrama de Blocos da figura 4.7, escreve-se:

$$W'_E = W_A + W'_S \qquad (4.3)$$

A expressão (4.3) representa o balanço de energia às portas do conversor eletromecânico ideal e pode ser analisada a partir do Diagrama de Blocos da figura 4.8. Essa figura mostra que, mesmo para os conversores ideais em que as perdas foram abstraídas, existe a necessidade de um armazém de energia (W_A) para a existência do processo de Conversão Eletromecânica de Energia.

As equações (4.1) e (4.3) podem ser tomadas para instantes particulares de tempo. No caso, a equação (4.3), aplicada ao conversor num determinado instante t_1, permite, às portas do conversor eletromecânico ideal, escrever:

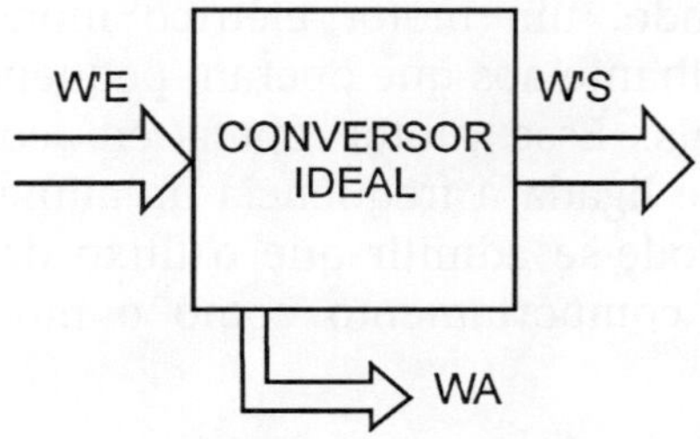

FIGURA 4.8: CONVERSOR ELETROMECÂNICO IDEAL.

$$W'_{E(1)} = W_{A(1)} + W'_{S(1)} \qquad (4.4)$$

No instante t_2, em que $t_2 = t_1 + \Delta t$, novo balanço de energia às portas do conversor eletromecânico ideal fornece:

$$W'_{E(2)} = W_{A(2)} + W'_{S(2)} \qquad (4.5)$$

No intervalo de tempo $\Delta t = (t_2 - t_1)$, a variação da energia às portas do conversor eletromecânico ideal pode ser representada por:

$$(W'_{E(2)} - W'_{E(1)}) = (W_{A(2)} - W_{A(1)}) + (W'_{S(2)} - W'_{S(1)}) \qquad (4.6)$$

que representa a variação de energia às portas do conversor eletromecânico ideal ou ainda:

$$\boxed{\Delta W_E = \Delta W_A + \Delta W_S} \qquad (4.7)$$

isto é, a variação da energia às portas de entrada do conversor eletromecânico ideal se traduz por uma variação no armazenamento de energia, seja na forma de um campo elétrico ou de um campo magnético e uma variação da energia às portas de saída. **Para o estudo que se realiza, isto é, ao longo de toda esta obra, o conversor estará operando como receptor (motor) e, portanto, recebendo energia na forma elétrica e fornecendo, às porta de saída, energia na forma mecânica.**

4.3: PRINCÍPIOS BÁSICOS DA CONVERSÃO ELETROMECÂNICA DE ENERGIA

Tome-se para estudo, um motor elétrico monofásico de indução, de pólos sombreados, semelhante aos que operam pequenos ventiladores de mesa e toca-discos tradicionais. Esse motor opera em corrente alternada e sua rotação está intimamente ligada à freqüência da alimentação do referido e ao seu número de pólos. Pode-se admitir que o fluxo de energia que envolve a sua operação, tem um comportamento como o mostrado no Diagrama de Blocos da figura 4.9.

Esse Diagrama de Blocos, mostrado na figura 4.9, em nada difere daquele apresentado para um motor de enceradeira (motor universal), mostrado na figura 4.7. Em ambos os casos, W_{p1} representa perdas de origens elétricas que são formadas, principalmente, por:

***Perdas por Correntes Parasitas:** *São perdas originadas pela circulação de correntes induzidas nos estatores, rotores, núcleos e peças metálicas sujeitas à ação de campos magnéticos variantes no tempo. Também podem ser denominadas de perdas no ferro ou Perdas Foucault.*

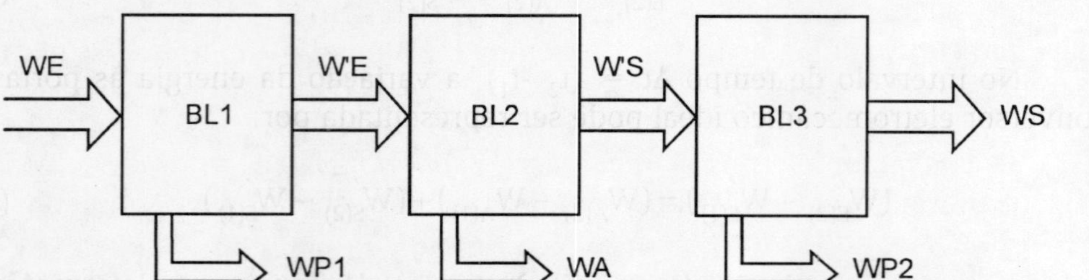

FIGURA 4.9: FLUXO DE ENERGIA EM UM MOTOR ELÉTRICO DE INDUÇÃO MONOFÁSICO

***Perdas Joule:** *São perdas atribuídas à inerente circulação de corrente pelos enrolamentos e condutores de uma forma geral. A potência envolvida nesse tipo de perdas está associada ao quadrado da intensidade*

da corrente que circula pelos condutores e à resistência elétrica deles. Esse tipo de perdas também é denominado de Perdas no Cobre.

$$P = R \cdot I^2 \tag{4.8a}$$

***Perdas por histerese:** Os materiais ferromagnéticos possuem uma curva de magnetização que apresenta um laço, denominado de "Laço de histerese". A área desse laço tem relação íntima com o trabalho realizado para a orientação e reorientação dos domínios magnéticos no processo de magnetização das partes magnéticas envolvidas no processo de conversão de energia. Esse trabalho é caracterizado por dissipação de energia e é tanto maior quanto maior for a área do referido "Laço de histerese" do material de que são feitas as peças que são submetidas ao fluxo magnético variante no tempo.*

***Magnetostrição** - Os materiais magnéticos, quando submetidos a um campo magnético, seja variante no tempo ou não, sofrem deformações mecânicas. Assim, a magnetostrição vem a se caracterizar como uma deformação que um cristal ferromagnético pode apresentar quando é submetido a um campo magnético. É função do eixo cristalino sobre o qual incide o campo magnético e da intensidade desse campo magnético aplicado. É um fenômeno particular dos elementos químicos: Ferro, Níquel, Cobalto e sua ligas.*

Ao analisar as perdas no ferro, não se devem perder de vista as possíveis utilizações de determinados fenômenos físicos presentes na estrutura da matéria. A magnetostrição, por exemplo, possui importante aplicação na construção de sensores eletromagnéticos empregados na medição de pressões, forças e conjugados. Em máquinas elétricas convencionais, a magnetostrição não apresenta nenhuma colaboração. Ao contrário, leva somente à produção de ruídos. Outro exemplo de aplicação está no fenômeno da histerese, que é o princípio de funcionamento de determinados tipos de motores denominados "Motores de Histerese".

O conversor eletromecânico ideal está, também, isento de perdas de origem mecânica, como atrito, ventilação e vibrações, todas simuladas pelo bloco BL2 e contidas na grandeza W_{p2}. Assim, projetos de conversores bem desenvolvidos devem considerar todos os componentes mecânicos para que suas perdas fiquem dentro de limites aceitáveis, quando da industrialização ou da produção em escala comercial.

4.3.1: DEFINIÇÃO DE "PORTA" PARA A CONVERSÃO ELETROMECÂNICA DE ENERGIA

O conceito de "Porta" é importante para a C.E.E., pois estabelece o ponto de recebimento e de fornecimento de energia. Encontram-se, em um mesmo dispositivo conversor de energia, portas elétricas e portas mecânicas. Exemplificando: um motor de indução trifásico possui três portas elétricas de entrada e uma porta mecânica de saída, como pode ser visto na máquina elétrica mostrada na figura 4.10:

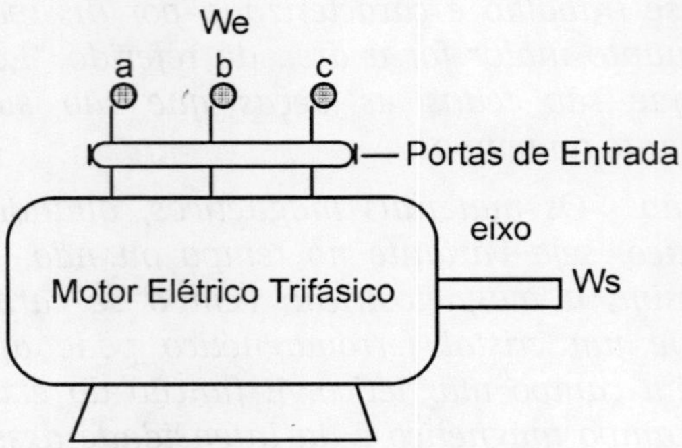

FIGURA 4.10: MOTOR DE INDUÇÃO TRIFÁSICO - (TRÊS PORTAS ELÉTRICAS E UMA PORTA MECÂNICA).

4.3.2: DIAGRAMA MATEMÁTICO MODULAR

Uma forma importante de visualização dos processos de conversão pode ser obtida pela representação modular. Um determinado dispositivo eletromecânico pode ser representado pelo diagrama mostrado abaixo, denominado Diagrama Matemático Modular:

$$\begin{bmatrix} \text{VAR1} \\ \text{VAR2} \end{bmatrix} \Rightarrow \begin{bmatrix} \text{CAMPO ELÉTRICO} \\ \text{CAMPO MAGNÉTICO} \end{bmatrix} \Rightarrow \begin{bmatrix} f \\ x \end{bmatrix}$$

FIGURA 4.11: DIAGRAMA MATEMÁTICO MODULAR DE UM CONVERSOR ELETROMECÂNICO DE ENERGIA.

O conversor eletromecânico de energia, analisado no diagrama matemático modular da figura 4.11, operando como receptor de energia elétrica ou motor, apresenta duas variáveis ou duas famílias de variáveis que caracterizam a porta de entrada de energia na forma elétrica. Estas são representadas por VAR1 e VAR2. Essas variáveis ou essas famílias de variáveis são escolhidas de acordo com o tipo de dispositivo em estudo, como, por exemplo, tensão, fluxo concatenado, corrente, carga elétrica, etc.

As variáveis ligadas à porta de saída de energia, ao membro mecânico do conversor eletromecânico de energia, portanto, energia na forma mecânica, caracterizam-se por um par de variáveis do tipo força (f) e posição ou deslocamento (x). Em dispositivos rotativos, como, por exemplo, os conversores de energia rotativos, as variáveis escolhidas são torque (T) e ângulo de posição do membro mecânico.

4.3.3: CONVENÇÃO DE MOTOR E DE GERADOR PARA A CONVERSÃO ELETROMECÂNICA DE ENERGIA

A convenção motor-gerador, adotada nos cursos de Circuitos Elétricos, será mantida e utilizada para efetuar as diversas demonstrações na Conversão Eletromecânica de Energia. Essa convenção está ilustrada na figura 4.12.

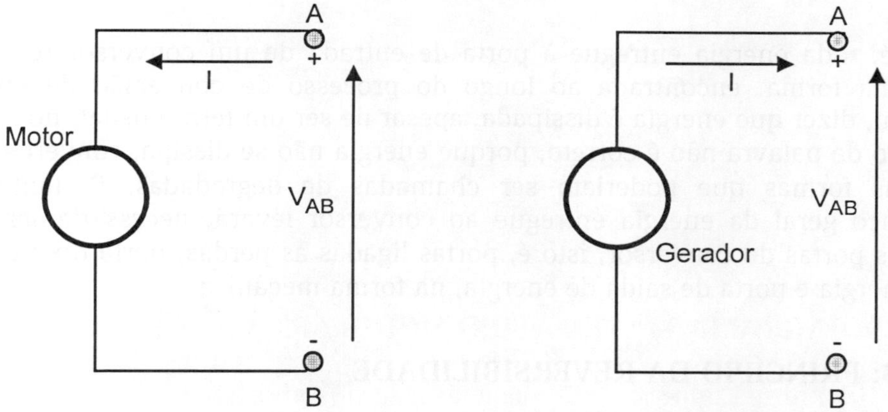

FIGURA 4.12: CONVENÇÃO MOTOR (RECEPTOR) E GERADOR.

4.4: PRINCÍPIOS FUNDAMENTAIS DA CONVERSÃO ELETROMECÂNICA DE ENERGIA

4.4.1: FUNDAMENTOS

Os conversores eletromecânicos de energia baseiam-se nos princípios naturais, universais, que mostram a impossibilidade de "criação" ou "destruição" da energia, sendo possível somente a sua transformação ou conversão.

4.4.2: PRINCÍPIO DA CONSERVAÇÃO DA ENERGIA

No exemplo mostrado na figura 4.9, por meio do fluxo de energia em um conversor, pode-se apreciar o Princípio da Conservação da Energia. Naquela figura, um exame à forma da energia fluir no referido conversor permite escrever:

$$W_E = (W_{P1} + W_A + W_{P2}) + W_S \tag{4.8b}$$

Rescrevendo a equação (4.8b), pode-se observar que o balanço de toda energia envolvida no processo apresenta resultado nulo, não "sobrando" (criação) ou "faltando" (destruição) energia:

$$W_E - (W_{P1} + W_A + W_{P2}) - W_S = 0 \tag{4. 9}$$

isto é, toda energia entregue à porta de entrada de um conversor real é, de alguma forma, encontrada ao longo do processo de conversão de energia. Assim, dizer que energia é dissipada, apesar de ser um termo usual, no sentido estrito da palavra não é correto, porque energia não se dissipa, converte-se em outras formas que poderiam ser chamadas de degradadas. Portanto, um balanço geral da energia entregue ao conversor levará, necessariamente, às várias portas do conversor, isto é, portas ligadas às perdas, porta do armazém de energia e porta de saída de energia, na forma mecânica.

4.4.3: PRINCÍPIO DA REVERSIBILIDADE

O Princípio da Reversibilidade garante que um conversor eletromecânico de energia qualquer pode operar recebendo energia mecânica e fornecendo energia elétrica, ou recebendo energia elétrica e fornecendo energia mecânica. Em alguns dispositivos, o processo da reversibilidade é natural e a operação se processa facilmente, não importando o sentido do fluxo de energia, isto é, a operação como motor ou como gerador é de obtenção imediata. Porém, em outros, existe a necessidade de um estudo mais detalhado do modo como opera o conversor para a determinação da "chave" do processo de conversão eletromecânica em ambos os sentidos. O exemplo mais clássico de um conversor de fácil reversibilidade é a máquina de corrente contínua, e de maior complexidade, à primeira vista, é a máquina de indução.

Assim, um liquidificador operando como motor recebe energia elétrica na forma de uma corrente alternada senoidal e fornece energia mecânica em seu eixo motriz. Esta é a forma tradicional de operação de um liquidificador. Pode-se, porém, fazer a máquina de um liquidificador operar como gerador.

Para tanto, entregam-se energia elétrica para armazenamento, no caso, na forma de um campo magnético e energia mecânica em sua porta motriz. O motor do liquidificador, como é uma máquina de corrente contínua adaptada para operar em corrente alternada, quando opera como gerador volta a sua origem, isto é, fornece energia elétrica em corrente unidirecional ou retificada para uma lâmpada ou uma carga elétrica ligada a seus terminais elétricos, isto é, pode-se fazer com que a máquina elétrica de um liquidificador opere como um gerador de corrente contínua, levando-se energia elétrica para armazenamento e entregando-se energia mecânica ao seu eixo motriz (fazendo-o girar) e retirando-se energia elétrica em seus terminais elétricos.

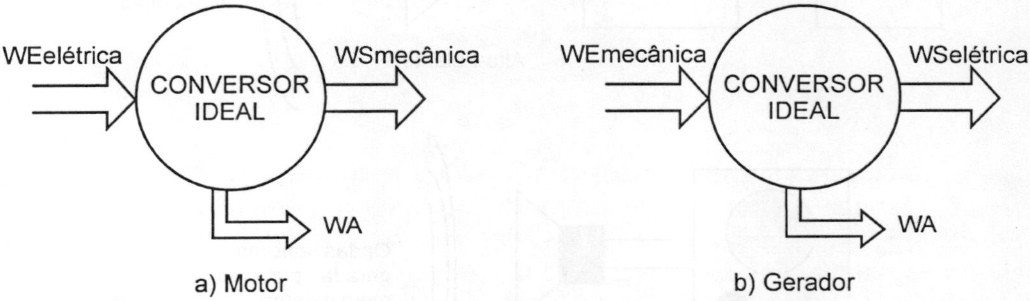

FIGURA 4.13: CONVERSOR OPERANDO COMO MOTOR E COMO GERADOR.

Outro exemplo de reversibilidade é dado pelo alto-falante. Se for entregue a um alto-falante energia elétrica, ele a converte em energia mecânica, produzindo ondas sonoras. Por outro lado, se a sua frente, produzirem-se ondas sonoras, ele operará como um microfone, convertendo energia mecânica em energia elétrica. Uma ilustração é mostrada na figura 4.14.

4.4.4: PRINCÍPIO DOS TRABALHOS VIRTUAIS

O Princípio dos Trabalhos Virtuais aplicado a sistemas ideais (sistemas de corpos rígidos em que não existem atritos), estabelece que:

"Se para cada deslocamento virtual de um sistema ideal, o trabalho produzido pelas forças ativas for nulo, o sistema estará numa posição de equilíbrio."

Matematicamente, este princípio é expresso por:

$$\sum_{k=1}^{n} fm_k' \cdot \cos(\alpha_k) \cdot \Delta x_k = 0 \qquad (4.10)$$

Toma-se, como exemplo, um sistema rígido e indeformável sobre o qual estão atuando **n** forças de origem mecânica. Cada força possui uma componente que é responsável por um deslocamento virtual $\Delta \mathbf{x}$ (como o sistema é afetado por deslocamentos muito pequenos, eles recebem o nome de deslocamentos virtuais). O sistema pode ser observado na figura 4.15:

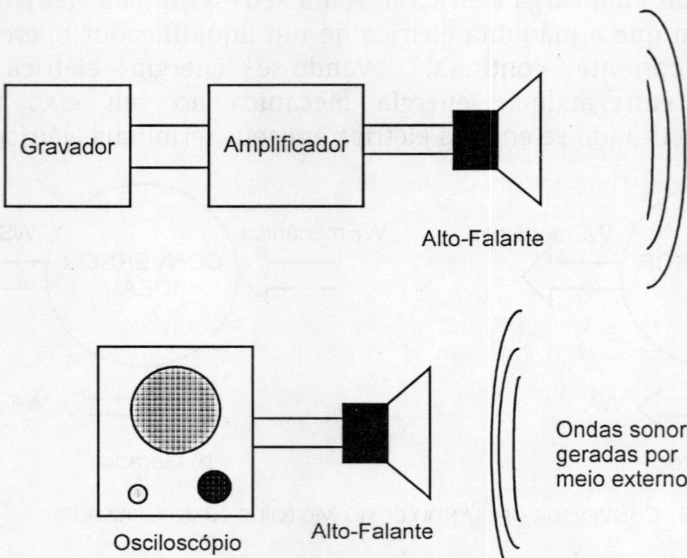

FIGURA 4.14: ALTO-FALANTE OPERANDO COMO RECEPTOR E COMO GERADOR DE ENERGIA ELÉTRICA.

A componente de força que é responsável pelo deslocamento virtual (fm_k) é uma componente da força aplicada ao sistema ($f'm_k$) e pode ser escrita na forma:

$$fm_k = fm_k' \cdot \cos(\alpha_k) \tag{4.11}$$

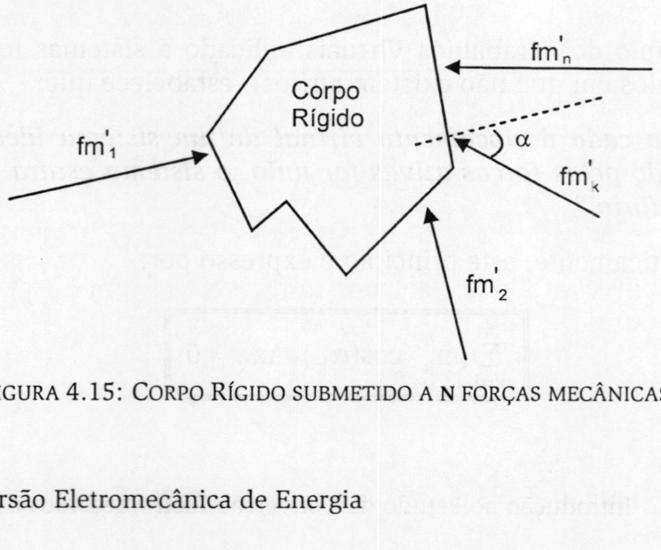

FIGURA 4.15: CORPO RÍGIDO SUBMETIDO A N FORÇAS MECÂNICAS.

Cada componente de força que produz um deslocamento está associada a um trabalho virtual. Para uma genérica força **k**, pode-se escrever:

$$\Delta T_k = fm_k \cdot \Delta x_k \tag{4.12}$$

ou ainda:

$$\Delta T_k = fm'_k \cdot \cos(\alpha_k) \cdot \Delta x_k \tag{4.13}$$

Se o sistema em estudo possui somente uma força média fm atuando e produzindo um deslocamento virtual Δx, o trabalho virtual realizado será ΔT, que é igual à variação de energia mecânica do sistema:

$$\Delta T = fm \cdot \Delta x = \Delta W_S \tag{4.14}$$

Dessa forma, podem-se escrever os dois princípios básicos que orientarão os futuros desenvolvimentos matemáticos e que colocarão as equações estruturais que nortearão o presente estudo:

$$\boxed{\Delta W_S = fm \cdot \Delta x} \tag{4.15}$$

$$\boxed{\Delta W_E = \Delta W_A + \Delta W_S} \tag{4.16}$$

As expressões (4.15) e (4.16) são perfeitamente válidas para sistemas ideais, em que não existem perdas de nenhuma natureza. Como os conversores eletromecânicos de energia podem ser estudados a partir do Conversor Eletromecânico Ideal, em que as perdas ficam externas ao conversor e serão consideradas *a posteriori*, o par de expressões anteriores pode ser levado a qualquer dispositivo eletromecânico que atue no Campo Elétrico ou no Campo Magnético.

4.5: EXERCÍCIO PROPOSTO

4.5.1: EXERCÍCIO PROPOSTO 1

Usando um alto-falante isolado, desligado do amplificador eletrônico, ligue em seus terminais um multímetro com o seletor de funções colocado na indicação de 200 mA. Terminada a conexão do alto-falante ao multímetro, fale na frente do alto-falante. O leitor observará que a escala do multímetro pulsará com a voz. O alto-falante, trabalhando como um transdutor, está convertendo sinais mecânicos em sinais elétricos.

Se o leitor possuir um osciloscópio, substitua o multímetro por ele. Ajuste os seletores de ganho da entrada do osciloscópio, de forma que seu canal possa receber um sinal em corrente alternada. Feita a conexão elétrica entre alto-falante e osciloscópio, fale junto ao alto-falante e observe o comportamento do sinal no tubo do osciloscópio. Faça uma análise de sua voz a partir da onda visualizada no aparelho. Cada pessoa que falar no alto-falante, a mesma palavra, terá um sinal de comportamento diferente no tubo do osciloscópio, porque a voz humana, à semelhança das impressões digitais, é personalizada.

4.6: BIBLIOGRAFIA RECOMENDADA PARA O CAPÍTULO

Cutler, P. (**1976**). Análises de Circuitos CA. Editora McGraw-Hill do Brasil Ltda. São Paulo, S. P.. p. 351.

Clement, P. R. e Johnson, W. C. (**1960**). Electrical Engineering Science. McGraw-Hill Book Company, Inc. New York, U.S.A. p.588.

Dekker, A. J. (**1967**). Electrical Engineering Materials. Prentice-Hall of India. New Delhi, India. p. 208.

Gozzi, G. G. M. (**1996**). Circuitos Magnéticos. Editora Érica Ltda. São Paulo. S. P..p. 140.

Morris, N. M. (**1975**). Electrical Circuits and Systems. The MacMillan Press Ltd. London. U. K. p.270.

Slemon, G. R. (**1966**). Magnetoelectric Devices - Transducers, Transformers and Machines. John Wiley and Sons, Inc. New York, U.S.A.. p. 544.

Conversão Eletromecânica de Energia no Campo Elétrico

5.1: FUNDAMENTOS

Este capítulo estuda os dispositivos eletromecânicos que efetuam conversão eletromecânica de energia utilizando o CAMPO ELÉTRICO, isto é, dispositivos que operam no CAMPO ELÉTRICO. As manifestações magnéticas que tais dispositivos possam apresentar devem ser tão pequenas que não são relevantes para o estudo ou para o dispositivo em estudo.

Como a Densidade Volumétrica de Energia conseguida com campos elétricos usuais é muito menor do que a Densidade Volumétrica de Energia conseguida com campos magnéticos usuais, os dispositivos conversores estudados neste capítulo não envolvem grandes potências, porém podem ser extremamente sensíveis, seletivos e de grande fidelidade, propriedades típicas buscadas nos **transdutores** que operam no campo elétrico. Baseados somente no Campo Elétrico, podem-se encontrar:

- *Voltímetros Eletrostáticos*
- *Wattímetros Eletrostáticos*
- *Microfones Eletrostáticos*

- *Alto-falantes Eletrostáticos*
- *Sensores de Presença*
- *Sensores de Pressão*
- *Sensores de Vibração*
- *Sensores de Aceleração*

Apesar de envolverem pequenas potências, seu estudo é de extrema importância porque a fidelidade, a sensibilidade e a simplicidade são requisitos sempre presentes nessa família de conversores eletromecânicos de energia.

5.2: EQUACIONAMENTO DA FORÇA PORTANTE QUE ATUA NOS DISPOSITIVOS QUE OPERAM NO CAMPO ELÉTRICO

5.2.1: ASPECTOS GERAIS

Tomar-se-á para estudo, um dispositivo eletrostático que, operando no campo elétrico, possui duas placas metálicas, planas, paralelas, alimentadas com uma tensão V_{AB}, formando um conjunto como o mostrado na figura 5.1. O dispositivo em estudo pode ter inúmeras finalidades entre as quais funcionar como um voltímetro eletrostático. Quando uma tensão, alternada ou contínua, é aplicada às placas do capacitor formado no dispositivo da figura 5.1, força mecânica de origem elétrica atua no sistema de placas, tendendo a aproximá-las. O conjunto atinge um ponto de equilíbrio quando a força portante gerada no capacitor formado se iguala à força resistente imposta pela mola ao sistema. Da Física, a força resistente imposta por uma mola convencional tem por expressão:

$$fr = K_{mola} \cdot x \tag{5.1}$$

Sendo f a força mecânica de origem elétrica imposta pelo sistema capacitor, destacado na figura 5.1, em módulo, resulta:

$$|f| = |fr| \tag{5.2a}$$

em que:

$$\boxed{x = \frac{f}{K_{mola}}} \tag{5.2b}$$

Portanto, existe um ponto de equilíbrio que está ligado à força desenvolvida pelo sistema formado pelo capacitor destacado na figura 5.1 e pela constante da mola empregada para estabelecer o equilíbrio. O fundamental objetivo, agora, é desenvolver um equacionamento geral que possibilite determinar a intensidade da referida força f, denominada "FORÇA PORTANTE", que se faz presente no sistema conversor eletromecânico de energia operando no CAMPO ELÉTRICO.

Para todo conversor eletromecânico que opere no campo elétrico ou no campo magnético, podem-se aplicar:

- *Princípio da Conservação da Energia*
- *Princípio da Reversibilidade*
- *Princípio dos Trabalhos Virtuais*

O Princípio dos Trabalhos Virtuais, estudado no capítulo 4, permite escrever:

$$\boxed{\Delta W_s = fm \cdot \Delta x} \tag{5.3}$$

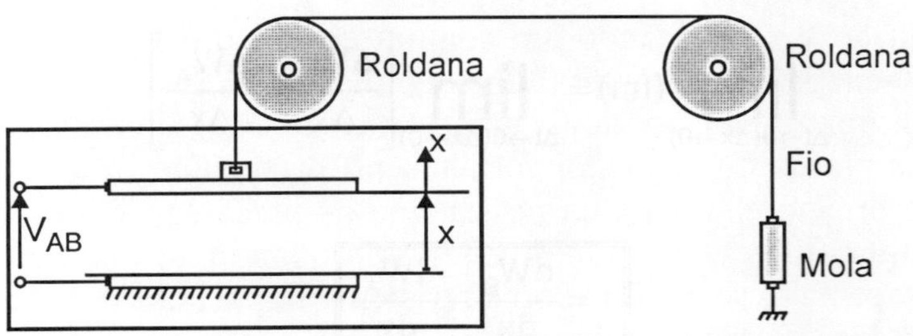

FIGURA 5.1: CONVERSOR OPERANDO NO CAMPO ELÉTRICO.

Por outro lado, o Princípio da Conservação da Energia, também estudado no capítulo 4, possibilita escrever, para um conversor eletromecânico ideal:

$$\boxed{\Delta W_E = \Delta W_A + \Delta W_S} \tag{5.4}$$

O Princípio da Reversibilidade garante que qualquer dispositivo que opere no campo elétrico ou no campo magnético é REVERSÍVEL. O dispositivo da figura 5.1, em face de convenção adotada no capítulo 4, irá operar como receptor ou como motor, isto é, receberá energia na forma elétrica e fornecerá na forma mecânica. Assim, aplicando à porta elétrica do dispositivo da figura 5.1 uma tensão V_{AB}, estar-se-á fornecendo energia elétrica ao sistema capacitor, criando um campo elétrico de intensidade E entre placas e desenvolvendo, entre as placas do referido sistema capacitor, uma força portante de intensidade f cujo sentido será tal que tenderá a aproximar as placas, porque, pela aplicação da tensão V_{AB}, elas adquirirão cargas de nomes contrários.

5.2.2: EQUACIONAMENTO

Associando as equações (5.3) e (5.4), resulta:

$$fm \cdot \Delta x = \Delta W_E - \Delta W_A \tag{5.5}$$

em que fm é a força portante média que atua no dispositivo durante o intervalo de tempo Δt. Operando a equação (5.5), resulta:

$$\boxed{fm = \frac{\Delta W_E}{\Delta x} - \frac{\Delta W_A}{\Delta x}} \tag{5.6}$$

Passando o limite para $\Delta t \to 0$ e, conseqüentemente, $\Delta x \to 0$, tem-se:

$$\lim_{\Delta t \to 0 (\Delta x \to 0)} (fm) = \lim_{\Delta t \to 0 (\Delta x \to 0)} \left[\frac{\Delta W_E}{\Delta x} - \frac{\Delta W_A}{\Delta x} \right] \tag{5.7}$$

em que:

$$\boxed{f = \frac{dW_E}{dx} - \frac{dW_A}{dx}} \tag{5.8}$$

em que f é valor instantâneo da FORÇA PORTANTE que atua no dispositivo. A equação (5.8) é muito abrangente e serve para o estudo de conversores eletromeçânicos em geral. Ela, agora, será particularizada para abranger os dispositivos que operam no campo elétrico, dispositivos esses eletricamente lineares e não lineares.

Apesar de o exemplo adotado constituir-se em um conversor eletromecânico operando no campo elétrico, a equação (5.8) é idêntica àquela que será empregada no estudo dos conversores que operam no campo magnético.

A potência envolvida em um dispositivo eletromecânico de uma porta elétrica de acesso tem por expressão:

$$\Delta W_E = pm \cdot \Delta t \tag{5.9}$$

em que pm é a potência média envolvida na porta elétrica ou entregue à porta elétrica do conversor. Por outro lado, para as variáveis elétricas envolvidas na porta elétrica do referido, pode-se escrever:

$$pm = vm \cdot im \tag{5.10}$$

em que, sob uma tensão média vm e uma corrente média im, analisadas no intervalo de tempo Δt, entrega-se uma potência média pm. Exprimindo essa corrente média em função da carga elétrica média transferida no referido intervalo de tempo, resulta:

$$im = \frac{\Delta q}{\Delta t} \tag{5.11}$$

em que:

$$\Delta W_E = vm \cdot \Delta q \tag{5.12}$$

Levando a equação (5.12) à equação (5.5), resulta:

$$vm \cdot \Delta q = W_A + fm \cdot \Delta x \tag{5.13}$$

ou ainda:

$$fm = vm \cdot \frac{\Delta q}{\Delta x} - \frac{\Delta W_A}{\Delta x} \tag{5.14}$$

Passando o limite para $\Delta t \rightarrow 0$ e, conseqüentemente, $\Delta x \rightarrow 0$, tem-se:

$$\boxed{f = v \cdot \frac{dq}{dx} - \frac{dW_A}{dx}} \tag{5.15}$$

em que v é o valor instantâneo da tensão aplicada às portas do conversor ideal e W_A é a energia armazenada na forma de um campo elétrico de intensidade E. A equação (5.15) é geral porque se aplica a dispositivos eletricamente lineares ou não, porém é particularizada para dispositivos de uma porta elétrica de entrada, que operam no campo elétrico. Assim, qualquer dispositivo que opere no campo elétrico e que possua uma porta elétrica pode ser equacionado a partir da equação (5.15).

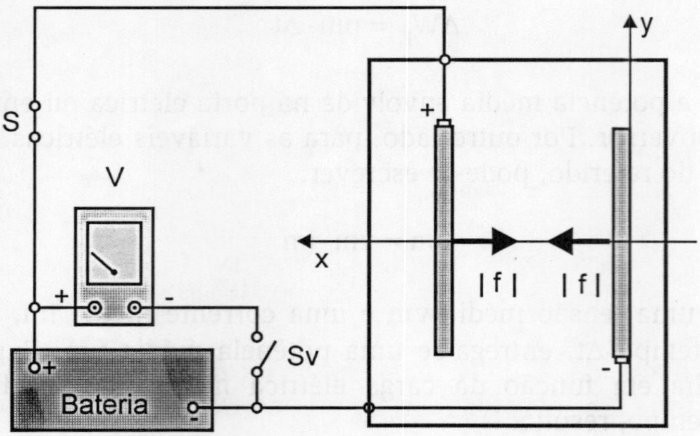

FIGURA 5.2: ALIMENTAÇÃO DO SISTEMA CAPACITOR.

A figura 5.2 mostra a essência de um conversor eletromecânico que opera no campo elétrico. Basicamente, um conversor eletromecânico que tenha como base o campo elétrico, para operar deve armazenar energia nessa forma energética. A energia armazenada na forma de um campo magnético, nessa família de conversores, existe, porém não atua no processo de conversão de energia.

5.3: DISPOSITIVOS ELETRICAMENTE LINEARES E NÃO LINEARES

5.3.1: FUNDAMENTOS

Diz-se que um determinado dispositivo é eletricamente linear quando a relação **q x v** estabelecida entre as variáveis de sua porta elétrica de entrada tem um comportamento linear, como o mostrado na figura 5.3.

Para os dispositivos eletricamente lineares é possível definir-se uma função C(x) que será denominada "FUNÇÃO CAPACITORA" ou "FUNÇÃO CAPACITÂNCIA" que envolve a carga elétrica depositada nas placas do sistema capacitor e a tensão aplicada à porta elétrica do dispositivo conversor:

$$C(x) = \left[\frac{q}{v}\right] \text{..............em F} \tag{5.16}$$

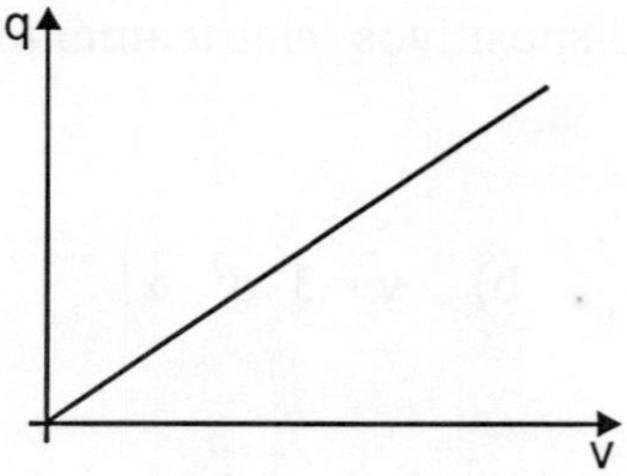

FIGURA 5.3: CURVA CARACTERÍSTICA DE UM DISPOSITIVO ELETRICAMENTE LINEAR.

Como a placa móvel do sistema conversor de energia pode se deslocar na direção **x**, pode-se desenvolver uma família de curvas comportamentais para a função q = q(v), dado que a função capacitora C = C(x) é unicamente função da variável independente x a qual está presente na porta mecânica do conversor. Como o dispositivo em estudo é eletricamente linear, as curvas comportamentais são segmentos de retas, como mostra a figura 5.4.

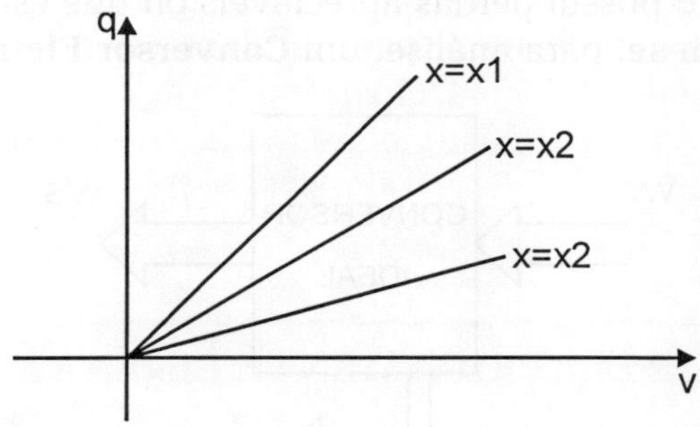

FIGURA 5.4: COMPORTAMENTO DA FUNÇÃO q = q (v) PARA DISPOSITIVOS ELETRICAMENTE LINEARES.

Uma quantidade muito grande de dispositivos opera com características eletricamente não lineares e, para esses, não se pode definir uma função capacitora C = C(x).

Para os dispositivos eletricamente não lineares, a curva q = q(v) tem o feitio mostrado na figura 5.5.

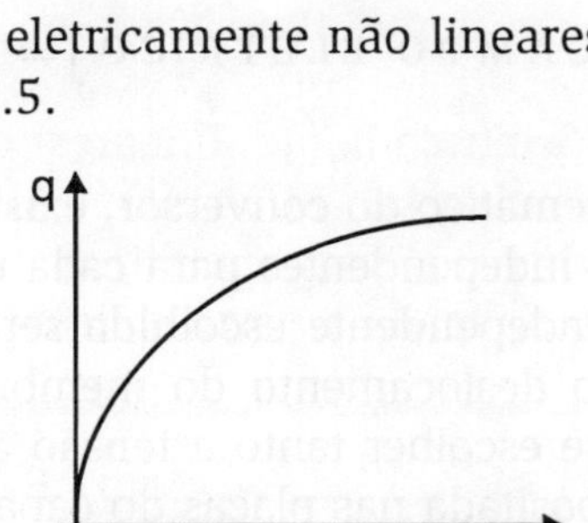

FIGURA 5.5 - CURVA CARACTERÍSTICA DE UM DISPOSITIVO ELETRICAMENTE NÃO LINEAR.

Como exemplo de dispositivos eletricamente não lineares, têm-se os equacionados por:

a) $v = \frac{\sqrt[3]{q^2 - x}}{q^3 - x}$ b) $v = 3 \cdot q^2 \cdot x^3$ c) $q = 5 \cdot v^7 \cdot x^3$

5.4: COMPORTAMENTO MATEMÁTICO DOS DISPOSITIVOS QUE OPERAM NO CAMPO ELÉTRICO

5.4.1: ASPECTOS GERAIS

Tomando um dispositivo conversor eletromecânico qualquer, e admitindo que ele não possui perdas apreciáveis ou que estas já foram tratadas em outros blocos, tem-se, para análise, um **Conversor Eletromecânico Ideal**:

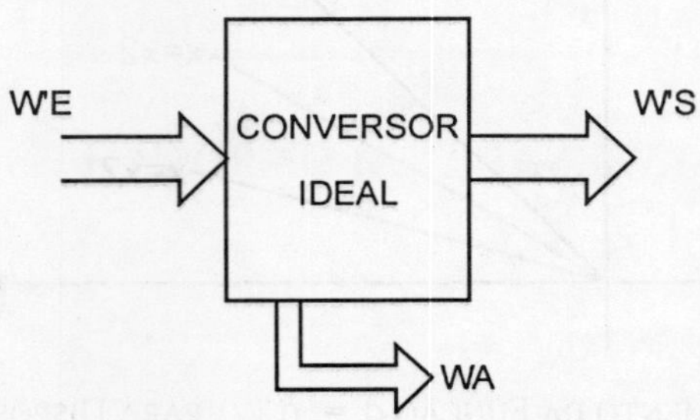

FIGURA 5.6: DIAGRAMA DE BLOCOS DO CONVERSOR IDEAL.

O comportamento matemático de um conversor eletromecânico ideal, operando no campo elétrico, é dado por:

$$\begin{bmatrix} v \\ q \end{bmatrix} \Rightarrow \left[\text{C A M P O E L É T R I C O} \right] \Rightarrow \begin{bmatrix} f \\ x \end{bmatrix} \tag{5.17}$$

Para o tratamento matemático do conversor, existe a necessidade de escolha das variáveis dependentes e independentes para cada uma de suas portas. Para a porta mecânica, a variável independente escolhida será, por facilidade, sempre a variável x que caracteriza o deslocamento do membro mecânico do conversor. Para a porta elétrica, pode-se escolher tanto a tensão aplicada à porta elétrica do conversor, como a carga depositada nas placas do capacitor formado pelo referido conversor. Tanto uma escolha como a outra levam a resultados iguais, sendo dois tratamentos matemáticos diferentes e possíveis.

5.4.2: TRATAMENTOS MATEMÁTICOS

Como foi ressaltado no item anterior, devem-se escolher variáveis dependentes e independentes para cada porta do conversor sob estudo. Escolhendo a variável x como independente para a porta mecânica, a porta elétrica do conversor permite a análise de dois casos particulares:

1º CASO - q e x são variáveis independentes:

Dessa hipótese, resulta:

$$v = v(q, x) \rightarrow\rightarrow\rightarrow\rightarrow W_A = W_A(q, x) \quad (5.18)$$

2º CASO - v e x são variáveis independentes:

Dessa hipótese, resulta:

$$q = q(v, x) \rightarrow\rightarrow\rightarrow\rightarrow W_A = W_A(v, x) \quad (5.19)$$

5.4.3: ENERGIA ARMAZENADA EM DISPOSITIVOS QUE OPERAM NO CAMPO ELÉTRICO

5.4.3.1: EQUACIONAMENTO

Tomar-se-á para o cálculo da energia armazenada em um campo elétrico, o dispositivo conversor formado por duas placas planas e paralelas, que opera como um voltímetro eletrostático, como o mostrado na figura 5.7:

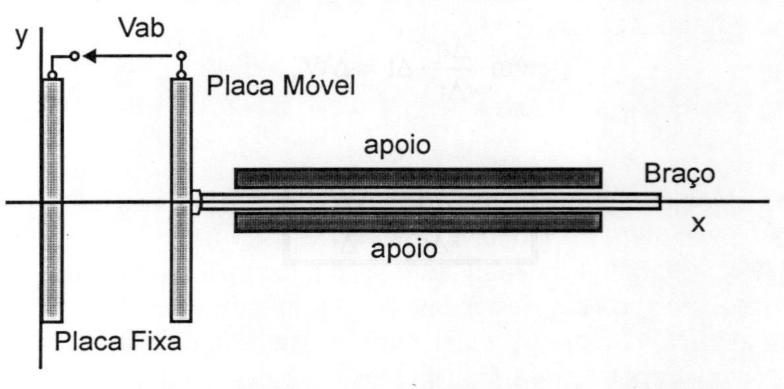

FIGURA 5.7: DISPOSITIVO OPERANDO NO CAMPO ELÉTRICO COM BRAÇO MECÂNICO BLOQUEADO.

O dispositivo da figura 5.7 foi mecanicamente "travado" de tal forma que não existe possibilidade de movimento do seu braço mecânico. Em face disso, x permanece constante ao longo de toda a análise e $\Delta x = 0$. Da equação (5.13), escreve-se:

$$\boxed{\Delta W_E = \Delta W_A + fm \cdot \Delta x} \qquad (5.20)$$

Como o dispositivo está mecanicamente travado, $\Delta x = 0$ e:

$$\Delta W_E = \Delta W_A \qquad (5.21)$$

A expressão (5.21) mostra que quando o dispositivo é mecanicamente travado, toda a energia entregue à porta elétrica do conversor é levada ao bloco armazenador W_A, armazenador de energia na forma de um campo elétrico. Reescrevendo a expressão para a potência de entrada (potência na forma elétrica) em termos de tensão e corrente na porta elétrica, resulta:

$$\Delta W_E = pm \cdot \Delta t \qquad (5.22)$$

Ou ainda:

$$vm \cdot im \cdot \Delta t = \Delta W_A \qquad (5.23)$$

Por outro lado, pode-se estabelecer relação entre a carga elétrica presente nas placas do dispositivo conversor e a corrente que leva as cargas às placas:

$$im = \frac{\Delta q}{\Delta t} \qquad (5.24)$$

Substituindo (5.24) em (5.23), resulta:

$$vm \cdot \frac{\Delta q}{\Delta t} \cdot \Delta t = \Delta W_A \qquad (5.25)$$

ou ainda:

$$\boxed{vm \cdot \frac{\Delta q}{\Delta t} = \frac{\Delta W_A}{\Delta t}} \qquad (5.26)$$

Passando a equação (5.26) ao limite, para $\Delta t \to 0$, $(\Delta x = 0)$, resulta:

$$\lim_{\Delta t \to 0} \left(vm \cdot \frac{\Delta q}{\Delta t} \right) = \lim_{\Delta t \to 0} \left(\frac{\Delta W_A}{\Delta t} \right) \qquad (5.27a)$$

resultando:

$$\boxed{\left[\frac{dW_A}{dt} \right] = v \cdot \frac{dq}{dt}} \qquad (5.27b)$$

Definição: "*Denomina-se diferencial dy de uma função y = y(x), o produto da derivada da função y em relação a x pelo incremento Δx da variável x*".

Da definição de diferencial de uma função, resulta:

$$\boxed{dy = \frac{dy}{dx} \cdot \Delta x} \qquad (5.28)$$

Levando esta definição à equação (5.27b), resulta:

$$\boxed{\frac{dW_A}{dt} \cdot \Delta t = v \cdot \frac{dq}{dt} \cdot \Delta t} \qquad (5.29)$$

A partir da definição de diferencial de uma função, resulta:

$$\boxed{dW_A = v \cdot dq} \qquad (5.30a)$$

A expressão (5.30a) permite calcular o diferencial da energia armazenada nos dispositivos que operam no campo elétrico. O sentido gráfico da expressão (5.30a) pode ser observado na figura 5.8. Portanto, a energia armazenada na forma de um campo elétrico, em um dispositivo que opere nesse campo, terá como expressão:

$$\boxed{\int_0^{Wa} dW_A = \int_0^{q} (v \cdot dq)} \qquad (5.30b)$$

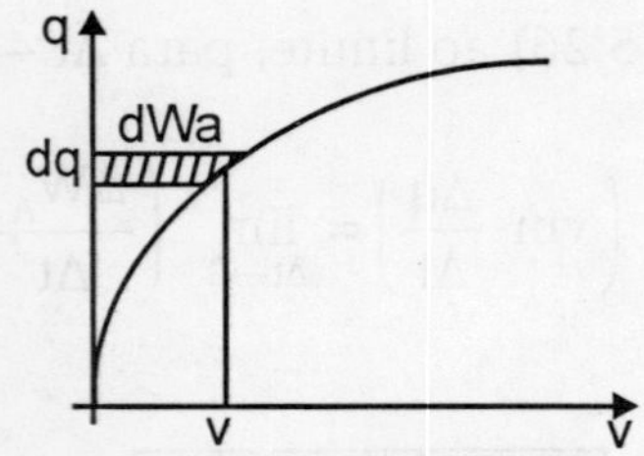

FIGURA 5.8: REPRESENTAÇÃO GRÁFICA DO DIFERENCIAL DA ENERGIA ARMAZENADA EM UM CAMPO ELÉTRICO.

em que:

$$W_A = \int_0^q (v \cdot dq) \tag{5.31}$$

que permite calcular a energia armazenada em um campo elétrico, seja o sistema eletricamente linear ou não linear. Para o campo elétrico, a equação (5.31) é genérica (para dispositivos de uma porta elétrica).

5.4.4: A COENERGIA NO CAMPO ELÉTRICO

5.4.4.1: ASPECTOS GERAIS

Quando um capacitor completamente descarregado é conectado a uma bateria de fem E, a tensão nos terminais desse capacitor cresce assintoticamente até um valor V que é numericamente igual à própria fem da bateria. Paralelamente, a carga q depositada nas placas do referido capacitor cresce até um valor final Q. Uma variação ΔW_A na energia armazenada caracteriza-se por uma variação de carga Δq nas placas, sob a tensão energizadora E da bateria. Representando por v a tensão nos terminais da unidade capacitora do dispositivo conversor, escreve-se:

$$\int_0^{Wa} dW_A = \int_0^q (v \cdot dq) \tag{5.32}$$

integrando "por partes" o segundo membro da equação (5.32), resulta:

$$W_A = \int_0^q (v \cdot dq) = (v \cdot q) - \int_0^v (q \cdot dv) \tag{5.33}$$

Remanejando os termos da equação (5.33), encontra-se:

$$(v \cdot q) = \int_0^q (v \cdot dq) + \int_0^v (q \cdot dv) \tag{5.34}$$

Se o dielétrico do capacitor analisado tiver o comportamento do gráfico da figura (5.9), o produto (q.v) do primeiro membro da equação (5.34) caracteriza um retângulo de lados q e v e de área (q.v). Por outro lado, esse produto representa a soma das integrais mostradas na equação (5.34).

A integral:

$$\boxed{W_A(v \cdot q) = \int_0^q (v \cdot dq)} \tag{5.35}$$

representa a energia total armazenada pelo dispositivo na forma de um campo elétrico e matematicamente, representa a área definida na parte superior da curva q = q(v), mostrada na referida figura 5.9.

5.4.4.2: EQUACIONAMENTO

Por outro lado, a integral:

$$\boxed{W_{CO}(v \cdot q) = \int_0^v (q \cdot dv)} \tag{5.36}$$

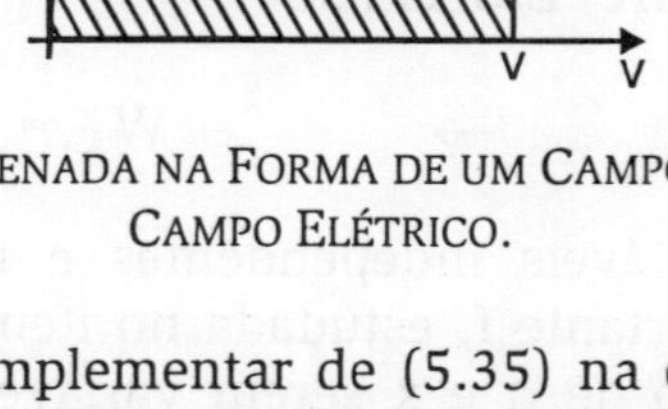

FIGURA 5.9: ENERGIA ARMAZENADA NA FORMA DE UM CAMPO ELÉTRICO E COENERGIA NO CAMPO ELÉTRICO.

A equação (5.36) complementar de (5.35) na equação (5.34) é um ente tipicamente matemático denominado COENERGIA NO CAMPO ELÉTRICO. Se o dielétrico do capacitor envolvido no dispositivo conversor tiver o comportamento mostrado na figura 5.9, para um ponto P de coordenadas q e v, ter-se-á o que dispõe a referida figura. Em qualquer situação, pode-se escrever:

$$\boxed{W_A + W_{CO} = (q \cdot v)} \tag{5.37}$$

para dispositivos eletricamente lineares ou não lineares.

Quando o tratamento matemático escolhido para o dispositivo eletromecânico for do tipo q = q(v, x), existe a necessidade da determinação da coenergia no campo para alcançar o valor da energia armazenada no campo elétrico.

O conceito de COENERGIA EM UM CAMPO, seja ele elétrico ou magnético, associado à expressão da coenergia, mostrada na equação (5.36), é fundamental para a solução e desenvolvimento de equações ligadas à força portante que atua no dispositivo conversor, seja ele de movimento linear ou de movimento circular em torno de um eixo. Os conversores de movimento circular serão denominados ROTATIVOS.

5.5: EXPRESSÃO DA FORÇA PORTANTE OU PROPULSORA QUE ATUA NOS DISPOSITIVOS QUE OPERAM NO CAMPO ELÉTRICO

5.5.1: FUNDAMENTOS

Os dispositivos que operam no campo elétrico ou no campo magnético podem ser analisados a partir de dois tratamentos distintos, como foi mostrado no item 5.4.2. Para tanto, examinar-se-á cada um desses tratamentos, mostrando suas particularidades e, quando possível, sua aplicabilidade:

5.5.2: TRATAMENTO MATEMÁTICO

$$v = v\,(q, x) \qquad \rightarrow \qquad W_A = W_A\,(q, x) \tag{5.38}$$

Se q e x são variáveis independentes e independentes entre si, a equação geral da força portante f, estudada no item 5.2.1, ganhará particular expressão e pela condição de q e x serem variáveis independentes entre si, escreve-se:

$$\frac{dq}{dx} = 0 \qquad (5.39)$$

Por outro lado, a derivada da energia armazenada na forma de um campo elétrico em dispositivos que operam nesse campo, que é uma função de q e de x, pode ser desenvolvida em suas derivadas parciais e apresentar:

$$\frac{dW_A}{dx} = \frac{\partial W_A}{\partial q} \cdot \frac{dq}{dx} + \frac{\partial W_A}{\partial x} \cdot \frac{dx}{dx} \qquad (5.40)$$

Levando a constatação obtida na equação (5.39) à equação (5.40), resulta:

$$\frac{dW_A}{dx} = \frac{\partial W_A}{\partial x} \qquad (5.41)$$

Levando à equação (5.15), que é expressão da força portante que atua em dispositivos que operam no campo elétrico, a equação (5.41), escreve-se:

$$f = v \cdot \frac{dq}{dx} - \frac{dW_A}{dx} \qquad (5.15)$$

e:

$$\boxed{f = -\frac{\partial W_A}{\partial x}} \qquad (5.42)$$

expressão para a FORÇA PORTANTE quando q e x são variáveis independentes entre si. É uma equação particular que se aplica a dispositivos eletricamente lineares ou não, analisados sob o tratamento $v = v(q,x)$.

Como conseqüência:

$$W_A = W_A\,(q,x) \qquad (5.43a)$$

5.5.3: TRATAMENTO MATEMÁTICO

$$q = q\,(v, x) \quad \rightarrow \quad W_A = W_A\,(v, x) \qquad (5.43b)$$

Se v e x são variáveis independentes e independentes entre si, a equação geral da força portante f, estudada no item 5.2.1, ganhará particular expressão, porque:

$$\frac{dv}{dx} = 0 \tag{5.44}$$

Por outro lado, a derivada da energia armazenada na forma de um campo elétrico em dispositivos que operam nesse campo pode ser desenvolvida em suas componentes parciais e apresentar por expressão:

$$\frac{dW_A}{dx} = \frac{\partial W_A}{\partial v} \cdot \frac{dv}{dx} + \frac{\partial W_A}{\partial x} \cdot \frac{dx}{dx} \tag{5.45}$$

Por outro lado, q = q (v,x). Conseqüentemente:

$$\frac{dq}{dx} = \frac{\partial q}{\partial v} \cdot \frac{dv}{dx} + \frac{\partial q}{\partial x} \cdot \frac{dx}{dx} \tag{5.46}$$

Efetuando as derivadas possíveis na equação (5.46) e levando-a à equação (5.45), resulta:

$$\frac{dW_A}{dx} = \frac{\partial W_A}{\partial v} \cdot \frac{dv}{dx} + \frac{\partial W_A}{\partial x} \cdot \frac{dx}{dx} \tag{5.47}$$

Como v e x são variáveis independentes, resulta:

$$\frac{dq}{dx} = \frac{\partial q}{\partial x} \qquad \text{e} \qquad \frac{dW_A}{dx} = \frac{\partial W_A}{\partial x} \tag{5.48}$$

Levando as considerações acima à equação (5.15), resulta:

$$\boxed{f = v \cdot \frac{\partial q}{\partial x} - \frac{\partial W_A}{\partial x}} \tag{5.49}$$

expressão para a força portante que atua em um dispositivo conversor quando v e x são variáveis independentes. Deve-se ressaltar que a equação (5.49) é particularizada e aplica-se àqueles casos em que q = q (v,x), porém é sustentada para dispositivos eletricamente lineares ou não lineares.

5.6: ESTUDO DOS DISPOSITIVOS ELETRICAMENTE LINEARES OPERANDO NO CAMPO ELÉTRICO

5.6.1: ASPECTOS GERAIS

Dentro do estudo dos conversores eletromecânicos que operam no campo elétrico, encontram-se dispositivos eletricamente lineares e não lineares. Nos dispositivos eletricamente lineares, é possível definir-se uma função capacitora C(x), que é função da variável independente x e unicamente dessa. Os tratamentos matemáticos estudados nos itens anteriores podem ser levados ao estudo dos dispositivos eletricamente lineares, caso em que a função capacitora C(x) pode ser aplicada. Essa referida função é unicamente função da variável independente x da porta mecânica do dispositivo conversor. Portanto, dois casos se apresentam:

1º CASO: q e C(x) são funções independentes e independentes entre si.

Do proposto, escreve-se:

$$v = v(q, C(x)) \quad \rightarrow \quad W_A = W_A(q, C(x)) \tag{5.50}$$

2º CASO: v e C(x) são funções independentes e independentes entre si.

Conseqüentemente:

$$q = q(v, C(x)) \quad \rightarrow \quad W_A = W_A(v, C(x)) \tag{5.51}$$

5.6.2: ESTUDO DO TRATAMENTO MATEMÁTICO V = V (Q, C(X)):

Se:

$$v = v(q, C(x)),$$

conseqüentemente:

$$W_A = W_A(q, C(x))$$

Por outro lado, se o dispositivo é eletricamente linear, pode-se empregar o conceito de função capacitora C = C(x) e escrever-se:

$$C(x) = \frac{q}{v} \tag{5.52}$$

Remanejando a equação (5.52), resulta:

$$v = \frac{q}{C(x)} \tag{5.53}$$

Levando a equação (5.53) à equação (5.35), resulta:

$$W_A = \int_0^q \frac{q}{C(x)} \cdot dq = \frac{1}{C(x)} \int_0^q q \cdot dq \tag{5.54}$$

que integrada, fornece:

$$\boxed{W_A = \frac{1}{2} \cdot \frac{q^2}{C(x)}} \tag{5.55}$$

equação que permite a determinação da energia armazenada em um dispositivo eletricamente linear de uma porta elétrica de entrada. Como, normalmente, a tensão sobre o dispositivo conversor é a variável de mais fácil aquisição, podem-se combinar as equações (5.52) e (5.55).

Fazendo:

$$q = C(x) \cdot v \tag{5.56}$$

e levando à equação (5.55), resulta:

$$\boxed{W_A = \frac{1}{2} \cdot v^2 \cdot C(x)} \tag{5.57}$$

que é expressão para a energia armazenada em dispositivos eletricamente lineares, conhecidas a tensão nos terminais do conversor eletromecânico ideal e a função capacitora C =C(X), característica do referido. Retornando à equação (5.55), escreve-se:

$$\boxed{W_A = \frac{1}{2} \cdot \frac{q^2}{C(x)}} \tag{5.55}$$

Como q e C(X) são funções independentes e independentes entre si, a derivada:

$$\frac{dq}{dx} = \frac{dq}{dC(x)} \cdot \frac{dC(x)}{dx} = 0 \tag{5.58}$$

porque q e C(x) são funções independentes entre si e, para a derivada da energia armazenada na forma de um campo elétrico, encontra-se:

$$\frac{dW_A}{dx} = \frac{\partial W_A}{\partial q} \cdot \frac{dq}{dx} + \frac{\partial W_A}{\partial C(x)} \cdot \frac{dC(x)}{dx} \tag{5.59}$$

Como:

$$\frac{dq}{dx} = 0 \tag{5.60}$$

resulta:

$$\frac{dW_A}{dx} = \frac{\partial W_A}{\partial C(x)} \cdot \frac{dC(x)}{dx} \tag{5.61}$$

Efetuando, na equação (5.61) as possíveis derivadas, resulta:

$$\frac{dW_A}{dx} = \frac{1}{2} \cdot \left[\frac{q}{C(x)} \right] \cdot \frac{dC(x)}{dx} \tag{5.62}$$

Levando as equações (5.62) e (5.56) à equação (5.49), encontra-se:

$$\boxed{f = \frac{1}{2} \cdot \left[\frac{q}{C(x)} \right]^2 \cdot \frac{dC(x)}{dx}} \tag{5.63}$$

Sendo:

$$C(x) = \frac{q}{v} \tag{5.52}$$

resulta:

$$\boxed{f = \frac{1}{2} \cdot v^2 \cdot \frac{dC(x)}{dx}} \tag{5.64}$$

que permite determinar a intensidade da força portante em dispositivos eletricamente lineares, alimentados em tensões constantes ou alternadas, senoidais ou não, isto é, qualquer sinal, desde que obedeça a uma equação, pode ser aplicado à equação (5.64).

De forma a generalizar a equação, com relação à alimentação aplicada e com relação ao deslocamento do braço mecânico, pode-se escrever:

$$f(t) = \frac{1}{2} \cdot v(t)^2 \cdot \frac{dC(x(t))}{dx} \qquad (5.65)$$

que permite determinar a intensidade da força portante em dispositivos eletricamente lineares, alimentados em tensões constantes ou alternadas, senoidais ou não, isto é, qualquer sinal, desde que obedeça a uma equação pode ser aplicado à equação (5.65), como foi ressaltado anteriormente.

5.6.3: CONSEQÜÊNCIA

As equações desenvolvidas para a determinação da energia armazenada em dispositivos que operam no campo elétrico são coerentes com os tratamentos matemáticos adotados. Ocorre que os dispositivos eletricamente lineares têm uma particularidade que pode ser vista se for trabalhada a equação (5.55).

Levando à equação (5.55) a equação (5.53), encontra-se:

$$W_A = \frac{1}{2} \cdot q \cdot \frac{q}{C(x)} \qquad (5.66)$$

Ocorre que, para os dispositivos eletricamente lineares, pode-se escrever:

$$q = C(x) \cdot v \qquad (5.67)$$

Associando as equações (5.66) e (5.67), resulta:

$$W_A = \frac{1}{2} \cdot q \cdot v \qquad (5.68)$$

Devido ao dispositivo ser eletricamente linear, no gráfico do comportamento q = q(v), encontra-se:

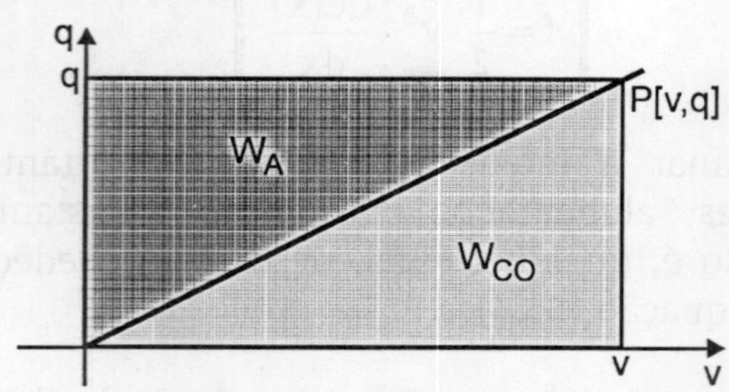

FIGURA 5.10: COMPORTAMENTO DA FUNÇÃO q = q(v) NOS DISPOSITIVOS ELETRICAMENTE LINEARES.

Como para sistemas que operam no campo elétrico, pode-se sempre escrever:

$$\boxed{W_A + W_{CO} = q \cdot v} \tag{5.69}$$

resulta que se o sistema é eletricamente linear, a energia armazenada na forma de um campo elétrico e a coenergia do campo elétrico são numericamente iguais, como mostram as áreas da figura 5.10.

$$\boxed{W_A = W_{CO}} \tag{5.70}$$

Partindo da equação (5.70), pode-se enunciar:

"Nos dispositivos eletricamente lineares, a Energia Armazenada na forma de um campo elétrico e a Coenergia no campo são numericamente iguais".

5.6.4: TRATAMENTO MATEMÁTICO

$$q = q(v, C(x))$$

$$q = q(v, C(x)) \quad \text{e} \quad W_A = W_A(v, C(x)) \tag{5.71}$$

Da expressão fundamental para a função capacitora C(x), escreve-se:

$$q = C(x) \cdot v \tag{5.72}$$

que estabelece relação entre a tensão aplicada e a carga elétrica estabelecida no dispositivo conversor. A coenergia no campo elétrico, para dispositivos que operam nesse campo, é estabelecida pela expressão:

$$W_{CO} = \int_0^v q \cdot dv \tag{5.73}$$

levando a equação (5.72) à equação (5.73), encontra-se:

$$W_{CO} = \int_0^v v \cdot C(x) \cdot dv \tag{5.74}$$

e:

$$W_{CO} = C(x) \cdot \int_0^v v \cdot dv \tag{5.75}$$

que integrada nos limites propostos, fornece:

$$\boxed{W_{CO} = \frac{1}{2} \cdot C(x) \cdot v^2} \tag{5.76}$$

que expressa a **coenergia no campo elétrico** para dispositivos eletricamente lineares. Desta forma, constata-se que, para os dispositivos eletricamente lineares, a energia armazenada e a coenergia no campo são numericamente iguais. Isto é:

$$\boxed{W_A = W_{CO}} \tag{5.77}$$

Por outro lado:

$$\frac{dq}{dx} = \frac{dq}{dC(x)} \cdot \frac{dC(x)}{dx} = v \cdot \frac{dC(x)}{dx} \tag{5.78}$$

e:

$$\frac{dW_A}{dx} = \frac{\partial W_A}{\partial v} \cdot \frac{dv}{dx} + \frac{\partial W_A}{\partial C(x)} \cdot \frac{dC(x)}{dx} \tag{5.79}$$

em que:

$$\frac{dW_A}{dx} = \frac{1}{2} \cdot v^2 \cdot \frac{dC(x)}{dx} \tag{5.80}$$

Que levada à expressão da força portante, fornece:

$$\boxed{f = \frac{1}{2} \cdot v^2 \cdot \frac{dC(x)}{dx}} \tag{5.81}$$

conhecida expressão para a força portante que atua em dispositivos eletricamente lineares operando em campo elétrico. Por outro lado, nota-se que para dispositivos eletricamente lineares, a expressão para a força portante é a mesma para qualquer tratamento matemático adotado. Além disso, a força portante, nesses dispositivos, é diretamente proporcional ao quadrado da tensão aplicada nos seus terminais elétricos, informação de profunda implicação para os dispositivos que operam com sinais alternantes.

5.7: EXERCÍCIOS RESOLVIDOS

5.7.1: EXERCÍCIO RESOLVIDO 1

Determine a expressão da Função Capacitora, da Energia Armazenada na forma de um Campo Elétrico e da Força Portante para um dispositivo que opera no campo elétrico e que tem a configuração mostrada na figura 5. 11.

Dados:

$$\varepsilon_o = 8{,}85 \cdot 10^{-12} \text{ F/m}$$

$$b = \text{profundidade da placa} = 0{,}20 \text{ m}$$

$$a = 0{,}002 \text{ m}$$

$$v = V_{AB} = 3000 \text{ V}$$

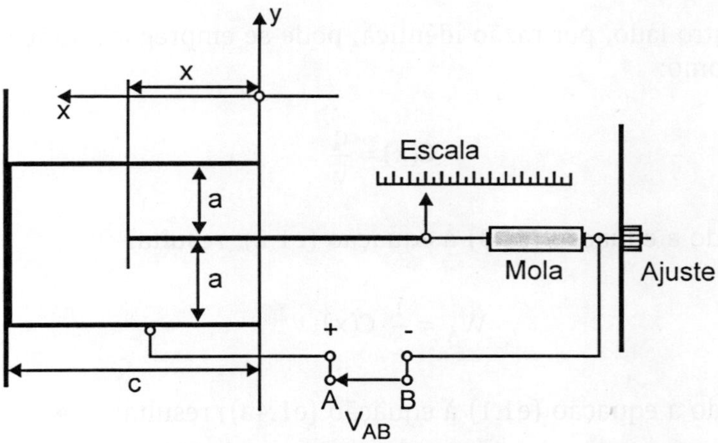

FIGURA 5.11: DISPOSITIVO CONVERSOR OPERANDO COMO VOLTÍMETRO ELETROSTÁTICO.

RESOLVENDO

I) Estudo da Função Capacitora C(x):

Os capacitores em análise, formados pela placa fixa em forma de C e pela placa móvel que está vinculada ao ponteiro, estão operando em paralelo. São dois capacitores iguais porque as placas são separadas igualmente da distância "a" :

$$C_T(x) = C(x) + C(x)$$

$$C_T(x) = 2 \cdot [\ \frac{\varepsilon_o \cdot (b \cdot x)}{a}\ ] \quad \text{(e1.1)}$$

que representa a função capacitora C_T (x), característica da montagem da figura 5.11.

II) Estudo da Energia Armazenada na Forma de um Campo Elétrico:

Por trabalharem com um dielétrico que é o ar, os capacitores formados podem ser considerados como eletricamente lineares. Para dispositivos conversores eletricamente lineares, pode-se escrever:

$$W_A = \frac{1}{2} \cdot q \cdot v \quad \text{(e1.2)}$$

Por outro lado, por razão idêntica, pode-se empregar a função capacitora e defini-la como:

$$C(x) = \frac{q}{v} \quad \text{(e1.3)}$$

Levando a equação (e1.3) à equação (e1.2), resulta:

$$W_A = \frac{1}{2} \cdot C(x) \cdot v^2 \quad \text{(e1.4a)}$$

Levando a equação (e1.1) à equação (e1.4a), resulta:

$$C_T(x) = 2 \cdot \frac{\varepsilon_o \cdot (b \cdot x)}{a} \quad \text{(e1.4b)}$$

Como:

$$W_A = \frac{1}{2} \cdot C(x) \cdot v^2 \quad \text{(e1.4a)}$$

resulta:

$$W_A = \frac{1}{2} \cdot v^2 \cdot 2 \cdot \frac{\varepsilon_o \cdot (b \cdot x)}{a} \quad \text{(e1.5)}$$

Atuando sobre a equação (e1.5), obtém-se:

$$W_A = \varepsilon_o \cdot v^2 \cdot \frac{(b \cdot x)}{a} \qquad (e1.6)$$

que expressa a energia armazenada na forma de um campo elétrico em um dispositivo eletricamente linear dotado de uma porta elétrica.

III) Estudo da Expressão da Força Portante que atua no dispositivo:

A força portante que atua em um dispositivo eletricamente linear que opera no campo elétrico pode ser expressa por:

$$f = \frac{1}{2} v^2 \cdot \frac{dC(x)}{dx} \qquad (e1.7)$$

A equação (e1.7) leva o pesquisador à determinação da força portante, a partir da derivada da função capacitora C(x) em relação a x. Portanto, derivando a função expressa na equação (e1.1) em relação a x, resulta:

$$C_T(x) = 2 \cdot \frac{\varepsilon_o \cdot (b \cdot x)}{a} \qquad (e1.1)$$

ou ainda:

$$\frac{dC(x)}{dx} = 2 \cdot \frac{\varepsilon_o \cdot b}{a} \qquad (e1.8)$$

que levada à equação(e1.7), resulta:

$$f = \frac{1}{2} \cdot v^2 \cdot 2 \cdot \frac{\varepsilon_o \cdot b}{a} \qquad (e1.9)$$

Portanto, a força portante que atua no dispositivo conversor tem por expressão:

$$f = \left[\frac{\varepsilon_o \cdot b}{a} \right] \cdot v^2 \qquad (e1.10)$$

Como a tensão presente na equação (e1.10) está na forma quadrática, a força portante que atua no dispositivo, em instante algum vai assumir um valor negativo, isto é, a referida força atua no sentido de levar para dentro do domínio das placas fixas, a placa móvel. Por outro lado, o dispositivo pode operar em corrente contínua ou alternada e terá, com a alimentação proposta, sempre uma componente de força que arrasta a placa móvel para dentro do seio das placas fixas. O sentido da referida força é o do crescimento positivo de x, porque, caminhando nesse sentido, a energia armazenada pelo dispositivo conversor aumenta e as forças portantes atuarão sempre no sentido de aumentar a energia armazenada pelo dispositivo.

Levando valores numéricos à equação (e1.10), resulta:

$$\boxed{f = 7{,}965 \cdot 10^{-3}\ \text{N}} \qquad \text{(e1.11)}$$

Pela intensidade da força portante obtida pode-se concluir que o dispositivo não é uma máquina de energia. Pode muito bem atuar como um Voltímetro Eletrostático, que, no caso, seria um instrumento de medida, ou como um sensor de um sinal elétrico.

5.7.2: EXERCÍCIO RESOLVIDO 2

Um instrumento de medida trabalha como mostra a montagem da figura 5.12. Desenvolva expressões para a função capacitora, para a energia armazenada e para a força portante presentes no dispositivo conversor.

Dados:

$$\varepsilon_1 = 6 \,.\, \varepsilon_o$$

$$\varepsilon_o = 8{,}85 \,/\, 10^{12} \quad \text{F/m}$$

$$a = 0{,}003 \text{ m}$$

$$b = 0{,}1 \text{ m (profundidade de montagem)}$$

$$c = 0{,}15 \text{ m}$$

$$v = V_{AB} = 2000 \text{ V}$$

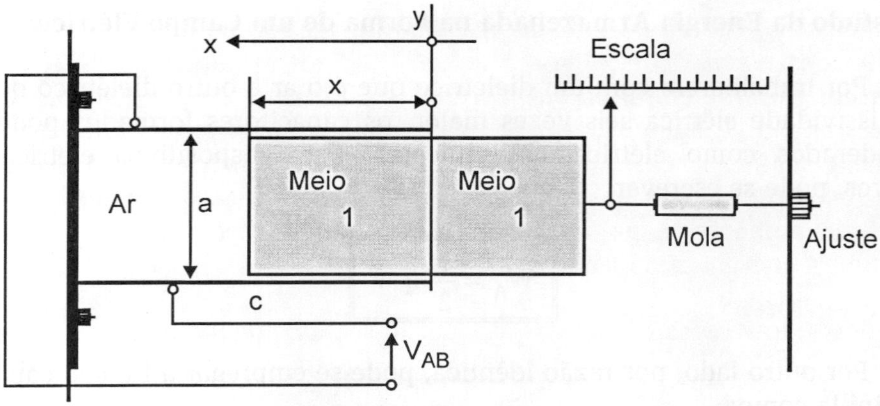

FIGURA 5.12: ESTRUTURA DE UM TRANSDUTOR OPERANDO NO CAMPO ELÉTRICO.

RESOLVENDO

I) Estudo da Função Capacitora C(x):

O Conversor em análise forma dois capacitores a partir de suas duas placas fixas. São capacitores de placas planas e paralelas, e formados, estão operando em paralelo. São dois capacitores de capacidades diferentes porque os meios dielétricos e as áreas das placas são diferentes. Assim:

$$C_T(x) = C_1(x) + C_0(x)$$

$$\boxed{C_T(x) = \frac{\varepsilon_1 \cdot (x \cdot b)}{a} + \frac{\varepsilon_o \cdot (c - x) \cdot (b)}{a}} \quad \text{(e2.1)}$$

Operando a equação (e2.1), resulta:

$$C_T(x) = \frac{\varepsilon_1 \cdot (x \cdot b)}{a} + \frac{\varepsilon_o \cdot (c \cdot b)}{a} - \frac{\varepsilon_o \cdot (x \cdot b)}{a} \quad \text{(e2.2)}$$

colocando em evidência os componentes possíveis na expressão, resulta:

$$\boxed{C_T(x) = \frac{b}{a} \cdot \left[\, (\varepsilon_1 \cdot x) + (\varepsilon_o \cdot c) - (\varepsilon_o \cdot x) \, \right]} \quad \text{(e2.3)}$$

que representa a função capacitora C_T (x), característica da montagem da figura 5.12.

II) Estudo da Energia Armazenada na Forma de um Campo Elétrico:

Por trabalharem com um dielétrico que é o ar e outro dielétrico que tem permissividade elétrica seis vezes maior, os capacitores formados podem ser considerados como eletricamente lineares. Para dispositivos eletricamente lineares, pode-se escrever:

$$W_A = \frac{1}{2} \cdot q \cdot v \qquad \text{(e2.4)}$$

Por outro lado, por razão idêntica, pode-se empregar a função capacitora e defini-la como:

$$C(x) = \frac{q}{v} \qquad \text{(e2.5)}$$

Levando a equação (e2.5) à equação (e2.4), resulta:

$$W_A = \frac{1}{2} \cdot C(x) \cdot v^2 \qquad \text{(e2.6)}$$

Levando a equação (e2.3) à equação (e2.6), resulta:

$$C_T(x) = \frac{b}{a} \cdot [\ (\varepsilon_1 \cdot x) + (\varepsilon_o \cdot c) - (\varepsilon_o \cdot x)\ ] \qquad \text{(e2.3)}$$

e:

$$W_A = \frac{1}{2} \cdot C(x) \cdot v^2 \qquad \text{(e2.6)}$$

e, portanto:

$$W_A = \frac{1}{2} \cdot v^2 \cdot \frac{b}{a} [(\varepsilon_o \cdot c) + (\varepsilon_1 \cdot x) - (\varepsilon_o \cdot x)] \qquad \text{(e2.7)}$$

Atuando sobre a equação (e2.7), resulta:

$$W_A = \frac{1}{2} \cdot v^2 \cdot \frac{b}{a} [(\varepsilon_o \cdot c) + (\varepsilon_1 - \varepsilon_o) \cdot x)] \qquad \text{(e2.8)}$$

que expressa a energia armazenada na forma de um campo magnético em um dispositivo eletricamente linear dotado de uma porta elétrica.

III) Estudo da Expressão da Força Portante que atua no dispositivo conversor:

A força portante que atua em um dispositivo eletricamente linear que opera no campo elétrico pode ser expressa por:

$$\boxed{f = \frac{1}{2} \cdot v^2 \cdot \frac{dC(x)}{dx}} \qquad (e2.9)$$

A equação (e2.9) leva o pesquisador à determinação da força portante a partir da derivada da função capacitora C(x) em relação a x. Portanto, derivando a função expressa na equação (e2.3) em relação a x, resulta:

$$\frac{dC_T(x)}{dx} = \frac{b}{a} \cdot (\varepsilon_1 - \varepsilon_o) \qquad (e2.10)$$

que levada à equação(e2.9), resulta:

$$\boxed{f = \frac{1}{2} \cdot v^2 \cdot \frac{b}{a} \cdot (\varepsilon_1 - \varepsilon_o)} \qquad (e2.11)$$

Conseqüentemente, a força portante que atua no dispositivo conversor da figura 5.12 tem por expressão:

$$\boxed{f = v^2 \cdot \left[\frac{(\varepsilon_1 - \varepsilon_o) \cdot b}{2 \cdot a}\right]} \qquad (e2.12)$$

Como a tensão presente na equação (e2.12) está na forma quadrática, a força portante que atua no dispositivo, em instante algum vai assumir um valor negativo, isto é, a referida força atua no sentido de levar para dentro do domínio das placas fixas, o dielétrico de permissividade elétrica ε_1, porque esta é muito maior do que ε_0. Por outro lado, o dispositivo pode operar em corrente contínua ou alternada e terá, com a alimentação proposta, sempre uma componente de força que arrasta a placa dielétrica para dentro do seio das placas fixas (desde que $\varepsilon_1 > \varepsilon_0$). O sentido da referida força é o do crescimento positivo de x, porque, caminhando nesse sentido, a energia armazenada pelo dispositivo conversor aumenta e as forças portantes atuarão sempre no sentido de aumentar a energia armazenada pelo referido dispositivo.

Levando valores numéricos à equação (e2.12), resulta:

$$\boxed{f = 2{,}95 \cdot 10^{-3} \quad N} \qquad (e2.13)$$

Pela intensidade da força portante obtida conclui-se que o dispositivo não é uma máquina de energia. Pode muito bem atuar como um Voltímetro Eletrostático e nesse caso estará atuando como um instrumento de medida ou pode atuar como um sensor, convertendo um sinal elétrico em um sinal mecânico analógico.

5.7.3: EXERCÍCIO RESOLVIDO 3

Um dispositivo conversor que opera no campo elétrico tem uma configuração como a mostrada na figura 5. 13. Desenvolva expressões para a função capacitora, para a energia armazenada e para a força portante presentes no referido.

Dados:

$$\varepsilon_o = 8{,}85 / 10^{12} \quad F/m$$
$$b = 0{,}1 \text{ m}$$
$$c = 0{,}15 \text{ m}$$
$$v = V_{AB} = 2500 \text{ V}$$

RESOLVENDO

I) Estudo da Função Capacitora C(x):

O conversor em análise forma um capacitor a partir de suas duas placas, fixa e móvel. É um capacitor de placas planas e paralelas e quando formado tem espessura de dielétrico variável. Assim:

$$C_T(x) = C_o(x)$$

$$C_T(x) = \frac{\varepsilon_o \cdot (c \cdot b)}{x} \qquad \text{(e3.1)}$$

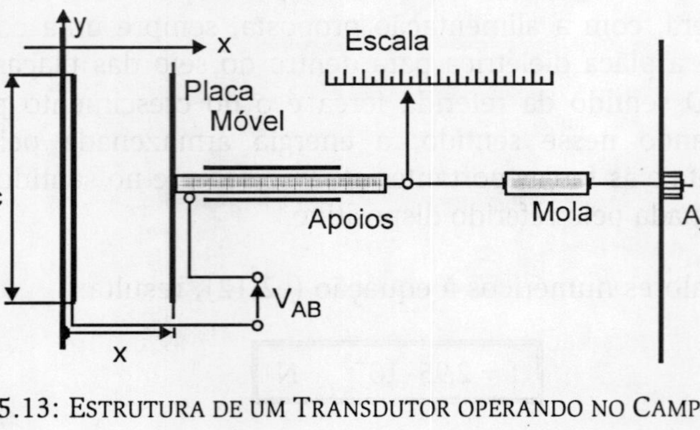

FIGURA 5.13: ESTRUTURA DE UM TRANSDUTOR OPERANDO NO CAMPO ELÉTRICO.

Operando a equação (e3.1), resulta:

$$C_T(x) = \frac{1}{x} \cdot (\varepsilon_o \cdot b \cdot c) \qquad \text{(e3.2)}$$

que representa a Função Capacitora C_T (x), característica da montagem da figura 5.13.

II) Estudo da Energia Armazenada na forma de um Campo Elétrico:

Por trabalhar com um dielétrico que é o ar e que tem permissividade elétrica constante, o capacitor formado pode ser considerado como eletricamente linear. Para dispositivos eletricamente lineares, pode-se escrever:

$$W_A = \frac{1}{2} \cdot q \cdot v \qquad \text{(e3.3)}$$

Por outro lado, por razão idêntica, pode-se empregar a função capacitora e defini-la como:

$$C(x) = \frac{q}{v} \qquad \text{(e3.4)}$$

Levando a equação (e3.4) à equação (e3.3), resulta:

$$W_A = \frac{1}{2} \cdot C(x) \cdot v^2 \qquad \text{(e3.5)}$$

Levando a equação (e3.2) à equação (e3.5), resulta:

$$C_T(x) = \frac{1}{x} \cdot (\varepsilon_o \cdot b \cdot c) \qquad \text{(e3.2)}$$

$$W_A = \frac{1}{2} \cdot C(x) \cdot v^2 \qquad \text{(e3.3)}$$

e, portanto:

$$W_A = \frac{1}{2} \cdot v^2 \cdot \frac{1}{x} \cdot \left[\varepsilon_o \cdot (b \cdot c)\right] \qquad \text{(e3.6)}$$

que expressa a energia armazenada na forma de um campo elétrico em um dispositivo eletricamente linear, dotado de uma porta elétrica.

III) Estudo da Expressão da Força Portante que atua no dispositivo:

A força portante que atua em dispositivos eletricamente lineares que operam no campo elétrico pode ser expressa por:

$$f = \frac{1}{2} \cdot v^2 \cdot \frac{dC(x)}{dx} \qquad \text{(e3.7)}$$

A equação (e3.7) leva à determinação da força portante a partir da derivada da função capacitora $C_T(x)$ em relação a x. Portanto, derivando a função expressa na equação (e3.2) em relação a x, resulta:

$$\frac{dC_T(x)}{dx} = (-) \cdot \frac{\varepsilon_o \cdot (b \cdot c)}{x^2} \qquad \text{(e3.8)}$$

que levada à equação(e3.7), resulta:

$$f = -\frac{1}{2} \cdot \varepsilon_o \cdot v^2 \cdot \frac{(b \cdot c)}{x^2} \qquad \text{(e3.9)}$$

que é a expressão da Força Portante que atua no dispositivo da figura 5.13.

Como a tensão presente na equação (e3.9) está na forma quadrática, a força portante que atua no dispositivo, em instante algum vai assumir um valor positivo, isto é, a referida força atua no sentido de levar para dentro do domínio da placa fixa, a placa móvel. Por outro lado, o dispositivo pode operar em corrente contínua ou alternada e terá, com a alimentação adotada, sempre uma componente de força que arrasta a placa móvel para perto da placa fixa. O sentido da referida força é o do decrescimento positivo de x, porque, caminhando nesse sentido, a energia armazenada pelo dispositivo aumenta e a força portante atuará sempre no sentido de aumentar a energia armazenada pelo referido dispositivo.

Levando valores numéricos à equação (e3.9), resulta:

$$f = -(4{,}15 \cdot 10^{-7} \cdot \frac{1}{x^2}) \quad N \qquad \text{(e3.10)}$$

Pela intensidade da força portante obtida conclui-se que o dispositivo não é uma máquina de energia. Pode muito bem atuar como um Voltímetro Eletrostático que é instrumento de medida ou como um sensor, convertendo um sinal de natureza elétrica em um sinal de natureza mecânica.

5.7.4: COMENTÁRIOS

Os exercícios propostos e resolvidos acima dão ao leitor a forma de operar com as equações e com os dispositivos eletricamente lineares, presentes na prática. Essas idéias básicas permitir-lhe-ão desenvolver outros casos, muitas vezes aparentemente mais complexos, mas que seguem o mesmo andamento conceitual. Aqui é exigido do leitor um elevado grau de imaginação para tirar da prática que o circunda, uma infinidade de estruturas as quais, operando no campo elétrico, podem produzir dispositivos conversores muito simples e eficientes.

5.8: EXERCÍCIOS PROPOSTOS

5.8.1: EXERCÍCIO PROPOSTO 1

Definindo "Densidade Volumétrica de Energia Armazenada" como a relação estabelecida entre a energia armazenada pelo dispositivo na forma de um Campo Elétrico e o Volume do Dielétrico ocupado pelo capacitor formado, determine a densidade de energia a que se pode chegar no dispositivo do Exercício Resolvido nº 3.

5.8.2: EXERCÍCIO PROPOSTO 2

Desenvolva completamente o dispositivo mostrado na figura 5.14. A placa inferior é fixa e a placa superior desliza sobre roletes de material isolante. Despreze o atrito entre a placa móvel e os roletes. Faça hipóteses e admita valores numéricos.

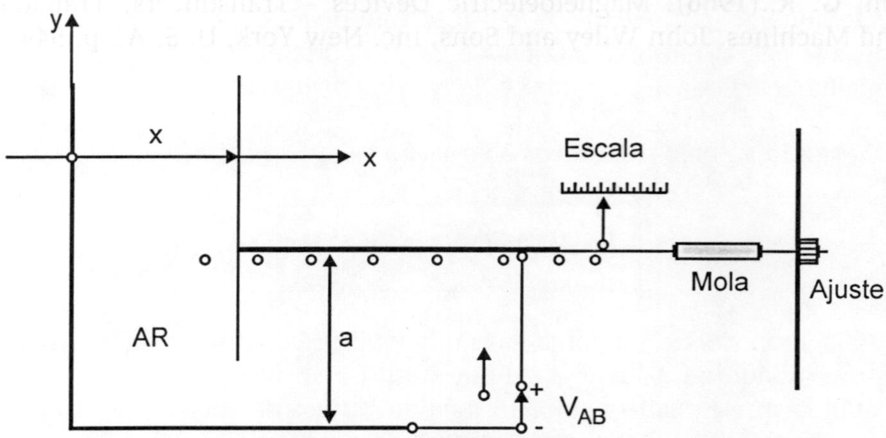

FIGURA 5.14: DISPOSITIVO CONVERSOR OPERANDO NO CAMPO ELÉTRICO.

5.9: BIBLIOGRAFIA PROPOSTA PARA O CAPÍTULO

Clement, P. R. e Johnson, W. C. (**1960**). Electrical Engineering Science. McGraw-Hill Book Company, Inc. New York, U.S.A. p.588.

Crosno, C. D. (**1968**). Fundamentals of Electromechanical Conversion. Hardcourt, Brace & World, Inc. New York, U. S. A. p. 215.

Cutler, P. (**1976**). Análises de Circuitos CA. Editora McGraw-Hill do Brasil Ltda. São Paulo, S. P.. p. 351.

Dekker, A. J. (**1967**). Electrical Engineering Materials. Prentice-Hall of India. New Delhi, India. p. 208.

Del Toro, V. (**1968**). Electromechanical Energy Conversion. Prentice-Hall, Inc. Englewood Cliffs, New Jersey, U. S. A. p. 617.

Gozzi, G. G. M. (**1996**). Circuitos Magnéticos. Editora Érica Ltda. São Paulo. S. P..p. 140.

Kosow, I. L. (**1964**). Electric Machinery and Control. Prentice-Hall, Inc. Englewood Cliffs, New Jersey, U. S. A. p. 707.

Meisel, J. (**1969**). Princípios de Conversion de Energia Electromecanica. Libros McGraw-Hill. Madrid, Spaña. p. 647.

Morris, N. M. (**1975**). Electrical Circuits and Systems. The MacMillan Press Ltd. London. U. K. p.270.

Schmitz, N. L. e D. W. Novotny. (**1965**). Introductory Electromechanics. The Ronald Press Co. New York, U. S. A. p. 315.

Slemon, G. R..(**1966**). Magnetoelectric Devices - Transducers, Transformers and Machines. John Wiley and Sons, Inc. New York, U. S. A.. p. 544.

Densidade de Energia Armazenada nos Campos Elétrico e Magnético

6.1: FUNDAMENTOS

Definindo "Densidade de Energia Armazenada" como sendo a relação entre a energia armazenada em um campo e o volume do armazém de energia de um determinado dispositivo, pode-se determinar a densidade de energia armazenada em um campo elétrico presente em um capacitor de placas planas e paralelas, como o mostrado na figura 6.1.

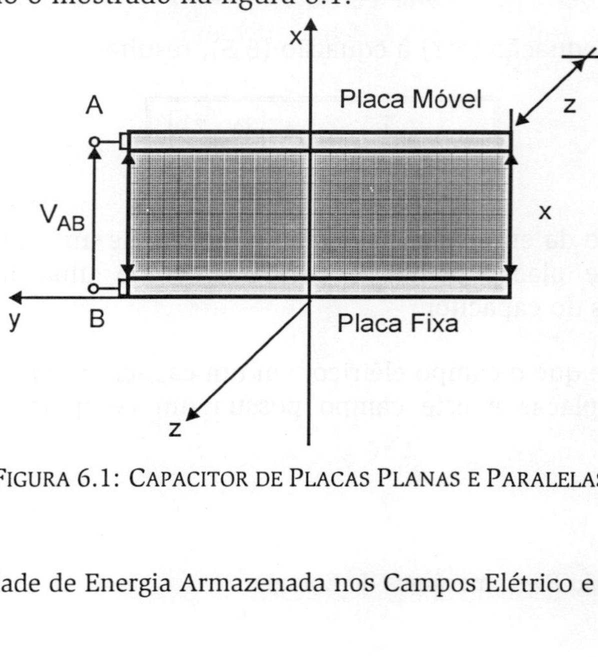

FIGURA 6.1: CAPACITOR DE PLACAS PLANAS E PARALELAS.

Supor que o capacitor da figura 6.1 possua como dielétrico o ar, com permissividade elétrica $\varepsilon = \varepsilon_o$ e tenha uma tensão aplicada entre suas placas igual a **V** volts. Para esse capacitor, pode-se escrever:

$$C(x) = \frac{\varepsilon \cdot (y \cdot z)}{x} \tag{6.1}$$

que é o valor da capacitância ou da capacidade de um capacitor de placas planas e paralelas. A energia armazenada na forma de um campo elétrico para um dispositivo de tal natureza pode ser expressa pela equação (6.2), demonstrada no capítulo 5. Um capacitor de placas planas e paralelas, que tenha um dielétrico de permissividade elétrica ε não variável com a tensão aplicada em seus terminais, pode ser considerado como um dispositivo eletricamente linear. Como, para os dispositivos eletricamente lineares, pode-se escrever:

$$W_A = \frac{1}{2} \cdot q \cdot v \tag{6.2}$$

e:

$$C(x) = \frac{q}{v} \tag{6.3}$$

Resulta:

$$W_A = \frac{1}{2} \cdot \frac{q^2}{C(x)} \tag{6.4}$$

ou ainda:

$$\boxed{W_A = \frac{1}{2} \cdot C(x) \cdot v^2} \tag{6.5}$$

Levando a equação (6.1) à equação (6.5), resulta:

$$\boxed{W_A = \frac{1}{2} \cdot \varepsilon_o \cdot v^2 \cdot \left[\frac{(y \cdot z)}{x} \right]} \tag{6.6}$$

que é a expressão da energia armazenada na forma de um campo elétrico para um capacitor de placas planas e paralelas, como uma função das suas dimensões físicas do capacitor.

Supondo-se que o campo elétrico, em um capacitor com tal geometria, só exista entre as placas e este campo possua um comportamento uniforme, escreve-se:

$$E = \left[\frac{V}{x} \right] \quad (6.7)$$

Substituindo a equação (6.7) na equação (6.6), resulta:

$$W_A = \frac{1}{2} \cdot \varepsilon_o \cdot (x \cdot y \cdot z) \cdot E^2 \quad (6.8)$$

O produto (x.y.z) representa o volume do dielétrico do capacitor em estudo. Esse volume será representado por V_{OL}. Levando essa constatação à equação (6.8), que expressa a energia armazenada em um capacitor de placas planas e paralelas, obtém-se:

$$\boxed{W_A = \frac{1}{2} \cdot E^2 \cdot \varepsilon_o \cdot (V_{OL})} \quad (6.8a)$$

De forma geral, para um capacitor de placas planas e paralelas, dotado de um dielétrico homogêneo de permissividade elétrica ε, pode-se escrever:

$$\boxed{W_A = \frac{1}{2} \cdot E^2 \cdot \varepsilon \cdot (V_{OL})} \quad (6.9)$$

6.2: DENSIDADE DE ENERGIA ARMAZENADA NO CAMPO ELÉTRICO

A partir da definição de "Densidade de Energia Armazenada" em um campo, resulta:

$$w_{AE} = \frac{W_A}{V_{OL}} = \frac{1}{2} \cdot [\ E^2 \cdot \varepsilon\ ] \quad (6.10a)$$

ou ainda:

$$\boxed{w_{AE} = \frac{1}{2} \cdot [\ E^2 \cdot \varepsilon\ ]} \quad (6.10b)$$

em que w_{AE} é a energia armazenada por unidade de volume do dielétrico em um campo elétrico. A equação (6.10b) é geral e aplica-se a capacitores com dielétricos de qualquer geometria.

A energia armazenada em um campo elétrico, como se pode observar a partir da equação (6.9), é proporcional ao quadrado da intensidade do campo elétrico **E**, proporcional ao volume do dielétrico e à permissividade elétrica do referido. Assim, capacitores com dielétricos diferentes do ar são capazes de armazenar maior quantidade de energia, desde que a permissividade desse dielétrico seja maior do que a do ar. O Quadro 6.1 mostra, para comparação, a permissividade elétrica relativa de alguns materiais segundo a obra Eletromagnetismo, do autor J. D. Kraus.

A permissividade elétrica relativa de uma determinada substância ou de um material é obtida a partir da permissividade absoluta do referido material e da permissividade elétrica absoluta do vácuo, como mostra a equação (6.11):

$$\varepsilon_R = \left[\frac{\varepsilon}{\varepsilon_0}\right] \tag{6.11}$$

sendo

$$\varepsilon_0 = 8{,}85 \cdot 10^{-12} \quad F/m \tag{6.12}$$

a permissividade elétrica absoluta do vácuo em unidades do sistema MKS-Giorgi.

QUADRO 6.1: PERMISSIVIDADE RELATIVA DE ALGUNS MATERIAIS

MATERIAL	PERMISSIVIDADE RELATIVA (ε_R)
Vácuo	1
Ar	1,0006
Parafina	2,1
Madeira compensada	2,1
Poliestireno	2,7
Borracha	3
Quartzo	5
Mica	6
Mármore	8
Amônia líquida	22
Água destilada	81

FONTE: ELETROMAGNETISMO - AUTOR: J.D. KRAUS.

No Quadro 6.2 são apresentados os valores de rigidez dielétrica de alguns materiais, para observação e análise, segundo o autor J.D.Kraus, em sua obra Eletromagnetismo.

QUADRO 6.2: RIGIDEZ DIELÉTRICA DE ALGUNS MATERIAIS

MATERIAL	RIGIDEZ DIELÉTRICA (MV/m)
Ar (pressão 1 atm.)	3
Óleo (mineral)	15
Polistireno	20
Borracha	21
Vidro	30
Parafina	30
Quartzo (fundido)	30
Mica	200

Com o auxílio dos dados fornecidos nos quadros 6.1 e 6.2 e das equações apresentadas, pode-se calcular a condição de operação limite para um determinado capacitor, por exemplo, o capacitor da figura 6.1. Supondo que ele opere com um valor de campo elétrico bastante elevado, próximo do ponto de disruptura do dielétrico, ter-se-á:

$$E = 2{,}5\ \text{MV/m}$$

Admitindo que:

$$\varepsilon_0 = \varepsilon_{AR}$$

A energia armazenada por unidade de volume de dielétrico será:

$$w_{AE} = \frac{1}{2} \cdot (2{,}5 \cdot 10^6)^2 \cdot 8{,}85 \cdot 10^{-12}$$

em que:

$$\boxed{w_{AE} = 27{,}66\ \ J/m^3}$$

A densidade volumétrica de energia armazenada para o dispositivo acima pode ser grandemente aumentada se for utilizado um dielétrico que apresente permissividade elétrica muito maior. Se utilizar-se, por exemplo, a mica, a densidade volumétrica de energia armazenada aumentará em cerca de seis vezes. Mesmo assim, operando com bons dielétricos, os dispositivos que operam no campo elétrico não conseguem valores elevados de densidade de energia armazenada, dificultando a construção de conversores de energia de elevadas potências que operem unicamente no campo elétrico. Por essa razão, os dispositivos que operam no campo elétrico geralmente são empregados na construção de sensores e instrumentos de medida e, dificilmente, na construção de conversores de potência ou máquinas de energia.

6.3: DENSIDADE DE ENERGIA ARMAZENADA NO CAMPO MAGNÉTICO

6.3.1: ASPECTOS GERAIS

Utilizando um dispositivo que opere no campo magnético, dispositivo de construção bastante simples como o mostrado na figura 6.2, pode-se determinar ou equacionar a energia armazenada por unidade de volume no campo magnético. O processo de cálculo é semelhante ao empregado para a determinação da energia armazenada na forma de um campo elétrico

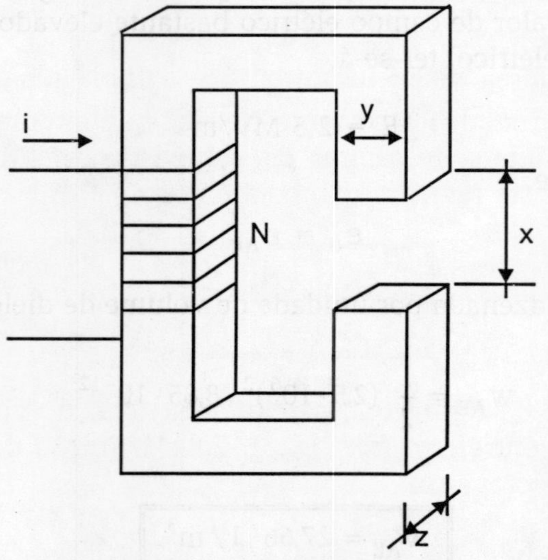

FIGURA 6.2: INDUTOR COM NÚCLEO DE MATERIAL FERROMAGNÉTICO.

Admitindo que o indutor da figura 6.2 trabalha com permeabilidade magnética constante, invariável com a corrente que circula pelo seu enrolamento, pode-se dizer que esse indutor é magneticamente linear. Se for possível dizer, que o indutor é magneticamente linear, poder-se-á admitir para ele, uma função matemática, unicamente da variável *x*, e definir a Função Indutância L(x) dada por:

$$L(x) = \left[\frac{\lambda(t)}{i(t)}\right] \tag{6.12}$$

em que λ represente o fluxo magnético concatenado pela bobina do indutor. Para os dispositivos eletromagnéticos que operam no campo magnético e sejam magneticamente lineares, demonstrar-se-á no capítulo 7 que a energia armazenada tem por expressão:

$$\boxed{W_A = \frac{1}{2} \cdot L(x) \cdot i^2} \tag{6.13}$$

Da teoria dos Circuitos Magnéticos, alcançam-se algumas relações bastante importantes:

$$\lambda(t) = (N \cdot \phi(t)) \tag{6.14a}$$

$$\Im mm(t) = (N \cdot i(t)) \tag{6.14b}$$

$$\Im mm(t) = \Re_T(x) \cdot \phi(t) \tag{6.14c}$$

em que $\Im$ **mm** é a força magnetomotriz, ϕ é o fluxo magnético, $\Re_T(x)$ é a relutância total do circuito, **i** a corrente elétrica que circula pelo enrolamento do indutor e **N** o número de espiras da bobina do referido. A expressão da indutância L(x) pode ser rescrita e ganha a forma:

$$\boxed{L(x) = \left[\frac{N^2}{\Re_T(x)}\right]} \tag{6.15}$$

Para o indutor da figura 6.2, a relutância total do circuito é devido ao núcleo de ferro e ao entreferro (air - gap). Pela definição de relutância de um circuito magnético, escreve-se:

$$\Re_T(x) = \Re_{FE} + \Re_{AR}(x) \tag{6.16}$$

ou ainda:

$$\Re_T(x) = \frac{1}{\mu_{FE}} \cdot \frac{l_{FE}}{S_{FE}} + \frac{1}{\mu_{AR}} \cdot \frac{l_{AR}}{S_{AR}} \tag{6.17}$$

Levando a equação (6.17) à equação (6.16), resulta:

$$\Re_T(x) = \frac{1}{\mu_{FE}} \cdot \frac{l_{FE}}{S_{FE}} + \frac{1}{\mu_{AR}} \cdot \frac{x}{S_{FE}} \tag{6.18}$$

Porque:

$$S_{AR} = S_{FE} \tag{6.19}$$

admitindo que a estrutura magnética em estudo não apresenta espraiamento de campo magnético.

O Quadro 6.3 mostra a permeabilidade magnética relativa de diversas substâncias em ordem crescente de permeabilidade. Os valores dados para materiais ferromagnéticos representam o valor máximo para a permeabilidade relativa. Nos materiais diamagnéticos, a magnetização é oposta ao campo aplicado, enquanto nos materiais paramagnéticos, ela se dá no mesmo sentido do campo. Os materiais dos dois grupos apresentam efeitos magnéticos relativamente inexpressivos. Os materiais do grupo ferromagnético, por outro lado, apresentam efeitos magnéticos muito intensos. A magnetização nos materiais ferromagnéticos é no mesmo sentido do campo magnético estabelecido, como acontece nos materiais paramagnéticos. Muitas substâncias apresentam efeitos magnéticos tão fracos que são chamadas de não magnéticas. Todavia, o vácuo é o único meio verdadeiramente não magnético, segundo J. D. Kraus, na obra Eletromagnetismo.

A permeabilidade magnética de uma determinada substância é dada em função da permeabilidade do vácuo a partir da permeabilidade magnética relativa da referida:

$$\mu_R = \frac{\mu_{ABSOLUTO}}{\mu_0} \tag{6.20}$$

em que:

$$\mu_0 = 4 \cdot \pi \cdot 10^{-7} \left(\text{Henry}/_{\text{m}} \right) \tag{6.21}$$

Admitindo que a permeabilidade relativa do ferro que constitui o núcleo do indutor da figura 6.2 vale 7.000, poder-se-á rescrever a equação (6.18):

$$\Re_T(x) \cong \frac{x}{\mu_0 \cdot S_{FE}} \tag{6.22}$$

Levando a equação (6.22) à equação (6.15), resulta:

$$L(x) = \left[\mu_o \cdot \frac{N^2 \cdot S_{FE}}{x} \right] \tag{6.23}$$

A equação (6.13) ensina que a energia armazenada em um dispositivo que opera no campo magnético tem por expressão:

$$W_A(t) = \frac{1}{2} \cdot L(x) \cdot i(t)^2 \tag{6.24}$$

Levando a equação (6.23) à equação (6.24), resulta:

$$W_A(t) = \frac{1}{2} \cdot \mu_0 \cdot \frac{N^2 \cdot S_{FE}}{x} \cdot i(t)^2 \tag{6.25}$$

QUADRO 6.3: PERMEABILIDADE RELATIVA DE ALGUNS MATERIAIS OU SUBSTÂNCIAS

MATERIAL	TIPO	PERMEABILIDADE RELATIVA (μ_R)
Prata	diamagnético	0,99998
Cobre	diamagnético	0,999991
Água	diamagnético	0,999991
Vácuo	Não magnético	1
Ar	paramagnético	1,0000004
Alumínio	paramagnético	1,00002
Cobalto	Ferromagnético	250
Níquel	Ferromagnético	600
Aço Doce (0,2% Carbono)	Ferromagnético	5.000
Ferro (0,2% Impureza)	Ferromagnético	5.000
Ferro-Silício (4% Si)	Ferromagnético	7.000
Ferro Purificado (0,05% Imp.)	Ferromagnético	200.000

FONTE: ELETROMAGNETISMO - AUTOR: J.D. KRAUS.

Por outro lado, a equação (6.22) levanta a possibilidade de poder dizer que, dada a permeabilidade do ferro ser muito maior do que a permeabilidade magnética do ar, a relutância magnética da parte de ferro do dispositivo é muito menor do que a relutância magnética do entreferro e, dessa forma, dizer-se, sem grande erro, que, praticamente, toda energia na forma de um campo magnético está concentrada no entreferro do referido dispositivo. Isso posto, pode-se, de forma bastante segura, escrever:

$$\Im mm(t) = N \cdot i(t) \tag{6.26}$$

ou ainda:

$$\Im mm(t) = \Re_T(x) \cdot B(t) \cdot S_{FE} \tag{6.27}$$

Comparando as equações (6.26) e (6.27), resulta:

$$N \cdot i(t) = \Re_T(x) \cdot B(t) \cdot S_{FE} \tag{6.28}$$

Levando a equação (6.28) à equação (6.25), resulta:

$$W_A(t) = \frac{1}{2} \cdot \mu_0 \cdot \left[\frac{1}{\mu_o} \cdot \frac{x}{S_{FE}} \right]^2 \cdot B(t)^2 \cdot S_{FE}{}^2 \cdot \frac{S_{FE}}{x} \tag{6.29}$$

Operando a equação (6.29), alcança-se:

$$\boxed{W_A(t) = \frac{1}{2} \cdot \left[\frac{B(t)^2}{\mu_o} \right] \cdot (S_{FE} \cdot x)} \tag{6.30}$$

em que ($S_{FE}.x$) é o volume do entreferro e será representado por $\mathbf{V_{ol}}$.

Por outro lado, define-se como Densidade de Energia Armazenada em um campo, seja elétrico ou magnético, a relação:

$$\boxed{w_{AM}(t) = \left[\frac{W_A(t)}{(V_{ol})} \right]} \tag{6.31}$$

e:

$$\boxed{w_{AM}(t) = \frac{1}{2} \cdot \left[\frac{B(t)^2}{\mu_o} \right]} \tag{6.32}$$

Levando valores numéricos à equação (6.32), resulta:

$$w_{AM} = \frac{1}{2} \cdot \left[\frac{(0{,}7)^2}{4 \cdot \pi \cdot 10^{-7}} \right] \tag{6.33}$$

em que:

$$\boxed{w_{AM} = 194.964{,}8 \ \ J/m^3} \tag{6.34}$$

que é a Densidade Volumétrica de Energia Armazenada, na forma de um campo magnético, no entreferro do dispositivo conversor. Comparando com aquela energia armazenada na forma de um campo elétrico, resulta:

$$\frac{w_{AM}}{w_{AE}} = \frac{194.964{,}8}{27{,}66}$$

$$\boxed{\frac{w_{AM}}{w_{AE}} = 7048{,}62} \tag{6.35}$$

isto é, usando valores bastante normais para a Densidade de Campo Magnético no entreferro, conseguiu-se Densidade Volumétrica de Energia para o campo magnético 7000 vezes maior do que para o campo elétrico. Este exemplo mostra por que as Máquinas de Energia e as Máquinas de Força, na sua totalidade, operam no campo magnético.

6.4: CONSIDERAÇÕES

O equacionamento dos itens anteriores e os valores numéricos obtidos mostram que a conversão eletromecânica de energia no campo elétrico está, praticamente, reservada a dispositivos conversores que envolvam pequenos níveis de potência. Porém, por outro lado, esses dispositivos que operam com reduzido nível de potência podem apresentar elevadas fidelidade e sensibilidade, que são importantes propriedades no sensoriamento e na aquisição de sinais e na transdução de grandezas de um campo de energia para outro.

6.5: BIBLIOGRAFIA RECOMENDADA PARA O CAPÍTULO

Cutler, P. (**1976**). Análises de Circuitos CA. Editora McGraw-Hill do Brasil Ltda. São Paulo, S. P.. p. 351.

Clement, P. R. e Johnson, W. C. (**1960**). Electrical Engineering Science. McGraw-Hill Book Company, Inc. New York, U.S.A. p.588.

Crosno, C. D. (**1968**). Fundamentals of Electromechanical Conversion. Hardcourt, Brace & World, Inc. New York, U. S. A. p. 215.

Dekker, A. J. (**1967**). Electrical Engineering Materials. Prentice-Hall of Índia. New Delhi, India. p. 208.

Del Toro. (**1968**). Electromechanical Devices for Energy Conversion and Control Systems. Prentice-Hall, Inc. Englewood Cliffs, New Jersey, U. S. A. p. 617.

Gozzi, G. G. M. (**1996**). Circuitos Magnéticos. Editora Érica Ltda. São Paulo. S. P. p. 140.

Herranz, G. (**1980**). Convertidores Electromecánicos de Energia. Marcombo - Boixareu Editores. Barcelona, Spaña. p. 350.

Kosow, I. L. (**1964**). Electric Machinery and Control. Prentice-Hall, Inc. Englewood Cliffs, New Jersey, U. S. A. p. 707.

Meisel, J. (**1969**). Princípios de Conversion de Energia Elétrica Electromecánica. Libros McGraw-Hill. Madrid, Spaña. p.647.

Morris, N. M. (**1975**). Electrical Circuits and Systems. The MacMillan Press Ltd. London. U. K. p.270.

Schmitz, N. L. e Novotny, D. W. (**1965**). Introductory Electromechanics. The Ronalds Press Co. New York, U.S.A. p.315.

Conversão Eletromecânica de Energia no Campo Magnético

7.1: FUNDAMENTOS

De forma semelhante ao que se fez no capítulo 5, mostra-se, neste capítulo, que os conversores eletromecânicos de energia que operam no campo magnético seguem os mesmos princípios fundamentais já estudados para o campo elétrico:

- *Princípio da Conservação da Energia*
- *Princípio dos Trabalhos Virtuais*
- *Princípio da Reversibilidade*

Neste capítulo, mais facilmente, poderão ser encontrados exemplos de dispositivos e equipamentos práticos porque são muitos os dispositivos que operam no campo magnético e, mais facilmente, poder-se-ão encontrar exemplos de dispositivos que trabalham com duas ou mais portas elétricas.

Seja, por exemplo, o motor elétrico usado para acionar o ventilador de teto usado em residências, salas de aulas, escritórios, etc. Esse ventilador é um conversor eletromecânico de energia de pequena potência, que opera em corrente alternada. É composto de uma máquina de indução monofásica, dotada de dois enrolamentos defasados de $\pi/2$ radianos elétricos no espaço do entreferro, alojados no estator dela. Um capacitor com dielétrico a óleo é colocado em série com um dos enrolamentos. Para proceder à inversão de rotação do motor, troca-se, por meio de uma chave comutadora externa, o enrolamento que está ligado ao capacitor. A figura 7.1, apresenta o circuito eletromecânico do motor em análise.

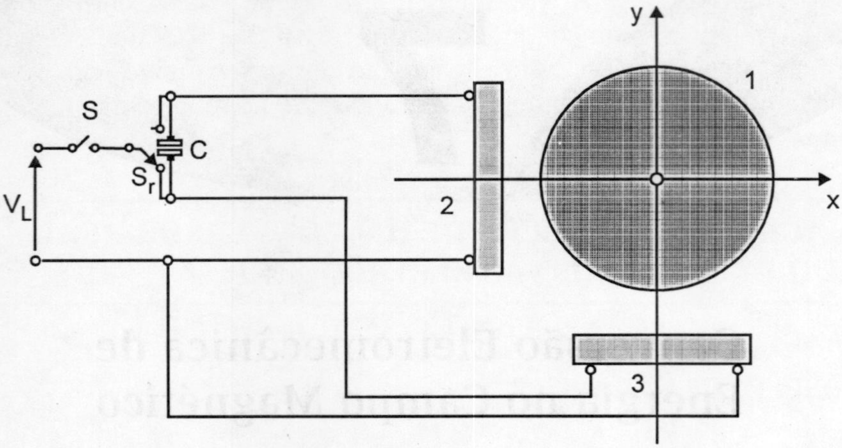

FIGURA 7.1: MOTOR MONOFÁSICO COM CAPACITOR PERMANENTE.

Convenção para a figura 7.1:

1- Rotor Gaiola de Esquilo.

2- Enrolamento Estatórico colocado sobre o eixo x.

3- Enrolamento Estatórico colocado sobre o eixo y.

C- Capacitor de Marcha e de Partida.

Sr- Chave Reversora (permite a reversão do sentido de marcha do motor).

S- Chave Liga-Desliga.

As correntes que circulam pela gaiola de esquilo, alojada no rotor, são correntes induzidas e não correntes fornecidas por fonte externa. Portanto, nessa família de máquinas, denominadas máquinas de indução, o rotor recebe energia por indução magnética à semelhança do secundário de um transformador. Não existe conexão elétrica entre o rotor e a fonte de alimentação de energia elétrica. O capacitor C, colocado estrategicamente no circuito, pode ficar em série com um ou com outro enrolamento, dependendo da posição da chave reversora - S_R. Dessa forma, um sentido de rotação é impresso ao rotor. Definido esse sentido pela colocação do capacitor em série com o enrolamento 3 ou 4, o sentido de marcha está definido. Cessa a primeira função do capacitor e agora este passa a trabalhar como "corretor do fator de potência" da alimentação. Os motores monofásicos que trabalham com capacitor permanentemente ligado ao sistema acabam oferecendo um fator de potência final mais elevado do que aqueles em que o capacitor só é empregado para auxiliar a partida do motor e, isso feito, é desconectado da rede. O capacitor empregado nos motores dessa família de ventiladores tem capacidade relativamente pequena (entre 8 μ_F e 15 μ_F). O valor da capacitância do capacitor está ligado ao escorregamento do rotor e à impedância oferecida à corrente, pelo enrolamento ao qual está conectado.

7.2: DIAGRAMA DE BLOCOS DE UM CONVERSOR REAL DOTADO DE DUAS PORTAS ELÉTRICAS

7.2.1: ASPECTOS GERAIS

Observando a forma de operar do conversor da figura 7.1, pode-se desenvolver um diagrama de blocos que permite analisá-lo do ponto de vista energético. A colocação do capacitor em série com um dos enrolamentos do estator permitiu que o sentido de rotação da máquina fosse definido e que ela pudesse operar conectada a uma alimentação formada por dois condutores elétricos, alimentação essa denominada MONOFÁSICA. Portanto, a máquina empregada nessa família de ventiladores possui no estator, dois enrolamentos e, por meio de uma estratégia de alimentação, um dos enrolamentos é levado a uma situação elétrica diferente da do outro, isto é, um é ligado diretamente à rede de alimentação e o outro é ligado à rede, por meio de um capacitor colocado em série com o referido. Dessa forma, a corrente elétrica que circula pelo enrolamento diretamente ligado à rede está, eletricamente, atrasada daquela que circula pelo enrolamento que possui o capacitor. Tudo se passa como se duas fontes eletricamente distintas, eletricamente defasadas entre si, alimentassem os enrolamentos do estator do motor e o motor se comporta como se possuísse DUAS PORTAS ELÉTRICAS. Motores com essa concepção são chamados de MOTORES DIFÁSICOS. No diagrama de blocos, o motor analisado tem duas portas elétricas de entrada e uma porta mecânica de saída que é o seu eixo motriz.

Convenção para a figura 7.2:

Bloco 1: Representa as perdas no ferro, no cobre e as dispersões de fluxo magnético na porta 1.

Bloco 2: Representa as perdas no ferro, no cobre e as dispersões de fluxo magnético na porta 2.

Bloco 3: Represente o conversor eletromecânico de energia ideal.

Bloco 4: Representa o armazém de energia do conversor eletromecânico de energia real (energia armazenada na forma de um campo magnético).

Bloco 5: Representa as perdas mecânicas do conversor real (atrito, ventilação e ruídos).

Bloco 6: Representa o armazém de energia na forma de um fluxo magnético de dispersão na porta 1.

Bloco 7: Representa o armazém de energia na forma de um fluxo magnético de dispersão na porta 2.

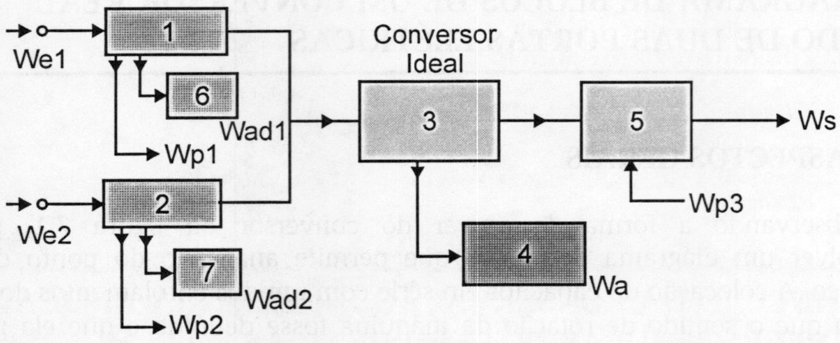

FIGURA 7.2: DIAGRAMA DE BLOCOS DE UM CONVERSOR SOB ANÁLISE (DUAS PORTAS ELÉTRICAS).

Um balanço de energia efetuado no diagrama de blocos da figura 7.2 permite escrever:

$$W_{E1} + W_{E2} = W_{P1} + W_{AD1} + W_{P2} + W_{AD2} + W_A + W_{P3} + W_S \tag{7.1}$$

Associando os elementos pertencentes à mesma porta de entrada, resulta:

$$(W_{E1} - W_{P1} - W_{AD1}) + (W_{E2} - W_{P2} - W_{AD2}) = W_A + (W_{P3} + W_S) \tag{7.2}$$

que leva a:

$$W'_{E1} + W'_{E2} = W_A + W'_S \tag{7.3}$$

que representa um balanço de energia às portas do conversor eletromecânico de energia ideal. É a equação característica do Bloco 3 para um CONVERSOR IDEAL dotado de duas portas elétricas de acesso e uma porta mecânica de saída. Observando as perdas W_{P1}, W_{P2} e W_{P3}, pode-se enunciar:

A) Perdas de Natureza Elétrica:

- *perdas no ferro:*
  - *Foucault*
  - *Histerese*
  - *Magnetostrição*
- *perdas no cobre:*
  - *Joule*

B) Perdas de Natureza Mecânica:

- *Atrito*
- *Ventilação*
- *Ruídos*

7.3: PRINCÍPIO DA CONSERVAÇÃO DA ENERGIA APLICADO AO CONVERSOR IDEAL DOTADO DE DUAS PORTAS ELÉTRICAS E OPERANDO NO CAMPO MAGNÉTICO

7.3.1: INTRODUÇÃO

No item 7.2, demonstrou-se que, para um conversor eletromecânico de energia ideal dotado de duas portas elétricas, pode-se escrever:

$$W'_{E1} + W'_{E2} = W_A + W'_S \tag{7.3}$$

Um balanço de energia realizado às portas do conversor ideal, no instante t_1, fornece:

$$W'_{E1_{(1)}} + W'_{E2_{(1)}} = W_{A(1)} + W'_{S(1)} \tag{7.4}$$

Novo balanço às portas do referido conversor, no instante t_2, fornece:

$$W'_{E1_{(2)}} + W'_{E2_{(2)}} = W_{A(2)} + W'_{S(2)} \tag{7.5}$$

No intervalo Δt, a variação de energia no sistema pode ser expressa por:

$$(W'_{E1_{(2)}} - W'_{E1_{(1)}}) + (W'_{E2_{(2)}} - W'_{E2_{(1)}}) = (W_{A_{(2)}} - W_{A_{(1)}}) + (W'_{S_{(2)}} - W'_{S_{(1)}}) \qquad (7.6)$$

ou ainda:

$$\boxed{\Delta W_{E1} + \Delta W_{E2} = \Delta W_A + \Delta W_S} \qquad (7.7)$$

equação que espelha a variação de energia às portas do conversor ideal no intervalo de tempo Δt.

Da convenção de motor ou de receptor estabelecida em capítulo anterior e que será respeitada e adotada ao longo de todo este trabalho, para o conversor ideal dotado de duas portas elétricas e uma porta mecânica, escreve-se:

$$\Delta W_{E1} + \Delta W_{E2} = \Delta W_A + \Delta W_S \qquad (7.8)$$

Por outro lado, no intervalo de tempo Δt, em termos de potência média solicitada à fonte a energia demandada por cada porta elétrica pelo conversor ideal, tem por expressão:

$$pm_1 \cdot \Delta t + pm_2 \cdot \Delta t = \Delta W_A + \Delta W_S \qquad (7.9a)$$

O Princípio dos Trabalhos Virtuais, aplicado à porta de saída do conversor ideal, permite:

$$fm \cdot \Delta x = \Delta W_S \qquad (7.9b)$$

Levando a equação (7.9b) à equação (7.9a), resulta:

$$pm_1 \cdot \Delta t + pm_2 \cdot \Delta t = \Delta W_A + fm \cdot \Delta x \qquad (7.10a)$$

A tensão aplicada às portas do conversor ideal é igual à variação do fluxo concatenado no tempo, isto é:

$$vm = \frac{\Delta \lambda}{\Delta t} \qquad (7.10b)$$

Por outro lado, sabe-se que:

$$pm = vm \,.\, im \qquad (7.11)$$

Levando essas considerações à equação (7.10a), resulta:

$$im_1 \cdot \frac{\Delta\lambda_1}{\Delta t} \cdot \Delta t + im_2 \cdot \frac{\Delta\lambda_2}{\Delta t} \cdot \Delta t = \Delta W_A + fm \cdot \Delta x \tag{7.12}$$

Efetuando os cancelamentos e remanejamentos possíveis, escreve-se:

$$fm \cdot \Delta x = im_1 \cdot \Delta\lambda_1 + im_2 \cdot \Delta\lambda_2 - \Delta W_A \tag{7.13}$$

em que:

$$fm = im_1 \cdot \frac{\Delta\lambda_1}{\Delta x} + im_2 \cdot \frac{\Delta\lambda_2}{\Delta x} - \frac{\Delta W_A}{\Delta x} \tag{7.14}$$

Passando o limite, para $\Delta t \to 0$ ($\Delta x \to 0$), resulta:

$$\boxed{f = i_1 \cdot \frac{d\lambda_1}{dx} + i_2 \cdot \frac{d\lambda_2}{dx} - \frac{dW_A}{dx}} \tag{7.15}$$

que caracteriza a força portante que atua num dispositivo dotado de duas portas elétricas, operando no campo magnético.

7.4: PRINCÍPIO DA CONSERVAÇÃO DA ENERGIA APLICADO AO CONVERSOR IDEAL DOTADO DE N PORTAS ELÉTRICAS E OPERANDO NO CAMPO MAGNÉTICO

7.4.1: INTRODUÇÃO

No item 7.3, demonstrou-se que para um conversor eletromecânico de energia ideal, dotado de duas portas elétricas, pode-se escrever:

$$\boxed{f = i_1 \cdot \frac{d\lambda_1}{dx} + i_2 \cdot \frac{d\lambda_2}{dx} - \frac{dW_A}{dx}} \tag{7.15}$$

que caracteriza a força portante que atua num dispositivo dotado de duas portas elétricas, operando no campo magnético. Para um dispositivo dotado de n portas elétricas, operando no campo magnético, escreve-se:

$$f = i_1 \cdot \frac{d\lambda_1}{dx} + i_2 \cdot \frac{d\lambda_2}{dx} + i_3 \cdot \frac{d\lambda_3}{dx} + \ldots + i_n \cdot \frac{d\lambda_n}{dx} - \frac{dW_A}{dx} \qquad (7.16)$$

De uma forma geral, um dispositivo eletromecânico que opere no campo magnético, e que possua n portas elétricas de acesso e uma porta mecânico-motriz, tem por expressão:

$$f = \sum_{k=1}^{n} i_k \cdot \frac{d\lambda_k}{dx} - \frac{dW_A}{dx} \qquad (7.17)$$

Esta equação é geral e aplica-se a conversores eletromecânicos, magneticamente lineares ou não, dotados de n portas elétricas de entrada.

7.5: TRATAMENTOS MATEMÁTICOS

7.5.1: ASPECTOS GERAIS

De forma semelhante ao que se fez com os conversores que operam no campo elétrico, para os conversores que operam no campo magnético o leitor deverá desenvolver ou adotar um tratamento matemático que possa atender à sua particular análise.

Nos conversores que operam no campo magnético, pode-se introduzir, com maior propriedade, o conceito de n portas elétricas, isto é, podem-se encontrar conversores eletromecânicos dotados duas, três ou mais portas elétricas. Quanto às portas mecânicas, mesmo que se pudesse teorizar caracterizando um conversor de dotado de p portas mecânicas, não se encontrará, na prática, tal conversor. Por esta razão, ater-se-á a conversores eletromecânicos dotados de n portas elétricas e uma porta mecânica.

Inspeção realizada à equação (7.11) e ao conversor ideal, permite escrever que o modelo matemático do conversor ideal conduz o pesquisador a dois casos particulares:

1º Caso: As variáveis independentes na porta elétrica são:

$$i_1, i_2, i_3, \ldots\ldots\ldots i_n$$

A variável independente na porta mecânica é:

$$x$$

$$W_E^{'} \Rightarrow \begin{bmatrix} \lambda_1, \lambda_2, \lambda_3, \ldots\ldots \lambda_n \\ i_1, i_2, i_3, \ldots\ldots\ldots i_n \end{bmatrix} \Rightarrow [B] \Rightarrow \begin{bmatrix} f \\ x \end{bmatrix} \Rightarrow W_S^{'}$$

FIGURA 7.3: MODELO MATEMÁTICO PARA UM CONVERSOR IDEAL DE N PORTAS ELÉTRICAS DE ACESSO E UMA PORTA MECÂNICA DE SAÍDA.

Como conseqüência, as variáveis dependentes das portas elétricas serão:

$$\lambda_1 = \lambda_1(i_1, i_2, i_3, \ldots\ldots i_n, x)$$

$$\lambda_2 = \lambda_2(i_1, i_2, i_3, \ldots\ldots i_n, x) \qquad (7.18a)$$

$$\lambda_3 = \lambda_3(i_1, i_2, i_3, \ldots\ldots i_n, x)$$

Aplicando o modelo proposto acima a um conversor ideal de duas portas elétricas e uma porta mecânica, encontra-se para a força portante:

$$\boxed{f = i_1 \cdot \frac{d\lambda_1}{dx} + i_2 \cdot \frac{d\lambda_2}{dx} - \frac{dW_A}{dx}} \qquad (7.18b)$$

que é a equação geral da força portante que atua num dispositivo eletromecânico, que opera no campo magnético.

Por outro lado, para as variáveis dependentes que, no particular caso, são fluxos magnéticos concatenados, resulta:

$$\lambda_1 = \lambda_1(i_1, i_2, x) \qquad (7.19)$$

$$\lambda_2 = \lambda_2(i_1, i_2, x)$$

Conseqüentemente, a energia armazenada na forma de um campo magnético será expressa por:

$$W_A = W_A(i_1, i_2, x) \qquad (7.20)$$

Efetuando as derivadas apresentadas na equação (7.18), resulta:

$$\frac{d\lambda_1}{dx} = \frac{\partial\lambda_1}{\partial i_1} \cdot \frac{di_1}{dx} + \frac{\partial\lambda_1}{\partial i_2} \cdot \frac{di_2}{dx} + \frac{\partial\lambda_1}{\partial x} \cdot \frac{dx}{dx} \qquad (7.21a)$$

Como i_k e x são variáveis independentes nas portas elétricas e mecânica do conversor ideal, respectivamente, di_1/dx e di_2/dx são nulas. Assim:

$$\frac{d\lambda_1}{dx} = \frac{\partial\lambda_1}{\partial x} \tag{7.21b}$$

Por outro lado:

$$\frac{d\lambda_2}{dx} = \frac{\partial\lambda_2}{\partial i_1}\cdot\frac{di_1}{dx} + \frac{\partial\lambda_2}{\partial i_2}\cdot\frac{di_2}{dx} + \frac{\partial\lambda_2}{\partial x}\cdot\frac{dx}{dx} \tag{7.22a}$$

Sendo di_1/dx e di_2/dx nulas, porque i_1, i_2 e x são variáveis independentes, resulta:

$$\frac{d\lambda_2}{dx} = \frac{\partial\lambda_2}{\partial x} \tag{7.22b}$$

Prosseguindo na análise das derivadas da equação (7.18), encontra-se:

$$\frac{dW_A}{dx} = \frac{\partial W_A}{\partial i_1}\cdot\frac{di_1}{dx} + \frac{\partial W_A}{\partial i_2}\cdot\frac{di_2}{dx} + \frac{\partial W_A}{\partial x}\cdot\frac{dx}{dx} \tag{7.23a}$$

Sendo di_1/dx e di_2/dx nulas pelas razões expostas, resulta:

$$\frac{dW_A}{dx} = \frac{\partial W_A}{\partial x} \tag{7.23b}$$

Portanto, retornando à equação (7.18) e ali aplicando as derivadas encontradas, resulta:

$$\boxed{f = i_1\cdot\frac{\partial\lambda_1}{\partial x} + i_2\cdot\frac{\partial\lambda_2}{\partial x} - \frac{\partial W_A}{\partial x}} \tag{7.24}$$

que expressa a força portante que atua em um dispositivo que opera no campo magnético para o tratamento escolhido. Ressaltar que a equação (7.24) aplica-se a dispositivos magneticamente lineares e não lineares e está particularizada para o tratamento escolhido na equação (7.19).

2º Caso: As variáveis independentes nas portas elétrica são:

$$\lambda_1, \lambda_2, \lambda_3, \ldots\ldots \lambda_n$$

A variável independente na porta mecânica é a variável x. Retornando ao conversor ideal dotado de três portas elétricas, escreve-se:

$$i_1 = i_1(\lambda_1, \lambda_2, \lambda_3, x)$$

$$i_2 = i_2(\lambda_1, \lambda_2, \lambda_3, x) \tag{7.25}$$

$$i_3 = i_3(\lambda_1, \lambda_2, \lambda_3, x)$$

Conseqüentemente:

$$W_A = W_A(\lambda_1, \lambda_2, \lambda_3, x) \tag{7.26}$$

Como os fluxos totais concatenados e o deslocamento linear x são independentes entre si, escreve-se:

$$\frac{d\lambda_1}{dx} = 0 \tag{7.27a}$$

$$\frac{d\lambda_2}{dx} = 0 \tag{7.27b}$$

$$\frac{d\lambda_3}{dx} = 0 \tag{7.27c}$$

Analisando a derivada da energia armazenada para o dispositivo dotado de três portas elétricas, encontra-se:

$$\frac{dW_A}{dx} = \frac{\partial W_A}{\partial \lambda_1} \cdot \frac{d\lambda_1}{dx} + \frac{\partial W_A}{\partial \lambda_2} \cdot \frac{d\lambda_2}{dx} + \frac{\partial W_A}{\partial \lambda_3} \cdot \frac{d\lambda_3}{dx} + \frac{\partial W_A}{\partial x} \cdot \frac{dx}{dx} \tag{7.28}$$

Como λ_1, λ_2, λ_3 e x são variáveis independentes e independentes entre si, resulta:

$$\frac{dW_A}{dx} = \frac{\partial W_A}{\partial x} \tag{7.29}$$

Levando estas constatações à equação geral da força portante, equação (7.18), resulta:

$$\boxed{f = -\frac{\partial W_A}{\partial x}} \tag{7.30}$$

que expressa a força portante em dispositivos magneticamente lineares ou não lineares para o tratamento escolhido em (7.25). No trato com os sistemas magneticamente lineares, o 2º caso não é muito empregado, dado as particularidades que apresenta.

7.6: ESTUDO DA EXPRESSÃO DO DIFERENCIAL DA ENERGIA ARMAZENADA EM DISPOSITIVOS QUE OPERAM NO CAMPO MAGNÉTICO

7.6.1: FUNDAMENTOS

Tome-se, para estudo, um dispositivo eletromecânico dotado de duas portas elétricas que obedece a uma curva característica $\lambda = \lambda(i)$, como mostra a figura 7.4. A partir da convenção de receptor, a porta mecânica será porta de saída de energia do conversor. Na equação (7.31), bloqueando a porta de saída, ou seja, bloqueando a porta mecânica do conversor, toda energia entregue às portas elétricas será convertida e armazenada na forma de um campo magnético de densidade de campo magnético $B = B(H)$. Por outro lado, para um conversor dotado de duas portas elétricas, escreve-se:

$$\Delta W_{E1} + \Delta W_{E2} = \Delta W_A + \Delta W_S \tag{7.31}$$

em que:

$$\Delta W_{E1} + \Delta W_{E2} = \Delta W_A + fm \cdot \Delta x \tag{7.32}$$

Como a porta mecânica do conversor está bloqueada, $\Delta x = 0$, e toda energia entregue às portas elétricas do conversor será levada ao armazém de energia. Da equação (7.31), escreve-se:

$$pm_1 \cdot \Delta t + pm_2 \cdot \Delta t = \Delta W_A \tag{7.33}$$

pois Δx é igual a zero, devido a porta mecânica do conversor estar bloqueada. Assim:

$$vm_1 \cdot im_1 \cdot \Delta t + vm_2 \cdot im_2 \cdot \Delta t = \Delta W_A \tag{7.34}$$

Como $vm = \Delta\lambda / \Delta t$, resulta:

$$im_1 \cdot \frac{\Delta\lambda_1}{\Delta t} \cdot \Delta t + im_2 \cdot \frac{\Delta\lambda_2}{\Delta t} \cdot \Delta t = \Delta W_A \tag{7.35a}$$

Remanejando Δt na equação (7.35a), resulta:

$$im_1 \cdot \frac{\Delta\lambda_1}{\Delta t} + im_2 \cdot \frac{\Delta\lambda_2}{\Delta t} = \frac{\Delta W_A}{\Delta t} \qquad (7.35b)$$

Passando o limite para $\Delta t \to 0$, escreve-se:

$$\frac{dW_A}{dt} = i_1 \cdot \frac{d\lambda_1}{dt} + i_2 \cdot \frac{d\lambda_2}{dt} \qquad (7.36)$$

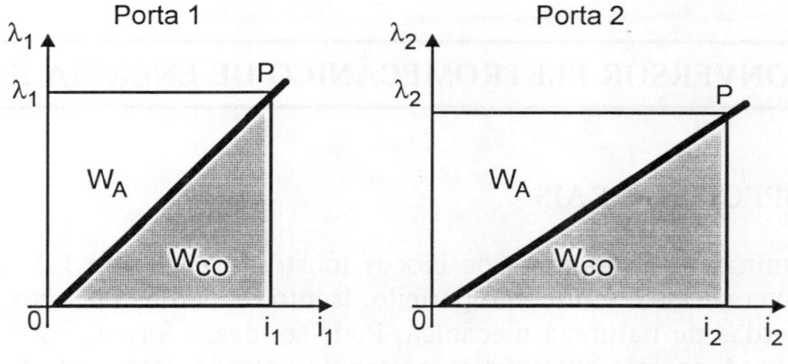

FIGURA 7.4: COMPORTAMENTO DAS FUNÇÕES $\lambda_k = \lambda_k(i_k\,,\,x)$ PARA UM DISPOSITIVO CONVERSOR DE DUAS PORTAS ELÉTRICAS.

7.6.2: DIFERENCIAL DA ENERGIA ARMAZENADA EM UM CAMPO MAGNÉTICO

Multiplicando a equação (7.36) pelo incremento Δt, dada a variável t, resulta:

$$\frac{dW_A}{dt} \cdot \Delta t = i_1 \cdot \frac{d\lambda_1}{dt} \cdot \Delta t + i_2 \cdot \frac{d\lambda_2}{dt} \cdot \Delta t \qquad (7.37)$$

A partir da definição de diferencial de uma função, escreve-se:

$$\boxed{dW_A = i_1 \cdot d\lambda_1 + i_2 \cdot d\lambda_2} \qquad (7.38)$$

que é a expressão do diferencial da energia armazenada na forma de um campo magnético de densidade de campo B = B(H) em um dispositivo de duas portas elétricas. Para um dispositivo de n portas elétricas, pode-se escrever:

$$dW_A = \sum_{k=1}^{n} i_k \cdot d\lambda_k \qquad (7.39)$$

equação que permite o cálculo do diferencial da energia armazenada em dispositivos eletromecânicos magneticamente lineares ou não, de n portas elétricas, que operam no campo magnético. Ressaltar que os dispositivos magneticamente lineares são um caso particular dos dispositivos eletromecânicos que operam no campo magnético.

7.7: O CONVERSOR ELETROMECÂNICO DE ENERGIA IDEAL

7.7.1: ASPECTOS GERAIS

Examinando o diagrama de blocos mostrado na figura 7.2, constata-se que o conversor ideal é um ente perfeito, isento de perdas no ferro, perdas no cobre e perdas de natureza mecânica. Pode-se, dessa forma, dizer que é um ente fictício. A energia entregue às portas de entrada desse ente fictício toma dois caminhos distintos. Uma parcela é armazenada na forma de um campo magnético de densidade de campo B e a outra é convertida em energia na forma mecânica e entregue ao membro mecânico do conversor.

Esse conversor de energia ideal dotado de duas portas elétricas, é mostrado na figura 7.5:

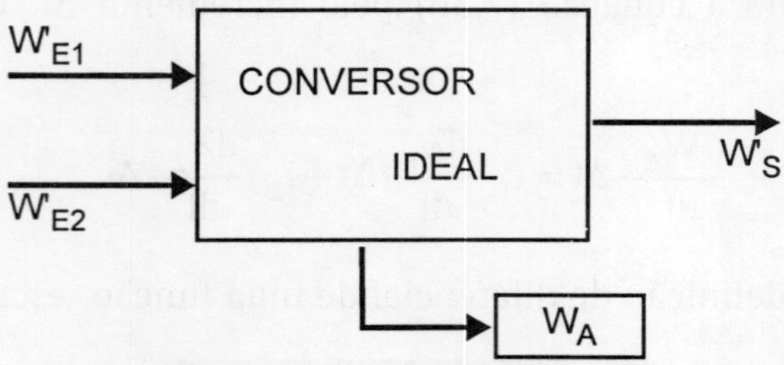

FIGURA 7.5: CONVERSOR ELETROMECÂNICO IDEAL DOTADO DE DUAS PORTAS ELÉTRICAS DE ACESSO.

Para esse conversor ideal, o Princípio da Conservação da Energia permite escrever:

$$W'_{E1} + W'_{E2} = W'_S + W_A \tag{7.40}$$

Portanto, o estudo que será desenvolvido só pode ser considerado exato se forem removidas do conversor eletromecânico real, todas as perdas, inclusive as perdas por efeito histerese. É necessário ter no desenvolvimento, um conversor isento de dissipações para que os fundamentos assentados sejam mantidos. Assim, sempre que se fizer menção ao conversor ideal, estar-se-á em presença desse ente fictício já caracterizado.

7.7.2: O DIFERENCIAL PERFEITO

Sejam A(x,y) e B(x,y) funções das variáveis independentes x e y, as quais são definidas nos domínios de x e de y, assim como as respectivas derivadas parciais das referidas funções A(x,y) e B(x,y). Seja D uma função de função, definida por:

$$\boxed{D = \int_{P1}^{P2} A(x,y)dx + B(x,y)dy} \tag{7.41}$$

A integral proposta na equação (7.41) envolve dois pontos arbitrários P_1 e P_2 e não deve depender do caminho de integração a ser percorrido, mas somente da posição dos dois referidos pontos quando ela for nula sobre um contorno fechado, que saindo do ponto P_1, vá ao ponto P_2 e retorne ao ponto P_1, quaisquer forem as trajetórias seguidas. Na figura 7.4, mostram cinco trajetórias arbitrárias que, saindo do ponto P_1, alcançam o ponto P_2. Desenvolvendo a integral mostrada em (7.41), tendo como limites de integração os pontos P_1 e P_2, escreve-se:

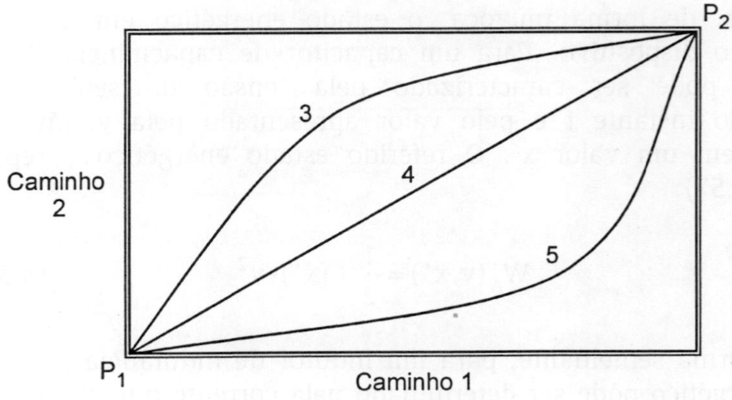

FIGURA 7.6: ANDAMENTO MATEMÁTICO.

$$\int_{p1}^{p2} A(x,y)\cdot dx + B(x,y)\cdot dy = \int_{p1}^{p2} A(x,y)\cdot dx + B(x,y)\cdot dy = \int_{p1}^{p2} A(x,y)\cdot dx + B(x,y)\cdot dy$$

caminho 1 caminho 2 caminho 4 (7.42a)

Tomando como verdadeiras as integrações acima, resulta:

$$\int_{p1}^{p2} A(x,y)\cdot dx + B(x,y)\cdot dy - \int_{p2}^{p1} A(x,y)\cdot dx + B(x,y)\cdot dy = 0 \qquad (7.42b)$$

por qualquer dos caminhos escolhido. A questão que agora se coloca é determinar que condições as funções A(x,y) e B(x,y) devem satisfazer para que a integral (7.42b) seja nula sobre qualquer contorno fechado, quaisquer que sejam os caminhos de integração percorridos. O teorema que segue fundamenta a questão:

TEOREMA

"A condição necessária e suficiente para que as integrais da equação (7.42b) independam do caminho de integração é que:

$$\boxed{\frac{\partial A(x,y)}{\partial y} = \frac{\partial B(x,y)}{\partial x}} \qquad (7.43)$$

7.7.3: VARIÁVEIS DE ESTADO E FUNÇÃO DE ESTADO

Dá-se o nome de Variável de Estado a qualquer variável que venha caracterizar, de forma unívoca, o estado energético em que se encontra determinado dispositivo. Para um capacitor de capacitância C(x), o estado energético pode ser caracterizado pela tensão de seus terminais em determinado instante t e pelo valor apresentado pela variável x mantida constante em um valor x´. O referido estado energético é reportado pela equação (5.57):

$$W_A(v, x') = \frac{1}{2}\cdot C(x')\cdot v^2 \qquad (5.57) - (7.44a)$$

De forma semelhante, para um indutor de indutância L (x), o referido estado energético pode ser determinado pela corrente que circula por ele, em um determinado instante t e pelo valor assumido pela variável x para aquele instante referido. O estado energético do referido indutor, para o particular valor x´, é reportado pela equação (6.13):

$$W_A(i,x') = \frac{1}{2} \cdot L(x') \cdot i^2 \qquad (6.13) - (7.44b)$$

O conjunto das variáveis de estado define, completamente, o estado energético do dispositivo conversor operando no campo elétrico ou no campo magnético.

Como o dispositivo conversor em estudo é ideal, isto é, suas imperfeições foram externamente alocadas e examinadas em blocos colocados em separado do conversor, a cada estado energético do dispositivo corresponde um único conjunto de valores para suas variáveis de estado, não importando como o dispositivo alcançou aquele estado energético. Para comparação, o leitor deve voltar ao estudo dos sistemas mecânicos conservativos. Por outro lado, a cada conjunto de valores alcançados por suas variáveis de estado corresponderá um único "Estado Energético". Portanto, a energia armazenada na forma de um campo elétrico em um capacitor ou na forma de um campo magnético em um indutor caracteriza uma FUNÇÃO DE ESTADO.

7.7.4: A FUNÇÃO DE ESTADO E OS CAMINHOS DE INTEGRAÇÃO PARA A ENERGIA ARMAZENADA

A equação (7.39) exprime o diferencial da energia armazenada na forma de um campo magnético para um dispositivo conversor dotado de n portas elétricas:

$$dW_A = \sum_{k=1}^{n} i_k \cdot d\lambda_k \qquad (7.39)$$

Um dispositivo conversor dotado de duas portas elétricas de entrada terá o diferencial de sua energia armazenada expresso por:

$$dW_A = i_1 \cdot d\lambda_1 + i_2 \cdot d\lambda_2 \qquad (7.45)$$

Portanto, a energia armazenada por esse dispositivo conversor terá como expressão:

$$W_A = \int_o^{W_A} dW_A = \int_o^{\lambda_1} i_1 \cdot d\lambda_1 + \int_o^{\lambda_2} i_2 \cdot d\lambda_2 \qquad (7.46)$$

Analisando as integrais expressas em (7.46), conclui-se que se quer sair de um estado energético $W_A = 0$ e alcançar um estado energético $W_A \neq 0$, genérico. Para tanto, deve-se levar as variáveis independentes λ_1 e λ_2, de valores nulos, para valores genéricos, não nulos segundo um caminho de integração qualquer. Na figura 7.7, traçam-se três particulares caminhos de integração.

Como a energia armazenada é uma função de estado, isto é, ela caracteriza o estado energético do dispositivo conversor, e como tudo se passa em um conversor ideal, qualquer caminho de integração tomado leva ao estado energético W_A e esse estado energético é ÚNICO.

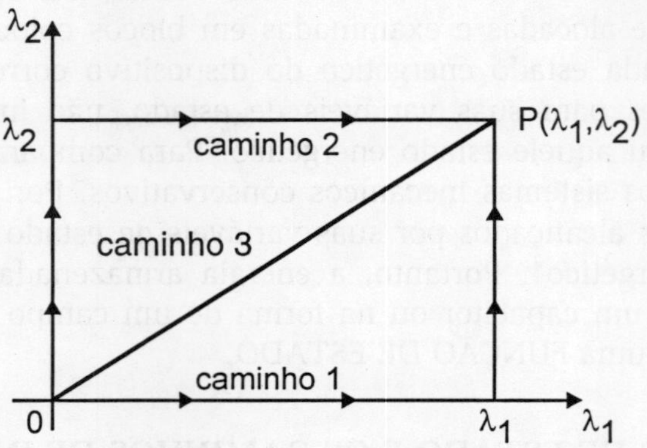

FIGURA 7.7: PARTICULARES CAMINHOS DE INTEGRAÇÃO.

Analisando o item 7.7.2 e o Teorema ali enunciado, pode-se proclamar:

Para um CONVERSOR IDEAL, a condição necessária e suficiente para que as integrais expressas em (7.46) independam do caminho de integração é que:

$$\frac{\partial \lambda_1}{\partial i_2} = \frac{\partial \lambda_2}{\partial i_1} \tag{7.47}$$

com:

$$\lambda_1 = \lambda_1(i_1, i_2, \bar{x}) \tag{7.48a}$$

$$\lambda_2 = \lambda_2(i_1, i_2, \bar{x}) \tag{7.48b}$$

sendo $\bar{x}$ um particular valor de x, dado o dispositivo conversor estar com seu braço mecânico travado.

7.7.5: CONSIDERAÇÕES

Observando o conversor eletromecânico ideal da figura 7.5, conclui-se que, na determinação da energia armazenada, toda energia entregue às portas elétricas do dispositivo conversor é levada ao armazém de energia. Dessa forma, o braço mecânico do conversor está bloqueado em um valor particular de x, constante. Portanto, para cada particular valor assumido pela variável x, travado o dispositivo, será um valor adquirido pela energia armazenada pelo dispositivo na forma de um campo. No presente capítulo, na forma de um campo magnético.

Portanto, sendo a energia armazenada uma função de estado e sua determinação independente do caminho de integração adotado para a equação (7.46), devem-se sempre satisfazer as condições expressas em (7.43), de uma forma geral e em (7.47), de uma forma particular, em face do tratamento adotado para o dispositivo conversor. Para um dispositivo conversor dotado de duas portas elétricas, em que o tratamento adotado for:

$$\lambda_1 = \lambda_1(i_1, i_2, x) \qquad (7.49a)$$

$$\lambda_2 = \lambda_2(i_1, i_2, x) \qquad (7.49b)$$

pode-se escrever:

$$\frac{\partial \lambda_1}{\partial i_2} = \frac{\partial \lambda_2}{\partial i_1} \qquad (7.50)$$

como condição necessária e suficiente para que a determinação da energia armazenada independa do caminho de integração.

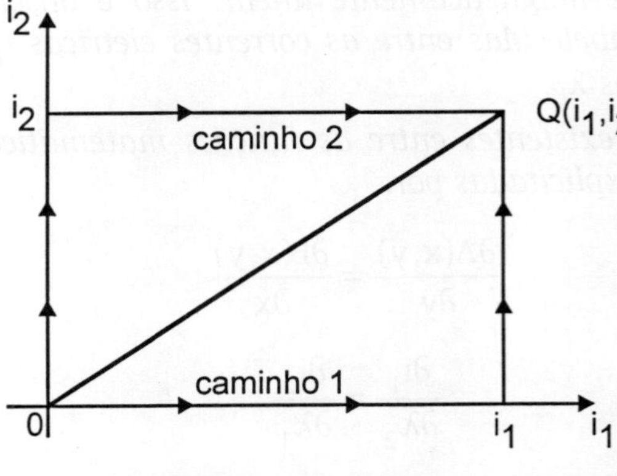

FIGURA 7.8: PARTICULARES CAMINHOS DE INTEGRAÇÃO PARA O TRATAMENTO PROPOSTO EM (7.49).

7.8: EXERCÍCIOS

7.8.1: EXERCÍCIO RESOLVIDO 1

Determine a expressão da energia armazenada em um dispositivo descrito por:

$$i_1 = 10 \cdot \lambda_1 \cdot x^2 + 12 \cdot \lambda_2 \cdot x^2 \qquad \text{(e1.1a)}$$

$$i_2 = k \cdot \lambda_1 \cdot x^2 + 18 \cdot \lambda_2 \cdot x^2 \qquad \text{(e1.1b)}$$

RESOLVENDO

I) Determinação do valor de k para que o conversor acima descrito se caracterize como um conversor eletromecânico de energia ideal:

Para que a determinação da energia armazenada em um conversor eletromecânico que opera no campo magnético possa ser efetuada, é preciso certificar-se de que o conversor eletromecânico é ideal. Isso é satisfeito se a referida energia armazenada puder ser determinada a partir de qualquer caminho de integração para a função descrita pela equação (7.39). Observando o sistema de equações (e1.1) que descreve o dispositivo conversor em estudo, constata-se:

1. *O dispositivo conversor possui duas portas elétricas e uma porta mecânica.*
2. *O referido é magneticamente linear. Isso é observado a partir das relações estabelecidas entre as correntes elétricas i_k e os fluxos totais concatenados λ_K.*
3. *As relações existentes entre as funções matemáticas $A(x,y)$ e $B(x,y)$ podem ser explicitadas por:*

$$\frac{\partial A(x,y)}{\partial y} = \frac{\partial B(x,y)}{\partial x} \qquad \text{(e1.2)}$$

$$\frac{\partial i_1}{\partial \lambda_2} = \frac{\partial i_2}{\partial \lambda_1} \qquad \text{(e1.3)}$$

A partir das equações (e1.2) e (e1.3), efetuando as respectivas derivadas, encontra-se:

$$\boxed{\frac{\partial i_1}{\partial \lambda_2} = 12 \cdot x^2} \qquad \text{(e1.4)}$$

$$\boxed{\frac{\partial i_2}{\partial \lambda_1} = k \cdot x^2} \qquad \text{(e1.5)}$$

Levando os resultados das equações (e1.4) e (e1.5), à equação (e1.3), resulta.

$$k = 12$$

valor que leva a energia armazenada a ser determinada por qualquer caminho de integração tomado. Levando o valor de K ao sistema de equações que caracterizam o dispositivo, encontra-se:

$$\begin{aligned} i_1 &= 10 \cdot \lambda_1 \cdot x^2 + 12 \cdot \lambda_2 \cdot x^2 \\ i_2 &= 12 \cdot \lambda_1 \cdot x^2 + 18 \cdot \lambda_2 \cdot x^2 \end{aligned} \qquad \text{(e1.6)}$$

sistema de equações que caracteriza um dispositivo magneticamente linear. O diferencial da energia armazenada em sistemas eletromecânicos que operam no campo magnético é expresso por:

$$dW_A = \sum_{k=1}^{n} i_k \cdot d\lambda_k \qquad \text{(e1.7)}$$

Para um sistema dotado de duas portas elétricas, escreve-se:

$$dW_A = i_1 \cdot d\lambda_1 + i_2 \cdot d\lambda_2 \qquad \text{(e1.8)}$$

II) Determinação da Energia Armazenada no dispositivo conversor:

A energia armazenada é uma "Função de Estado" determinada pela integral de dW_A que independe do caminho de integração porque a condição necessária e suficiente já foi verificada. Para que tal possa ser admitido, foi necessário que:

$$\frac{\partial A(x,y)}{\partial y} = \frac{\partial B(x,y)}{\partial x} \qquad \text{(e1.9)}$$

resultando:

$$k = 12$$

Levando esta condição aos dados do exercício, resulta:

$$W_A = \int_0^{W_A} dW_A = \int_0^{\lambda_1} 10 \cdot \lambda_1 \cdot x^2 \cdot d\lambda_1 + \int_0^{\lambda_1} 12 \cdot \lambda_2 \cdot x^2 \cdot d\lambda_2 +$$

$$\lambda_2 = 0 \qquad\qquad \lambda_2 = 0$$

$$+ \int_0^{\lambda_2} 12 \cdot \lambda_1 \cdot x^2 \cdot d\lambda_2 + \int_0^{\lambda_2} 18 \cdot \lambda_2 \cdot x^2 \cdot d\lambda_2 \qquad \text{(e1.10)}$$

$$\lambda_1 = \text{cte.} \qquad\qquad \lambda_1 = \text{cte.}$$

em que:

$$W_A = 5 \cdot \lambda_1^2 \cdot x^2 + 12 \cdot \lambda_1 \cdot \lambda_2 \cdot x^2 + 9 \cdot \lambda_2^2 \cdot x^2 \qquad \text{(e1.11)}$$

que expressa a energia armazenada na forma de um campo magnético, em um dispositivo que opera com duas portas elétricas. Estes caminhos de integração podem ser observados na figura 7.9.

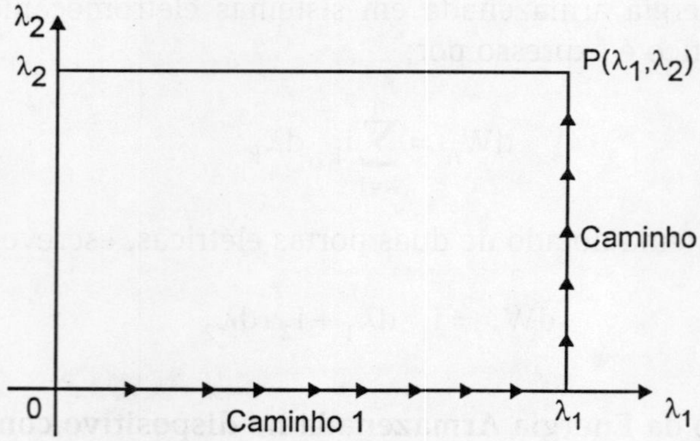

FIGURA 7.9: CAMINHO DE INTEGRAÇÃO ESCOLHIDO PARA O PRESENTE EXERCÍCIO.

III) Força Portante que atua no dispositivo conversor:

Para um dispositivo dotado de duas portas elétricas, pode-se escrever:

$$\boxed{f = i_1 \cdot \frac{d\lambda_1}{dx} + i_2 \cdot \frac{d\lambda_2}{dx} - \frac{dW_A}{dx}} \qquad \text{(e1.12)}$$

equação geral que permite a determinação da força portante que atua em dispositivos magneticamente lineares ou não, de duas portas elétricas, qualquer que seja o tratamento matemático possível de ser adotado.

Examinando o sistema de equações que rege o dispositivo, escreve-se:

$$i_1 = 10 \cdot \lambda_1 \cdot x^2 + 12 \cdot \lambda_2 \cdot x^2 \quad \Rightarrow \quad i_1 = i_1(\lambda_1, \lambda_2, x)$$

e:

$$i_2 = k \cdot \lambda_1 \cdot x^2 + 18 \cdot \lambda_2 \cdot x^2 \quad \Rightarrow \quad i_2 = i_2(\lambda_1, \lambda_2, x) \qquad \text{(e1.13)}$$

Como conseqüência:

$$W_A = W_A(\lambda_1 \cdot \lambda_2 \cdot x) \qquad \text{(e1.14)}$$

Como λ_1, λ_2 e x são variáveis independentes, resulta:

$$\frac{d\lambda_1}{dx} = \frac{d\lambda_2}{dx} = 0$$

Efetuando a derivada da energia armazenada em relação a x, resulta:

$$\frac{dW_A}{dx} = \frac{\partial W_A}{\partial \lambda_1} \cdot \frac{d\lambda_1}{dx} + \frac{\partial W_A}{\partial \lambda_2} \cdot \frac{d\lambda_2}{dx} + \frac{\partial W_A}{\partial x} \cdot \frac{dx}{dx} \qquad \text{(e1.15)}$$

retomando as equações (7.28) e (7.30), para o tratamento matemático possível, escreve-se:

$$\boxed{f = (-) \cdot \frac{\partial W_A}{\partial x}} \qquad \text{(e1.16)}$$

Efetuando as derivadas possíveis, encontra-se:

$$f = -\frac{\partial W_A}{\partial x} = (-) \cdot \frac{\partial}{\partial x}(5 \cdot \lambda_1^2 \cdot x^2 + 12 \cdot \lambda_1 \cdot \lambda_2 \cdot x^2 + 9 \cdot \lambda_2^2 \cdot x^2) \qquad \text{(e1.17)}$$

em que:

$$f = (-) \cdot \left[10 \cdot \lambda_1^2 \cdot x + 24 \cdot \lambda_1 \cdot \lambda_2 \cdot x + 18 \cdot \lambda_2^2 \cdot x\right] \qquad \text{(e1.18)}$$

O sinal negativo indica que o sentido da força portante que atua no dispositivo conversor contraria o sentido de crescimento da variável independente x. Por ser negativo, o sentido de atuação da força portante f é contrário ao sentido do crescimento da variável independente x.

Com:

$$\boxed{W_A = 5 \cdot \lambda_1^2 \cdot x^2 + 12 \cdot \lambda_1 \cdot \lambda_2 \cdot x^2 + 9 \cdot \lambda_2^2 \cdot x^2} \qquad \text{(e1.19)}$$

7.8.2: EXERCÍCIO PROPOSTO 2

Determine a energia armazenada e a força portante que atua em um dispositivo de duas portas elétricas, operando no campo magnético e que responde às equações:

$$i_1 = 6 \cdot \lambda_1^3 \cdot x^4 + 12 \cdot \lambda_1 \cdot \lambda_2^2 \cdot x^4 \qquad \text{(e2.1)}$$
$$i_2 = k \cdot \lambda_1^2 \cdot \lambda_2 \cdot x^4 + 16 \cdot \lambda_2^3 \cdot x^4$$

que caracteriza um sistema eletromecânico **magneticamente não linear**.

7.9: ESTUDO DA COENERGIA NO CAMPO MAGNÉTICO EM DISPOSITIVOS ELETROMECÂNICOS DOTADOS DE N PORTAS ELÉTRICAS

7.9.1: ASPECTOS GERAIS

Em item anterior, demonstrou-se que a energia armazenada na forma de um campo magnético pode ser determinada a partir da expressão:

$$\boxed{dW_A = \sum_{k=1}^{n} i_k \cdot d\lambda_k} \qquad (7.51)$$

Para conversores de duas portas elétricas, escreve-se:

$$dW_A = i_1 \cdot d\lambda_1 + i_2 \cdot d\lambda_2 \qquad (7.52)$$

Ou ainda:

$$W_A = \int_0^{W_A} dW_A = \int_0^{\lambda_1} i_1 \cdot d\lambda_1 + \int_0^{\lambda_2} i_2 \cdot d\lambda_2 \tag{7.53}$$

Integrando, por partes, as integrais contidas na equação (7.53), resulta:

$$W_A = (i_1 \cdot \lambda_1 + i_2 \cdot \lambda_2) - \left[\int_0^{i_1} \lambda_1 \cdot di_1 + \int_0^{i_2} \lambda_2 \cdot di_2 \right] \tag{7.54}$$

em que:

$$\boxed{W_A = \int_0^{\lambda_1} i_1 \cdot d\lambda_1 + \int_0^{\lambda_2} i_2 \cdot d\lambda_2} \tag{7.55}$$

que expressa a energia armazenada na forma de um campo magnético, em um dispositivo de duas portas elétricas. Por outro lado:

$$\boxed{W_{CO} = \int_0^{i_1} \lambda_1 \cdot di_1 + \int_0^{i_2} \lambda_2 \cdot di_2} \tag{7.56}$$

expressa a COENERGIA no campo magnético em um dispositivo de duas portas elétricas.

Retornando à equação (7.54), resulta:

$$\boxed{W_A + W_{CO} = i_1 \cdot \lambda_1 + i_2 \cdot \lambda_2} \tag{7.57}$$

A equação (7.57) permite determinar a COENERGIA no campo para conversores de duas portas elétricas operando no campo magnético, sejam eles magneticamente lineares ou não. Para um dispositivo ou um conversor de n portas elétricas, escreve-se:

$$\boxed{W_A + W_{CO} = \sum_{k=1}^{n} (i_k \cdot \lambda_k)} \tag{7.58}$$

7.10: EXERCÍCIOS PROPOSTOS

7.10.1: EXERCÍCIO PROPOSTO 3

Determine a expressão da COENERGIA para um dispositivo eletromecânico que, operando no campo magnético, tem por expressão:

$$\begin{aligned} i_1 &= 10 \cdot \lambda_1 \cdot x^2 + 12 \cdot \lambda_2 \cdot x^2 \\ i_2 &= 12 \cdot \lambda_1 \cdot x^2 + 18 \cdot \lambda_2 \cdot x^2 \end{aligned} \tag{e3.1}$$

RESOLVENDO

O dispositivo mostrado acima, na forma de suas equações, é magneticamente linear e a energia armazenada é uma função de estado.

I) Determinação da COENERGIA no Campo Magnético:

Para um dispositivo dotado de duas portas elétricas, escreve-se:

$$\boxed{W_{CO} = \int_0^{i_1} \lambda_1 \cdot di_1 + \int_0^{i_2} \lambda_2 \cdot di_2} \tag{e3.2}$$

Para este tipo de proposta, o pesquisador deverá determinar anteriormente a energia armazenada na forma de um campo magnético e depois a COENERGIA. No exercício anterior, determinou-se que a energia armazenada para esse dispositivo conversor tinha por expressão:

$$\boxed{W_A = 5 \cdot \lambda_1^2 \cdot x^2 + 12 \cdot \lambda_1 \cdot \lambda_2 \cdot x^2 + 9 \cdot \lambda_2^2 \cdot x^2} \tag{e3.3}$$

Por outro lado, examinando a equação (7.57), pode-se escrever:

$$\begin{aligned} W_{CO} &= \lambda_1 \cdot (10 \cdot \lambda_1 \cdot x^2 + 12 \cdot \lambda_2 \cdot x^2) + \\ &+ \lambda_2 \cdot (12 \cdot \lambda_1 \cdot x^2 + 18 \cdot \lambda_2 \cdot x^2) + \\ &(-) \cdot (5 \cdot \lambda_1^2 \cdot x^2 + 12 \cdot \lambda_1 \cdot \lambda_2 \cdot x^2 + 9 \cdot \lambda_2 \cdot x^2) \end{aligned}$$

Realizando as operações, resulta:

$$\boxed{W_{CO} = 5 \cdot \lambda_1^2 \cdot x^2 + 12 \cdot \lambda_1 \cdot \lambda_2 \cdot x^2 + 9 \cdot \lambda_2^2 \cdot x^2} \tag{e3.4}$$

Analisando os resultados obtidos para a energia armazenada e para a coenergia no campo magnético, conclui-se que estas são numericamente iguais e isto se dá porque o dispositivo proposto a partir das equações (e3.1) é **magneticamente linear**. Dessa constatação, pode-se enunciar:

"NOS DISPOSITIVOS CONVERSORES MAGNETICAMENTE LINEARES, A ENERGIA ARMAZENADA NA FORMA DE UM CAMPO MAGNÉTICO E A COENERGIA NO CAMPO SÃO NUMERICAMENTE IGUAIS"

Isto é:

$$\boxed{W_A = W_{CO}} \qquad (e3.5)$$

7.10.2: EXERCÍCIO PROPOSTO 4

Um dispositivo conversor eletromecânico de energia opera no campo magnético e é regido pelas equações:

$$\lambda_1 = a \cdot i_1^5 \cdot x + b \cdot i_1^2 \cdot i_2^3 \cdot x \qquad (e4.1)$$

$$\lambda_2 = d \cdot i_1^3 \cdot i_2^2 \cdot x + e \cdot i_2^5 \cdot x$$

Determine:

a) Energia Armazenada na forma de um campo magnético.

b) Coenergia no campo magnético.

c) Força portante desenvolvida pelo dispositivo conversor de energia.

7.10.3: EXERCÍCIO PROPOSTO 5

O exercício proposto a partir de sua equação funcional tem uma porta elétrica e opera no campo magnético. Determine:

a) Energia Armazenada na forma de um campo magnético.

b) Coenergia no Campo Magnético.

c) Força Portante exercida pelo dispositivo conversor.

$$i = 8 \cdot \frac{\lambda^3}{(k \cdot x^4)} \qquad (e5.1)$$

7.10.4: EXERCÍCIO PROPOSTO 6

O exercício proposto a partir de sua equação funcional tem uma porta elétrica e opera no campo magnético. Determine:

a) Energia Armazenada na forma de um campo magnético.

b) Coenergia no Campo Magnético.

c) Força Portante exercida pelo dispositivo conversor.

$$\lambda = A \cdot i^{3/4} \cdot x^3 \qquad \text{(e6.1)}$$

7.10.5: EXERCÍCIO PROPOSTO 7

O exercício proposto a partir de sua equação funcional tem uma porta elétrica e opera no campo magnético, Determine:

a) Energia Armazenada na forma de um campo magnético.

b) Coenergia no Campo Magnético.

c) Força Portante exercida pelo dispositivo conversor.

$$\lambda = e(x) \cdot i^{5/7} \qquad \text{(e7.1)}$$

7.10.6: EXERCÍCIO PROPOSTO 8

O exercício proposto a partir de sua equação funcional tem duas portas elétricas e opera no campo magnético. Determine:

a) Energia Armazenada na forma de um campo magnético.

b) Coenergia no Campo Magnético.

c) Força Portante exercida pelo dispositivo conversor.

$$i_1 = 2 \cdot \lambda_1^3 \cdot x^9 + 6 \cdot \lambda_1 \cdot \lambda_2^2 \cdot x^6 \qquad \text{(e8.1)}$$

$$i_2 = B \cdot \lambda_1^2 \cdot \lambda_2 \cdot x^6 + 2 \cdot \lambda_2^3 \cdot x^9$$

7.11: ESTUDO DOS CONVERSORES ELETROMAGNÉTICOS MAGNETICAMENTE LINEARES

7.11.1: FUNDAMENTOS

Do ponto de vista dos dispositivos conversores reais, todos os conversores eletromecânicos que operam no campo magnético são magneticamente não lineares. Porém, quando desenvolve-se um dispositivo conversor ou quando se pesquisa um dispositivo conversor, pode-se, em princípio, supor que o referido opera na região linear de sua curva característica B = B(H). Com essa providência, podem-se empregar, para o seu equacionamento, equações particularizadas, desenvolvidas para dispositivos conversores magneticamente lineares. Essa hipótese leva a soluções, projetos e execuções. Os primeiros protótipos construídos e ensaiados permitirão ao projetista efetuar correções e tomar decisões com relação ao modelo empregado para o desenvolvimento matemático de seu particular conversor.

Para um dispositivo conversor eletromecânico de duas portas elétricas de acesso, que opere no campo magnético e que apresente como "modelo matemático" um sistema de duas equações a duas variáveis independentes na porta elétrica, pode-se escreve:

$$\lambda_1 = A_{11}(x)\cdot i_1 + A_{12}(x)\cdot i_2 \qquad (7.59)$$

$$\lambda_2 = A_{21}(x)\cdot i_1 + A_{22}(x)\cdot i_2$$

ou:

$$i_1 = B_{11}(x)\cdot \lambda_1 + B_{12}(x)\cdot \lambda_2 \qquad (7.60)$$

$$i_2 = B_{21}(x)\cdot \lambda_1 + B_{22}(x)\cdot \lambda_2$$

de acordo com a forma como suas variáveis são obtidas ou são adquiridas.

Todos os dispositivos conversores que obedecem a uma das formulações matemáticas acima são magneticamente lineares. Como a energia armazenada na forma de um campo magnético é uma função de estado, a condição abaixo deve ser satisfeita:

$$\boxed{\frac{\partial A(x,y)}{\partial y} = \frac{\partial B(x,y)}{\partial x}} \qquad (7.61)$$

Para o modelo matemático expresso pelo conjunto de equações (7.59), isso equivale a dizer:

$$\boxed{\frac{\partial \lambda_1}{\partial i_2} = \frac{\partial \lambda_2}{\partial i_1}} \tag{7.62}$$

equação aplicável para o particular modelo matemático mostrado em (7.59). Para o modelo matemático expresso pelo conjunto de equações (7.60), isso equivale a dizer:

$$\boxed{\frac{\partial i_1}{\partial \lambda_2} = \frac{\partial i_2}{\partial \lambda_1}} \tag{7.63}$$

equação aplicável para o particular modelo matemático mostrado em (7.60).

7.11.2: TRATAMENTO MATEMÁTICO - MODELOS MATEMÁTICOS

Neste item, estudar-se-ão os modelos aos quais um sistema deve enquadrar-se para que possa ser dito "magneticamente linear".

7.11.2.1: MODELO DOS FLUXOS MAGNÉTICOS DEPENDENTES

Tome-se, para exemplo, um dispositivo conversor dotado de três portas elétricas de acesso, reproduzido segundo o "modelo dos fluxos magnéticos dependentes":

$$\begin{aligned}
\lambda_1 &= A_{11}(x)\cdot i_1 + A_{12}(x)\cdot i_2 + A_{13}(x)\cdot i_3 \\
\lambda_2 &= A_{21}(x)\cdot i_1 + A_{22}(x)\cdot i_2 + A_{23}(x)\cdot i_3 \\
\lambda_3 &= A_{31}(x)\cdot i_1 + A_{32}(x)\cdot i_2 + A_{33}(x)\cdot i_3
\end{aligned} \tag{7.64}$$

Quando o dispositivo conversor é magneticamente linear e representado segundo o modelo dos fluxos magnéticos dependentes, os coeficientes Aij(x) podem ser chamados de INDUTÂNCIAS. Observar que é uma condição muito particular, porque exige que o sistema seja magneticamente linear e que o modelo adotado seja o dos fluxos magnéticos dependentes. Se estas considerações não forem satisfeitas, a palavra INDUTÂNCIA não pode ser empregada.

Para haver proximidade de notação com a empregada nos compêndios de Circuitos Elétricos, Eletromagnetismo e Transformadores, adotar-se-á a seguinte nomenclatura, **válida unicamente para o modelo dos fluxos magnéticos dependentes em dispositivos magneticamente lineares:**

L_i (x) ---> Indutância própria da porta elétrica de acesso i

M_{ij}(x) ---> Indutância mútua entre a porta i e a porta j

Para o dispositivo conversor equacionado em (7.64), escreve-se:

$$\begin{aligned} \lambda_1 &= L_1(x)\cdot i_1 + M_{12}(x)\cdot i_2 + M_{13}(x)\cdot i_3 \\ \lambda_2 &= M_{21}(x)\cdot i_1 + L_2(x)\cdot i_2 + M_{23}(x)\cdot i_3 \\ \lambda_3 &= M_{31}(x)\cdot i_1 + M_{32}(x)\cdot i_2 + L_3(x)\cdot i_3 \end{aligned} \tag{7.65a}$$

conversor esse dotado de três portas elétricas de acesso. Para um dispositivo conversor dotado de duas portas elétricas de acesso e uma porta mecânica de saída, escrito segundo o modelo dos fluxos dependentes, escreve-se:

$$\lambda_1 = L_1(x)\cdot i_1 + M_{12}(x)\cdot i_2 \tag{7.65b}$$

$$\lambda_2 = M_{21}(x)\cdot i_1 + L_2(x)\cdot i_2$$

Para que a energia armazenada na forma de um campo magnético seja uma função do estado energético do dispositivo conversor e única, as equações que regem o dispositivo devem atender à condição necessária e suficiente:

$$\boxed{\frac{\partial A(x,y)}{\partial y} = \frac{\partial B(x,y)}{\partial x}} \tag{7.66}$$

o que, para o dispositivo conversor equacionado por (7.65b), equivale a dizer:

$$\boxed{\frac{\partial \lambda_1}{\partial i_2} = \frac{\partial \lambda_2}{\partial i_1}} \tag{7.67}$$

Levando a equação (7.67) à equação (7.65b) que caracteriza o referido conversor de duas portas elétricas, resulta:

$$M_{12}(x) = M_{21}(x) = M(x) \tag{7.68}$$

Rescrevendo o conjunto de equações (7.65b), resulta:

$$\lambda_1 = L_1(x) \cdot i_1 + M(x) \cdot i_2 \tag{7.69}$$

$$\lambda_2 = M(x) \cdot i_1 + L_2(x) \cdot i_2$$

Para um dispositivo conversor dotado de três portas elétricas de acesso, como o equacionado por (7.64), é condição necessária e suficiente para que a determinação da energia armazenada independa do caminho de integração que:

$$\boxed{\frac{\partial \lambda_1}{\partial i_2} = \frac{\partial \lambda_2}{\partial i_1}; \quad \frac{\partial \lambda_1}{\partial i_3} = \frac{\partial \lambda_3}{\partial i_1}; \quad \frac{\partial \lambda_2}{\partial i_3} = \frac{\partial \lambda_3}{\partial i_2}} \tag{7.70}$$

7.11.2.2: MODELO DAS CORRENTES DEPENDENTES

Este modelo é bastante empregado na modelagem de máquinas elétricas e de transformadores. O cuidado a ser adotado deve ser maior, porque os coeficientes $B_{ij}(x)$ empregados no modelamento **não são INDUTÂNCIAS.** Para um dispositivo conversor dotado de três portas elétricas de acesso, o Modelo das Correntes Dependentes tem montagem mostrada em (7.71):

$$\begin{aligned} i_1 &= B_{11}(x) \cdot \lambda_1 + B_{12}(x) \cdot \lambda_2 + B_{13}(x) \cdot \lambda_3 \\ i_2 &= B_{21}(x) \cdot \lambda_1 + B_{22}(x) \cdot \lambda_2 + B_{23}(x) \cdot \lambda_3 \\ i_3 &= B_{31}(x) \cdot \lambda_1 + B_{32}(x) \cdot \lambda_2 + B_{33}(x) \cdot \lambda_3 \end{aligned} \tag{7.71}$$

7.11.3: CONSIDERAÇÕES

A partir do modelo matemático em que λ_k são variáveis dependentes, pode-se, a partir do conceito de variação do fluxo concatenado no tempo, escrever:

$$v_k = \frac{d\lambda_k}{dt} \tag{7.72}$$

o que leva a resultados muito interessantes porque determinam-se as tensões presentes nas portas elétricas de acesso, diretamente. Quando se emprega o modelo das correntes dependentes, em que pese a força da equação (7.72), a variável λ (fluxo total concatenado) é independente e está interna às equações o que torna o seu manejo bastante trabalhoso. Desta forma, o modelo dos fluxos magnéticos concatenados, tomados como variáveis dependentes, permite maior facilidade no manejo das equações. Porém, ambos os modelos são extremamente empregados na modelagem das máquinas elétricas e dos transformadores.

7.11.4: ESTUDO DA ENERGIA ARMAZENADA EM DISPOSITIVOS MAGNETICAMENTE LINEARES

7.11.4.1: CONVERSORES MODELADOS SEGUNDO O MODELO DOS FLUXOS MAGNÉTICOS DEPENDENTES

Seja um conversor eletromecânico de energia dotado de duas portas elétricas de acesso, operando no campo magnético e expresso a partir do modelo dos fluxos magnéticos concatenados operando como variáveis dependentes:

$$\begin{aligned} \lambda_1 &= L_1(x) \cdot i_1 + M(x) \cdot i_2 \\ \lambda_2 &= M(x) \cdot i_1 + L_2(x) \cdot i_2 \end{aligned} \qquad (7.73)$$

Para um sistema de duas portas elétricas de acesso, o diferencial da energia armazenada na forma de um campo magnético pode ser expresso por:

$$dW_A = i_1 \cdot d\lambda_1 + i_2 \cdot d\lambda_2 \qquad (7.74)$$

e a energia armazenada expressa por:

$$\boxed{W_A = \int_0^{W_A} dW_A = \int_0^{\lambda_1} i_1 \cdot d\lambda_1 + \int_0^{\lambda_2} i_2 \cdot d\lambda_2} \qquad (7.75)$$

A coenergia no campo magnético para um dispositivo conversor de duas portas elétricas é expressa por:

$$\boxed{W_{CO} = \int_0^{W_{CO}} dW_{CO} = \int_0^{\lambda_1} \lambda_1 \cdot di_1 + \int_0^{\lambda_2} \lambda_2 \cdot di_2} \qquad (7.76)$$

Levando o conjunto de equações (7.73) à equação (7.76), resulta:

$$W_{CO} = \int_{0}^{i_1}\limits_{i2\,=\,0} (L_1(x) \cdot i_1) \cdot di_1 + \int_{0}^{i_1}\limits_{i2\,=\,0} (M(x) \cdot i_2) \cdot di_1 + \int_{0}^{i_2}\limits_{i1\,=\,cte} (M(x) \cdot i_1) \cdot di_2 + \int_{0}^{i_2}\limits_{i1\,=\,cte} (L_{22}(x) \cdot i_2) \cdot di_2 \qquad (7.77)$$

Como o dispositivo é ideal, a energia armazenada é uma função de estado e as integrais acima independem do caminho de integração. Integrando pelos caminhos propostos, resulta.

$$\boxed{W_{CO} = \frac{1}{2} \cdot L_1(x) \cdot i_1^2 + M(x) \cdot i_1 \cdot i_2 + \frac{1}{2} \cdot L_2(x) \cdot i_2^2} \tag{7.78}$$

que expressa a coenergia no campo magnético para o dispositivo conversor, magneticamente linear, dotado de duas portas elétricas. Por outro lado, para o mesmo conversor, pode-se ainda escrever:

$$W_A + W_{CO} = (\lambda_1 \cdot i_1 + \lambda_2 \cdot i_2) \tag{7.79}$$

Levando a equação (7.78) à equação (7.79) e efetuando-se as substituições possíveis, resulta:

$$W_A = (L_1(x) \cdot i_1 + M(x) \cdot i_2) \cdot i_1 + (M(x) \cdot i_1 + L_2(x) \cdot i_2) \cdot i_2 - W_{CO} \tag{7.80}$$

Levando-se à equação (7.80) a expressão da coenergia no campo magnético, resulta:

$$\boxed{W_A = \frac{1}{2} \cdot L_1(x) \cdot i_1^2 + M(x) \cdot i_1 \cdot i_2 + \frac{1}{2} \cdot L_2(x) \cdot i_2^2} \tag{7.81}$$

que expressa a função de estado denominada energia armazenada. Se a energia armazenada e a coenergia no campo magnético são numericamente iguais, o sistema sob análise é magneticamente linear, o que vale dizer:

Para dispositivos e equipamentos magneticamente lineares, a energia armazenada e a coenergia no campo magnético são numericamente iguais.

7.11.4.2: CONVERSORES MODELADOS SEGUNDO O MODELO DAS CORRENTES DEPENDENTES

Seja um conversor eletromecânico de energia dotado de duas portas elétricas de acesso, operando no campo magnético, expresso a partir do modelo das correntes dependentes e a energia armazenada como função de estado:

$$i_1 = B_{11}(x) \cdot \lambda_1 + B_{12}(x) \cdot \lambda_2 \tag{7.82}$$

$$i_2 = B_{21}(x) \cdot \lambda_1 + B_{22}(x) \cdot \lambda_2$$

Para um sistema de duas portas elétricas de acesso, o diferencial da energia armazenada na forma de um campo magnético pode ser expresso por:

$$dW_A = i_1 \cdot d\lambda_1 + i_2 \cdot d\lambda_2 \tag{7.83}$$

e a energia armazenada expressa por:

$$\boxed{W_A = \int_0^{W_A} dW_A = \int_0^{\lambda_1} i_1 \cdot d\lambda_1 + \int_0^{\lambda_2} i_2 \cdot d\lambda_2} \tag{7.84}$$

Levando à equação(7.84) as equações (7.82),resulta:

$$W_A = \int_0^{\lambda 1} (B_{11}(x) \cdot \lambda_1 + B_{12}(x) \cdot \lambda_2) \cdot d\lambda_1 + \int_0^{\lambda 2} (B_{21}(x) \cdot \lambda_1 + B_{22}(x) \cdot \lambda_2) \cdot d\lambda_2 \tag{7.85}$$

$\lambda 2 = 0$ $\qquad$ $\lambda 1 =$ cte.

Efetuando as integrais nos limites e caminhos propostos, encontra-se:

$$\boxed{W_A = \frac{1}{2} \cdot B_{11}(x) \cdot \lambda_1^2 + B_{21}(x) \cdot \lambda_1 \cdot \lambda_2 + \frac{1}{2} \cdot B_{22}(x) \cdot \lambda_2^2} \tag{7.86}$$

que expressa a energia armazenada no dispositivo conversor ideal, segundo o modelo das correntes dependentes. Remanejando a equação (7.86), resulta:

$$W_A = \frac{1}{2} \cdot (B_{11}(x) \cdot \lambda_1 + B_{12}(x) \cdot \lambda_2) \cdot \lambda_1 + \frac{1}{2} \cdot (B_{21}(x) \cdot \lambda_1 + B_{22}(x) \cdot \lambda_2) \cdot \lambda_2 \tag{7.87}$$

Levando as equações (7.82) à equação (7.87), resulta:

$$\boxed{W_A = \frac{1}{2} \cdot (\lambda_1 \cdot i_1) + \frac{1}{2} \cdot (\lambda_2 \cdot i_2)} \tag{7.88}$$

que expressa a energia armazenada em um dispositivo conversor de duas portas elétricas de acesso. Para um dispositivo de n portas de acesso, resulta:

$$\boxed{W_A = \frac{1}{2} \cdot \sum_{k=1}^{n} (\lambda_k \cdot i_k)} \tag{7.89}$$

Comparando equações encontradas ao longo das demonstrações, observa-se que ambos os tratamentos conduzem a idênticos resultados. Portanto, o tratamento matemático não deve intervir nos resultados esperados para os dispositivos, seja na intensidade e no sentido da força propulsora, seja na quantidade de energia armazenada na forma de um campo magnético.

7.11.5: CONSEQÜÊNCIAS

A energia armazenada nos sistemas magneticamente lineares dotados de duas portas elétricas, em que a referida energia armazenada é uma função de estado, pode ser expressa por:

$$W_A = \frac{1}{2} \cdot L_1(x) \cdot i_1^2 + M(x) \cdot i_1 \cdot i_2 + \frac{1}{2} \cdot L_2(x) \cdot i_2^2 \qquad (7.90)$$

para um dispositivo conversor de duas portas elétricas de acesso.

Remanejando os termos da equação (7.90), encontra-se:

$$W_A = \frac{1}{2} \cdot (L_1(x) \cdot i_1^2 + 2 \cdot M(x) \cdot i_1 \cdot i_2 + L_2(x) \cdot i_2^2) \qquad (7.91)$$

operando os termos da equação (7.91), a partir das definições de fluxos totais concatenados por cada porta elétrica de acesso, resulta:

$$W_A = \frac{1}{2} \cdot (L_1(x) \cdot i_1 + M(x) \cdot i_2) \cdot i_1 + \frac{1}{2} \cdot (M(x) \cdot i_1 + L_2(x) \cdot i_2) \cdot i_2 \qquad (7.92)$$

ou ainda:

$$\boxed{W_A = \frac{1}{2} \cdot \left[\lambda_1 \cdot i_1 + \lambda_2 \cdot i_2\right]} \qquad (7.93)$$

que expressa a quantidade de energia armazenada na forma de um campo magnético num dispositivo dotado de duas portas elétricas de acesso. Pode-se examinar a equação (7.93) como uma soma de triângulos retângulos de catetos (λ_k) e (i_k). Isso foi possível devido à linearidade magnética do dispositivo conversor e à energia armazenada ser uma função de estado. De forma geral, para dispositivos magneticamente lineares, dotados de n portas elétricas de acesso em que a energia armazenada independe do caminho de integração, escreve-se:

$$W_A = \frac{1}{2} \cdot \sum_{k=1}^{n} (\lambda_k \cdot i_k) \quad (7.94)$$

Uma visão física do comportamento da equação (7.93) pode ser vista na figura 7.10. A equação (7.93) pode ser desenvolvida, criando dois termos no segundo membro os quais caracterizam as energias armazenadas por porta elétrica de acesso:

$$\boxed{W_A = \frac{1}{2} \cdot (\lambda_1 \cdot i_1) + \frac{1}{2} \cdot (\lambda_2 \cdot i_2)} \quad (7.95)$$

ou ainda:

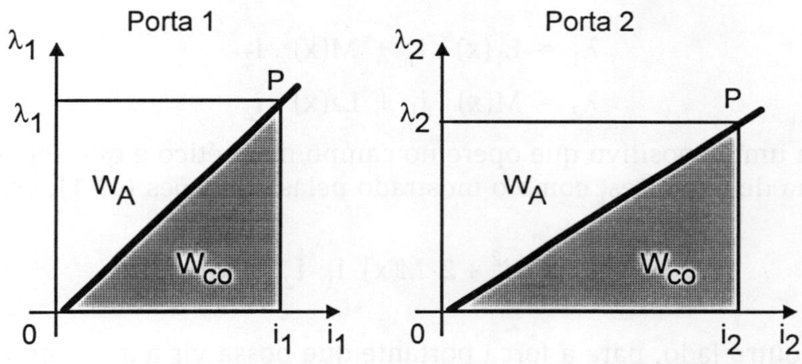

FIGURA 7.10: COMPORTAMENTO DAS FUNÇÕES $\lambda_K = \lambda_K(i_K, x)$ PARA UM DISPOSITIVO CONVERSOR DE DUAS PORTAS ELÉTRICAS.

7.12: EXERCÍCIOS RESOLVIDOS

7.12.1: EXERCÍCIO RESOLVIDO 1

A partir da equação fundamental da força portante, demonstre expressão para a força que atua em um sistema magneticamente linear, ideal, dotado de duas portas elétricas.

RESOLVENDO

Seja um dispositivo magneticamente linear, dotado de duas portas elétricas, em que a energia armazenada é uma função de estado. O pesquisador pode adotar, para suas análises, um dos modelos matemáticos propostos.

HIPÓTESE

Adotando para estudo o Modelo dos Fluxos Concatenados Dependentes, o conceito de Indutância pode ser aplicado, porque, por determinação do enunciado, o dispositivo conversor é magneticamente linear. Assim o sendo, deve-se relembrar o conceito de:

INDUTÂNCIA: É a habilidade de um dispositivo que opere no campo magnético em armazenar energia na forma de um campo magnético.

Para um dispositivo conversor dotado de duas portas elétricas de acesso, magneticamente linear e ideal, pode-se escrever:

$$\lambda_1 = L_1(x) \,.\, i_1 + M(x) \,.\, i_2 \qquad \text{(e9.1)}$$

$$\lambda_2 = M(x) \,.\, i_1 + L_2(x) \,.\, i_2$$

Para um dispositivo que opere no campo magnético e que seja regido por um sistema de equações, como o mostrado pelas equações (e9.1), escreve-se:

$$W_A = \frac{1}{2} \cdot (L_1(x) \cdot i_1^2 + 2 \cdot M(x) \cdot i_1 \cdot i_2 + L_{22}(x) \cdot i_2^2) \qquad \text{(e9.2)}$$

Por outro lado, para a força portante que possa vir a atuar no dispositivo conversor, pode-se, de forma geral, para duas portas de acesso, escrever:

$$f = i_1 \cdot \frac{d\lambda_1}{dx} + i_2 \cdot \frac{d\lambda_2}{dx} - \frac{dW_A}{dx} \qquad \text{(e9.3)}$$

A equação (e9.3) é geral desde que o dispositivo tenha duas portas elétricas de acesso. Ela pode ser aplicada a dispositivos conversores magneticamente lineares ou não.

Resolvendo as derivadas mostradas na equação (e9.3), resulta:

$$\frac{d\lambda_1}{dx} = \frac{\partial\lambda_1}{\partial i_1} \cdot \frac{di_1}{dx} + \frac{\partial\lambda_1}{\partial i_2} \cdot \frac{di_2}{dx} + \frac{\partial\lambda_1}{\partial L_1(x)} \cdot \frac{dL_1(x)}{dx} + \frac{\partial\lambda_1}{\partial M(x)} \cdot \frac{dM(x)}{dx} \qquad \text{(e9.4)}$$

efetuando as possíveis derivadas e tomando aquelas que não resultam produtos nulos, sempre tendo em mente o tratamento matemático escolhido, no presente caso, o dos fluxos concatenados como variáveis dependentes, resulta:

$$\frac{d\lambda_1}{dx} = i_1 \cdot \frac{dL_1(x)}{dx} + i_2 \cdot \frac{dM(x)}{dx} \qquad \text{(e9.5)}$$

Por outro lado:

$$\frac{d\lambda_2}{dx} = \frac{\partial \lambda_2}{\partial i_1} \cdot \frac{di_1}{dx} + \frac{\partial \lambda_2}{\partial i_2} \cdot \frac{di_2}{dx} + \frac{\partial \lambda_2}{\partial L_2(x)} \cdot \frac{dL_2(x)}{dx} + \frac{\partial \lambda_2}{\partial M(x)} \cdot \frac{dM(x)}{dx} \tag{e9.6}$$

resguardando os cuidados tomados anteriormente, as derivadas resultantes serão:

$$\frac{d\lambda_2}{dx} = i_2 \cdot \frac{dL_2(x)}{dx} + i_1 \cdot \frac{dM(x)}{dx} \tag{e9.7}$$

A derivada total da energia armazenada em relação a x tem por expressão:

$$\frac{dW_A}{dx} = \frac{\partial W_A}{\partial i_1} \cdot \frac{di_1}{dx} + \frac{\partial W_A}{\partial i_2} \cdot \frac{di_2}{dx} + \frac{\partial W_A}{\partial L_1(x)} \cdot \frac{dL_1(x)}{dx} + \frac{\partial W_A}{\partial M(x)} \cdot \frac{dM(x)}{dx} + \frac{\partial W_A}{\partial L_2(x)} \cdot \frac{dL_2(x)}{dx} \tag{e9.8}$$

resguardando os cuidados tomados anteriormente, as derivadas resultantes serão:

$$\frac{dW_A}{dx} = \frac{1}{2} \cdot i_1^2 \cdot \frac{dL_1(x)}{dx} + i_1 \cdot i_2 \cdot \frac{dM(x)}{dx} + \frac{1}{2} \cdot i_2^2 \cdot \frac{dL_2(x)}{dx} \tag{e9.9}$$

Levando as derivadas efetuadas à equação da força portante, equação (e9.3), resulta:

$$f = \frac{1}{2} \cdot i_1^2 \cdot \frac{dL_1(x)}{dx} + i_1 \cdot i_2 \cdot \frac{dM(x)}{dx} + \frac{1}{2} \cdot i_2^2 \cdot \frac{dL_2(x)}{dx} \tag{e9.10}$$

expressão que se aplica unicamente a dispositivos conversores magneticamente lineares, ideais, dotados de duas portas elétricas de acesso.

CASO PARTICULAR

Se uma das portas do dispositivo conversor for desligada ou o dispositivo conversor possuir uma única porta elétrica de acesso, a expressão (e9.10) toma a seguinte forma:

$$\boxed{f = \frac{1}{2} \cdot i_1^2 \cdot \frac{dL_1(x)}{dx}} \tag{e9.11}$$

que permite a determinação da força portante em dispositivos magneticamente lineares dotados de uma porta elétrica de acesso.

7.12.2: EXERCÍCIO RESOLVIDO 2

Demonstre, para um dispositivo conversor magneticamente linear e ideal, dotado de duas portas elétricas de acesso, expressão para as indutâncias próprias e mútua.

> ***Observação: O termo INDUTÂNCIA somente pode ser empregado quando o dispositivo em estudo é magneticamente linear e está expresso na forma de fluxos magnéticos dependentes.***

$$\lambda_1 = A_{11}(x) \, . \, i_1 + A_{12}(x) \, . \, i_2 \qquad \text{(e10.1)}$$
$$\lambda_2 = A_{21}(x) \, . \, i_1 + A_{22}(x) \, . \, i_2$$

I) Hipótese

O dispositivo em estudo é ideal e, portanto:

$$\frac{\partial \lambda_1}{\partial i_2} = \frac{\partial \lambda_2}{\partial i_1} \qquad \text{(e10.2)}$$

Conseqüentemente:

$$A_{12}(x) = A_{21}(x) = M(x) \qquad \text{(e10.3)}$$

Por outro lado, por se estar empregando o modelo dos fluxos concatenados dependentes em um sistema magneticamente linear, pode-se escrever:

$$A_{11}(x) = L_1(x) \quad \text{e} \quad A_{22}(x) = L_2(x) \qquad \text{(e10.4)}$$

Levando estas constatações ao modelo matemático expresso na equação (e10.1), resulta:

$$\lambda_1 = L_1(x) \, . \, i_1 + M(x) \, . \, i_2 \qquad \text{(e10.5)}$$
$$\lambda_2 = M(x) \, . \, i_1 + L_2(x) \, . \, i_2$$

II) Análise à Primeira Equação do Sistema expresso em (e10.5):

$$\lambda_1 = L_1(x) \, . \, i_1 + M(x) \, . \, i_2$$

Fazendo **i₂ = 0**, isto é, desligando o enrolamento do dispositivo conversor pelo qual circula a corrente i_2, resulta:

$$\lambda_1 = L_1 \, (x) \, . \, i_1 \qquad \text{(e10.6)}$$

$$\lambda_2 = M(x) \, . \, i_1$$

Por outro lado, o dispositivo conversor, sob ação da corrente i_1 que é forçada a circular, torna-se residência da força magnetomotriz $\Im_1$ e sujeito a um fluxo magnético ϕ_1 que, gerado pelo enrolamento N_1, percorre todo o corpo magnético do dispositivo conversor ideal.

O fluxo total concatenado pelo enrolamento N_1 tem por expressão:

$$\lambda_1 = N_1 \, . \, \phi_1 \qquad \text{(e10.7)}$$

A força magnetomotriz desenvolvida tem por expressão:

$$\Im_1 = N_1 \, . \, i_1 \qquad \text{(e10.8)}$$

Levando em conta a relutância total oferecida pelo dispositivo conversor, a qual é formada por uma parcela oferecida pelo circuito de ferro do conversor e uma que é oferecida pelo circuito de entreferro, com espessura x, resulta:

$$\Re_T(x) = \Re_{FE} + \Re_{AR}(x) \qquad \text{(e10.9)}$$

Em termos de força magnetomotriz desenvolvida, escreve-se:

$$\Im_1 = \Re_T \, (x) \, . \, \phi_1 \qquad \text{(e10.10)}$$

Comparando as equações (e10.7) e (e10.6), resulta:

$$N_1 \, . \, \phi_1 = L_1(x) \, . \, i_1 \qquad \text{(e10.11)}$$

Um remanejamento nas equações (e10.9), (e10.10) e (e10.11) leva a:

$$L_1(x) = \frac{N_1^2}{\Re_T(x)} \qquad \text{(e10.12)}$$

equação que permite determinar a indutância própria do enrolamento dotado de N_1 espiras do dispositivo conversor. O resultado alcançado se deve ao fato da dispositivo conversor ser magneticamente linear. Todas as considerações anteriores devem estar bem assentadas para que o pesquisador possa utilizar, com segurança, as equações que serão geradas. Observa-se em (e10.12), que a indutância própria está intimamente ligada ao quadrado do número de espiras do enrolamento N_1 e à relutância magnética total oferecida ao fluxo magnético estabelecido.

Voltando as equações (e10.6), escreve-se:

$$\lambda_2 = M(x) \cdot i_1 \qquad \text{(e10.6)}$$

Como:

$$\lambda_2 = N_2 \cdot \phi_2 \qquad \text{(e10.13)}$$

resulta:

$$M(x) \cdot i_1 = N_2 \cdot \phi_2 \qquad \text{(e10.14)}$$

Como $\phi_2 = \phi_1$ porque o dispositivo conversor é ideal (não possui dispersões de fluxo magnético) e somente está energizado o enrolamento dotado de N_1 espiras, resulta:

$$N_1 \cdot i_1 = \Re_T(x) \cdot \phi_1 \qquad \text{(e10.15)}$$

Comparando as equações (e10.6), (e10.13), (e10.14) e (e10.15), resulta:

$$M(x) = \frac{N_1 \cdot N_2}{\Re_T(x)} \qquad \text{(e10.16)}$$

que caracteriza a indutância mútua estabelecida entre os enrolamentos 1 e 2 do dispositivo conversor eletromecânico ideal. A indutância mútua pode ser positiva ou negativa e seu sinal está ligado à polaridade do enrolamento 2 em relação ao 1 e ao sentido da corrente convencional em relação aos enrolamentos envolvidos. A questão relacionada a esse sinal é analisada no capítulo 2.

III) Análise à Segunda Equação do sistema leva a:

Voltando as equações (e10.5), escreve-se:

$$\lambda_2 = M(x) \cdot i_1 + L_2(x) \cdot i_2 \qquad \text{(e10.5)}$$

Como se está pretendendo analisar a indutância própria $L_2(x)$, uma das possibilidades é desligar a corrente i_1 e ligar a fonte que faz circular a corrente i_2. Esses procedimentos estão ligados a superposição de efeitos, que somente podem ser adotados quando o corpo magnético do dispositivo conversor, é magneticamente linear. Assim, fazendo-se:

$$i_1 = 0 \quad e \quad i_2 \neq 0$$

resulta:

$$\lambda_2 = = L_2(x) \cdot i_2 \qquad \text{(e10.17)}$$

e:

$$\lambda_2 = N_2 \cdot \phi_2 \qquad \text{(e10.18)}$$

Por outro lado:

$$\Im_2 = N_2 \cdot i_2 = \Re_T(x) \cdot \phi_2 \qquad \text{(e10.19)}$$

Da equação (e10.19), resulta:

$$\phi_2 = N_2 \cdot i_2 / \Re_T(x) \qquad \text{(e10.20)}$$

Remanejando (e10.17), (e10.18), (e10.19) e (e10.20), resulta:

$$L_2(x) = \frac{N_2^2}{\Re_T(x)} \qquad \text{(e10.21)}$$

que caracteriza a indutância própria da porta elétrica de acesso 2.

As equações (e10.12), (e10.16) e (e10.21) mostram comportamentos muito interessantes para as indutâncias próprias e mútua. Por exemplo, um rolo de fio, armazenado em uma prateleira, é um indutor e apresenta indutância, mesmo que o fio ali depositado seja de ferro e empregado para a confecção de um varal de roupas. Dessa forma, observa-se que, havendo habilidade de um determinado elemento em armazenar energia na forma de um campo magnético, pode-se dizer que ele possui ou apresenta INDUTÂNCIA. Observa-se, assim que as indutâncias próprias e mútua não trazem dentro de si parâmetros elétricos. São potencialmente informações construtivas, tais como:

- *números de espiras*
- *material de que é feito o sistema magnético*
- *comprimentos magnéticos*
- *seções retas oferecidas ao fluxo*
- *comportamento do dispositivo em presença da variável x*

Assim, uma indutância, que é a habilidade de uma determinada estrutura magnética de armazenar energia na forma de um campo magnético, é uma função de elementos construtivos da estrutura, e o valor dessa indutância independe da intensidade da corrente que circula pelo enrolamento depositado nela. Por exemplo, operando a equação (e10.9) e sabendo que:

$$\Re_T(x) = \frac{1}{\mu_{material}} \cdot \frac{S_{núcleo}}{l_{núcleo}} + \frac{1}{\mu_{ar}} \cdot \frac{S_{núcleo}}{x} \qquad \text{(e10.9)}$$

em que:

$$\mu_{material} >> \mu_{ar} \qquad \text{(e10.22)}$$

resultando:

$$\boxed{\Re_T(x) \cong \frac{1}{\mu_{ar}} \cdot \frac{S_{núcleo}}{x}} \qquad \text{(e10.23)}$$

e, conseqüentemente:

$$\boxed{L_1(x) = \mu_x \cdot \frac{N_1^2 \cdot S_{núcleo}}{x}} \qquad \text{(e10.24)}$$

que leva ao valor da indutância de um sistema em que a energia está praticamente armazenada no meio de comprimento x e permeabilidade magnética μ_x. Essa equação deve ser examinada com muito tato porque x pode ser o comprimento magnético de um entreferro e μ_x, a permeabilidade magnética do ar. As estruturas conversoras podem admitir uma infinidade de feitios e modelos. O pesquisador deve estar atento à teoria dos Circuitos Magnéticos e à forma de reduzi-los matematicamente para entrar no estudo de equações do tipo (e10.9) ou similares. O espraiamento, que nos dispositivos conversores ideais não é considerado, deve ser introduzido quando da correção de respostas dos protótipos construídos e ensaiados.

7.12.3: EXERCÍCIO RESOLVIDO 3

Usando a expressão da energia armazenada para um dispositivo magneticamente linear de duas portas elétricas, observe se é possível chegar a uma expressão em que se visualize a forma como o dispositivo exerce o armazenamento.

RESOLVENDO

Sabe-se que a energia armazenada em um dispositivo que opera no campo magnético, que seja magneticamente linear e ideal, tem por expressão:

$$W_A = \frac{1}{2} \cdot (L_1(x) \cdot i_1^2 + 2 \cdot M(x) \cdot i_1 \cdot i_2 + L_2(x) \cdot i_2^2) \qquad \text{(e11.1)}$$

Levando à equação (e11.1) as equações desenvolvidas anteriormente, resulta:

$$W_A = \frac{1}{2} \cdot \frac{1}{\Re_T(x)} \cdot (N_1^2 \cdot i_1^2 + 2 \cdot (N_1 \cdot i_1) \cdot (N_2 \cdot i_2) + N_2^2 \cdot i_2^2) \qquad \text{(e11.2)}$$

Examinando o segundo membro da equação (e11.2), escreve-se:

$$W_A = \frac{1}{2} \cdot \frac{1}{\Re_T(x)} \cdot (N_1 \cdot i_1 + N_2 \cdot i_2)^2 \qquad \text{(e11.3)}$$

que expressa a energia armazenada na forma de um campo magnético para um dispositivo que opera com duas portas elétricas. No segundo membro da equação (e11.3), encontra-se, bem caracterizada, a força magnetomotriz que atua no dispositivo:

$$\Im_T = \sum_{k=1}^{2} (N_k \cdot i_k) \qquad \text{(e11.4)}$$

Portanto, em termos de força magnetomotriz, a energia armazenada em um dispositivo magneticamente linear tem por expressão:

$$\boxed{W_A = \frac{1}{2} \cdot \frac{\Im_T^{\ 2}}{\Re_T(x)}} \qquad \text{(e11.5)}$$

que se caracteriza em uma outra forma de apresentar a energia armazenada em um dispositivo conversor. A equação (e11.5) mostra que, existindo condutores elétricos nos quais se possam passar correntes, existe a habilidade e a possibilidade de armazenar energia na forma de um campo magnético. Se o dispositivo conversor possuir enrolamentos e correntes elétricas percorrendo-o, só existe uma forma de não armazenar energia e isto ocorre quando:

$$\boxed{\Im_T = 0} \tag{e11.6}$$

7.12.4: EXERCÍCIO RESOLVIDO 4

A partir da equação que permite o cálculo da força portante em dispositivos magneticamente lineares, desenvolva uma equação para a força portante, em que fique visível a influência da relutância magnética no comportamento da referida força que atua no dispositivo conversor. Para simplificar, adote um dispositivo de duas portas elétricas.

RESOLVENDO

Sabe-se que a força portante que atua num dispositivo magneticamente linear, ideal, dotado de duas portas elétricas e que opera no campo magnético, tem por expressão:

$$f = \frac{1}{2} \cdot i_1^2 \cdot \frac{dL_1(x)}{dx} + i_1 \cdot i_2 \cdot \frac{dM(x)}{dx} + \frac{1}{2} \cdot i_2^2 \cdot \frac{dL_2(x)}{dx} \tag{e12.1}$$

Por outro lado, as equações (e10.12), (e10.16) e (e10.21) permitem escrever:

$$L_1(x) = \frac{N_1^2}{\Re_T(x)} \tag{e10.12}$$

$$L_2(x) = \frac{N_2^2}{\Re_T(x)} \tag{e10.21}$$

$$M(x) = \frac{N_1 \cdot N_2}{\Re_T(x)} \tag{e10.16}$$

e que:

$$\frac{dL_1(x)}{dx} = \frac{\partial L_1(x)}{\partial N_1} \cdot \frac{dN_1}{dx} + \frac{\partial L_1(x)}{\partial \Re_T(x)} \cdot \frac{d\Re_T(x)}{dx} \tag{e12.2}$$

Nos dispositivos existentes, o número de espiras normalmente é fixo e o enrolamento é compacto e rigidamente mantido, porém a derivada dN_1/dx está mostrando, de forma bastante clara, que o pesquisador pode desenvolver um dispositivo em que N_1 varia com x, e quando isso ocorrer, forças mecânicas estarão presentes, devido à variação desta parcela. Se, no dispositivo em estudo, N_1 for constante em relação a x e em relação a t, ter-se-á:

$$\frac{dN_1}{dx} = 0 \qquad \text{(e12.3)}$$

e:

$$\frac{dL_1(x)}{dx} = (-)\cdot\left[\frac{N_1}{\Re_T(x)}\right]^2 \cdot \frac{d\Re_T(x)}{dx} \qquad \text{(e12.4)}$$

Por outro lado:

$$\frac{dM(x)}{dx} = \frac{\partial M(x)}{\partial N_1}\cdot\frac{dN_1}{dx} + \frac{\partial M(x)}{\partial N_2}\cdot\frac{dN_2}{dx} + \frac{\partial M(x)}{\partial \Re_T(x)}\cdot\frac{d\Re_T(x)}{dx} \qquad \text{(e12.5)}$$

De maneira semelhante à anterior, as derivadas que envolvem números de espiras são nulas porque os números de espiras são constantes em relação a x e a t. Assim:

$$\frac{dM(x)}{dx} = (-)\cdot\left[\frac{N_1 \cdot N_2}{(\Re_T(x))^2}\right]\cdot\frac{d\Re_T(x)}{dx} \qquad \text{(e12.6)}$$

Desenvolvendo a derivada da indutância própria da segunda porta em relação a x, encontra-se:

$$\frac{dL_2(x)}{dx} = \frac{\partial L_2(x)}{\partial N_2}\cdot\frac{dN_2}{dx} + \frac{\partial L_2(x)}{\partial \Re_T(x)}\cdot\frac{d\Re_T(x)}{dx} \qquad \text{(e12.7)}$$

Se, no dispositivo em estudo, N_2 for constante em relação a x e em relação a t, resulta:

$$\frac{dN_2}{dx} = 0 \qquad \text{(e12.8)}$$

e:

$$\frac{dL_2(x)}{dx} = (-)\cdot\left[\frac{N_2}{\Re_T(x)}\right]^2 \cdot \frac{d\Re_T(x)}{dx} \qquad \text{(e12.9)}$$

Como:

$$f = \frac{1}{2} \cdot i_1^2 \cdot \frac{dL_1(x)}{dx} + i_1 \cdot i_2 \cdot \frac{dM(x)}{dx} + \frac{1}{2} \cdot i_2^2 \cdot \frac{dL_2(x)}{dx} \qquad \text{(e12.1)}$$

resulta:

$$-f = \frac{1}{2} \cdot i_1^2 \cdot \left[\frac{N_1}{\Re_T(x)}\right]^2 \frac{d\Re_T(x)}{dx} + i_1 \cdot i_2 \cdot \left[\frac{N_1 \cdot N_2}{(\Re_T(x))^2}\right] \frac{d\Re_T(x)}{dx} + \\ + \frac{1}{2} \cdot i_2^2 \cdot \left[\frac{N_1}{\Re_T(x)}\right]^2 \frac{d\Re_T(x)}{dx} \qquad \text{(e12.10)}$$

ou ainda:

$$f = -\frac{1}{2} \cdot i_1^2 \cdot \left[\frac{N_1}{\Re_T(x)}\right]^2 \frac{d\Re_T(x)}{dx} - \frac{1}{2} \cdot 2 \cdot i_1 \cdot i_2 \cdot \left[\frac{N_1 \cdot N_2}{(\Re_T(x))^2}\right] \frac{d\Re_T(x)}{dx} \\ - \frac{1}{2} \cdot i_2^2 \cdot \left[\frac{N_1}{\Re_T(x)}\right]^2 \frac{d\Re_T(x)}{dx} \qquad \text{(e12.11)}$$

Operando a equação (e12.11), resulta:

$$f = (-) \cdot \frac{1}{2} \cdot (N_1 \cdot i_1 + N_2 \cdot i_2)^2 \cdot \left[\frac{1}{(\Re_T(x))^2}\right] \cdot \frac{d\Re_T(x)}{dx} \qquad \text{(e12.12)}$$

Como:

$$\Im_T{}^2 = (N_1 \cdot i_1 + N_2 \cdot i_2)^2 \qquad \text{(e12.13)}$$

e:

$$\Im_T{}^2 = (\Re_T(x))^2 \cdot (\phi(x))^2 \qquad \text{(e12.14)}$$

Portanto, levando as equações (e12.13) e (e12.14) à equação (e12.12), resulta:

$$\boxed{f = (-) \cdot \frac{1}{2} \cdot (\phi(x))^2 \cdot \frac{d\Re_T(x)}{dx}} \qquad \text{(e12.15)}$$

equação de extrema importância para a determinação da força portante em dispositivos conversores que operam no campo magnético. É uma equação bem geral que pode ser aplicada em alimentações por correntes contínuas e alternadas. A força portante f pode ser função de x ou não, dependendo da alimentação e das suas características. Muitas são as possibilidades da equação (e12.15).

São aplicações típicas para a referida equação:

Determinação da força portante em:

- *Bobinas de Relés.*
- *Bobinas de Contatores Magnéticos.*
- *Aparelhos de Medida de Ferro Móvel.*
- *Atuadores.*
- *Eletroimãs.*
- *Máquinas de Força.*

CONSIDERAÇÕES

A equação (e12.15) mostra que:

I. *A força portante que atua em um dispositivo conversor é função do quadrado do fluxo magnético que atua no mesmo. Isto permite afirmar que qualquer sinal elétrico aplicado ao enrolamento gera forças portantes dotadas de valor médio. Assim, o dispositivo apresenta força portante, seja ele alimentado por corrente contínua, seja ele alimentado por uma corrente alternada senoidal ou não, e;*

II. *O sinal negativo da equação (e12.15) está ligado à relutância magnética do circuito em relação a x e indica que o sentido da força portante é de sempre diminuir a relutância magnética dos circuitos magnéticos envolvidos. Assim, o dispositivo da figura 7.11 sempre atuará no sentido de levar o braço móvel do dispositivo eletromecânico para a esquerda, reduzindo a relutância do circuito magnético oferecida ao fluxo, independente do dispositivo estar alimentado em corrente contínua ou alternada, isto é, atua no sentido de diminuir o entreferro do dispositivo conversor.*

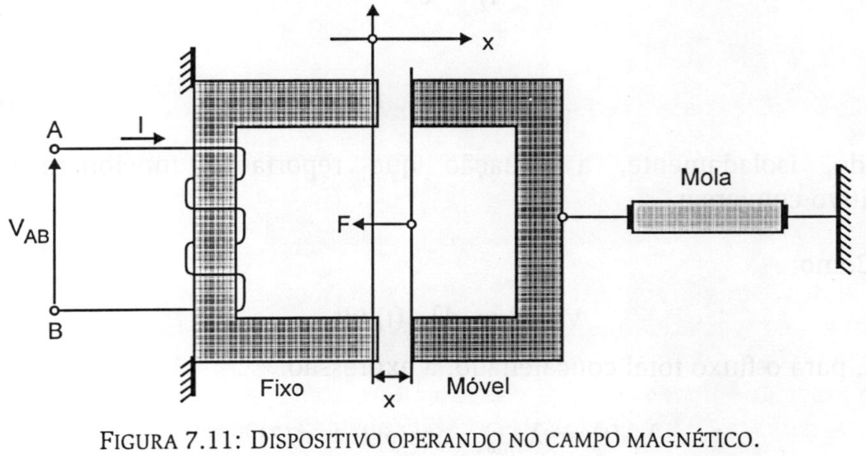

FIGURA 7.11: DISPOSITIVO OPERANDO NO CAMPO MAGNÉTICO.

7.12.5: EXERCÍCIO RESOLVIDO 5

Alimente o enrolamento do dispositivo da figura 7.11 com uma tensão alternante senoidal do tipo:

$$v' = V'_{máx} \cdot \cos(\omega \cdot t + \pi) \qquad (e13.1)$$

e analise o comportamento da força portante que atua nele.

RESOLVENDO

Hipótese: O conversor é ideal de forma que as perdas no cobre e no ferro, assim como a dispersão de fluxo magnético, são analisadas em blocos estudados em separado. A tensão aplicada no conversor eletromecânico ideal tem por expressão:

$$v\,'(t) = d\lambda/dt \qquad (e13.2)$$

e:

$$e\,(t) = -\,N\,.\,d\phi/dt \qquad (e13.3)$$

Se o dispositivo possuir duas portas elétricas de acesso, para ele pode-se escreve:

$$\lambda_1 = L_1(x).i_1 + M(x).i_2 \qquad (e13.4)$$

$$\lambda_2 = M(x).i_1 + L_2(x).i_2$$

Portanto, se uma porta elétrica for desativada, por exemplo, a porta 2, ter-se-á:

$$i_2 = 0$$

e:

$$\lambda_1 = L_1(x)\,.\,i_1 \qquad (e13.4)$$

tornando, isoladamente, a equação que reporta o funcionamento do dispositivo conversor.

Como:

$$v'_1\,(t) = d\lambda_1\,(t)/dt \qquad (e13.5)$$

resulta, para o fluxo total concatenado, a expressão:

$$\lambda_1\,(t) = \lambda_{1máx}\,.\,\cos(\omega.t + \pi/2) \qquad (e13.6)$$

isto é, o fluxo magnético, observado de forma fasorial, está atrasado 90° em relação à tensão aplicada no enrolamento 1. Como:

$$\lambda_1 = N_1 \cdot \phi \quad \text{(e13.7)}$$

em que, de forma funcional:

$$\lambda_1 = \lambda_1(N_1, \phi) \quad \text{(e13.8)}$$

Se:

$$\lambda_{1máx} = N_1 \cdot \phi_{máx} \quad \text{(e13.9)}$$

resulta que:

$$v'_1(t) = d\lambda/dt \quad \text{(e13.10)}$$

Levando a equação (e13.10) à equação (e13.1) e derivando, resulta:

$$v'_1(t) = (\omega \cdot \lambda_{1máx}) \cos(\omega \cdot t + \pi) \quad \text{(e13.11)}$$

em que:

$$V'_{1máx} = (\omega \cdot \lambda_{1máx}) \quad \text{(e13.12)}$$

Porém:

$$\lambda_{1máx} = (N_1 \cdot \phi_{máx}) \quad \text{(e13.13)}$$

Levando a equação (e13.13) à equação (e13.12), resulta:

$$V'_{1máx} = (\omega \cdot N_1 \cdot \phi_{máx}) \quad \text{(e13.14)}$$

o que, em valor eficaz, representa:

$$V'_{EF} = 4{,}44 \cdot f \cdot N_1 \cdot \phi_{máx} \quad \text{(e13.15)}$$

equação que representa o valor eficaz da tensão senoidal aplicada aos terminais do enrolamento N_1 do dispositivo conversor.

Por outro lado:

$$V'_{1máx} = \lambda_{máx} \cdot \omega \quad \text{(e13.16)}$$

$$\lambda_1 = N_1 \cdot i_1 \quad \text{(e13.17)}$$

e:

$$\lambda_1 = L_1(x) \cdot i_1 \quad \text{(e13.18)}$$

Atuando sobre as equações acima, escreve-se:

$$\lambda_{1máx} = L_1(x) \; . \; I_{1máx} \qquad \text{(e13.19)}$$

Como:

$$V'_{1máx} = \lambda_{1máx} \; . \; \omega \qquad \text{(e13.20)}$$

Resulta:

$$V'_{1máx} = L_1(x) \; . \; \omega . \; I_{1máx} \qquad \text{(e13.21)}$$

em que:

$$V'_{EF} = L_1(x) \; . \; \omega . \; I_{1EF} \qquad \text{(e13.22)}$$

ou ainda:

$$\boxed{V'_{EF} \,/\, I_{1EF} = \omega . \; L_1(x)} \qquad \text{(e13.23)}$$

Definindo-se:

X_L: reatância indutiva do dispositivo conversor

escreve-se:

$$X_L = (2 \; . \; \pi . \; f) \; . \; L_1(x) \qquad \text{(e13.24)}$$

estabelecendo, dessa forma, relações entre as equações do dispositivo conversor e da teoria dos Circuitos Elétricos.

7.12.6: EXERCÍCIO RESOLVIDO 6

Fazendo hipóteses, desenvolva, para o dispositivo da figura 7.12, as equações que envolvem todo o seu processo de funcionamento.

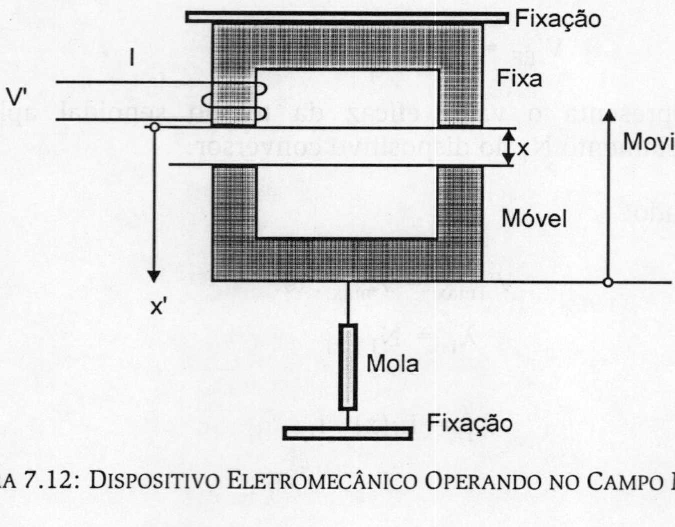

FIGURA 7.12: DISPOSITIVO ELETROMECÂNICO OPERANDO NO CAMPO MAGNÉTICO.

I) Análise da Relutância do Circuito Magnético do Dispositivo da figura 7.12:

$$\Re_T(x) = \Re_{FE} + \Re_{AR}(x) \quad \text{(e14.1)}$$

$$\Re_T(x) = (1/\Re_{FE}).\ l_{FE}/S_{FE} + 1/\mu_{AR}.\ l_{AR}/S_{FE} \quad \text{(e14.2)}$$

com:

$$l_{AR} = 2\ .\ x \quad \text{(e14.3)}$$

Por outro lado:

$$d\Re_T(x)/dx = 1/\mu_{AR}\ .\ 2/S_{FE} \quad \text{(e14.4)}$$

Em exercício anterior, foi demonstrado que:

$$f = (-) \cdot \frac{1}{2} \cdot (\phi(x))^2 \cdot \frac{d\Re_T(x)}{dx} \quad \text{(e14.5)}$$

Levando a equação (e14.4) à equação (e14.5), resulta:

$$\boxed{f = (-) \cdot \frac{1}{2} \cdot (\phi(x))^2 \cdot \frac{2}{(\mu_{AR} \cdot S_{FE})}} \quad \text{(e14.6)}$$

que expressa a força portante que atua em um dispositivo, como o mostrado na figura 7.12.

II) Análise do Fluxo Magnético:

$$v'_1\,(t) = d\lambda_1(t)\ /\ dt \quad \text{(e14.7)}$$

e:

$$\lambda\ (t) = N\ .\ \phi\ (t) \quad \text{(e14.8)}$$

em valores instantâneos. Por outro lado, adotando:

$$v'_1\,(t) = V'_{1máx}\ .\ \cos(\omega.t) \quad \text{(e14.9)}$$

resulta:

$$\lambda_1\,(t) = \lambda_{1máx}\ .\ \cos(\omega.t + \alpha) \quad \text{(e14.10)}$$

Derivando o fluxo total concatenado, em relação a t, resulta:

$$v'_1(t) = d\lambda_1(t)/dt = \lambda_{1máx}\ .\ (-)\ \text{sen}(\omega.t + \alpha)\ .\ \omega \quad \text{(e14.11)}$$

em que:

$$V'_{1máx} = \lambda_{1máx} \cdot \omega \tag{e14.12}$$

e, em valor eficaz:

$$V'_{EF} = 4{,}44 \cdot f \cdot N_1 \cdot \phi_{máx} \tag{e14.13}$$

que permite calcular a tensão aplicada à porta de acesso do dispositivo conversor ideal em seu valor eficaz. É expressão idêntica àquela usada para o enrolamento de unidades transformadoras e indutores.

Por outro lado, analisando as equações (e14.11) e (e14.9), encontra-se:

$$- \operatorname{sen}(\omega.t + \alpha) = \cos(\omega.t) \tag{e14.14}$$

Desenvolvendo o primeiro membro da equação (e14.14), resulta:

$$- \operatorname{sen}(\omega.t) \cdot \cos(\alpha) - \operatorname{sen}(\alpha) \cdot \cos(\omega.t) = \cos(\omega.t) \tag{e14.15}$$

Comparando termo a termo:

$$- \operatorname{sen}(\omega.t) \cdot \cos(\alpha) = 0 \tag{e14.16a}$$

em que:

$$\cos(\alpha) = 0 \tag{e14.16b}$$

Por outro lado:

$$- \operatorname{sen}(\alpha) \cdot \cos(\omega.t) = \cos(\omega.t) \tag{e14.17a}$$

em que:

$$\operatorname{sen}(\alpha\ 1) = -1 \tag{e14.17b}$$

Porém, se:

$$\operatorname{sen}(\alpha) = -1 \quad \text{e} \quad \cos(\alpha) = 0 \tag{e14.18a}$$

resulta:

$$\boxed{\alpha = -\pi\ 2} \tag{e14.18b}$$

Retomando as equações (e14.9) e (e14.10), resulta:

$$v'_1(t) = V'_{1máx} \cdot \cos(\omega.t)$$

e:

$$\lambda_1(t) = \lambda_{1máx} \cdot \cos(\omega.t - \pi/2)$$

Como:

$$\lambda(t) = N \cdot \phi(t) \tag{e14.19}$$

resulta:

$$\phi(t) = \frac{\lambda_1(t)}{N_1} \qquad \text{(e14.20)}$$

ou ainda:

$$\boxed{\phi(t) = \phi_{max} \cdot \cos(\omega \cdot t - \pi / 2)} \qquad \text{(e14.21)}$$

que é a expressão do fluxo magnético que atua no dispositivo conversor quando é aplicada uma tensão v´ (t) em seus terminais de entrada. Esse fluxo magnético pode ser levado à equação (e14.6) e determinar-se a intensidade da força portante que atua no dispositivo conversor da figura 7.12.

7.12.7: EXERCÍCIO RESOLVIDO 7

Um dispositivo que opera no campo magnético tem a configuração mostrada na figura 7.13. Desenvolva a expressão para a força portante que atua no dispositivo, em função dos dados do exercício

Dados: a = 30 mm ; $\mu_{FE} = 3000 \cdot \mu_o$; N = 1000 espiras

RESOLVENDO

I) Modelo Matemático para o Dispositivo Conversor:

A forma mais convencional de estudar os dispositivos conversores é a partir do Modelo dos Fluxos Concatenados Dependentes. Observando o dispositivo conversor da figura 7.13, conclui-se que ele tem uma porta elétrica de acesso e uma porta mecânica de saída.

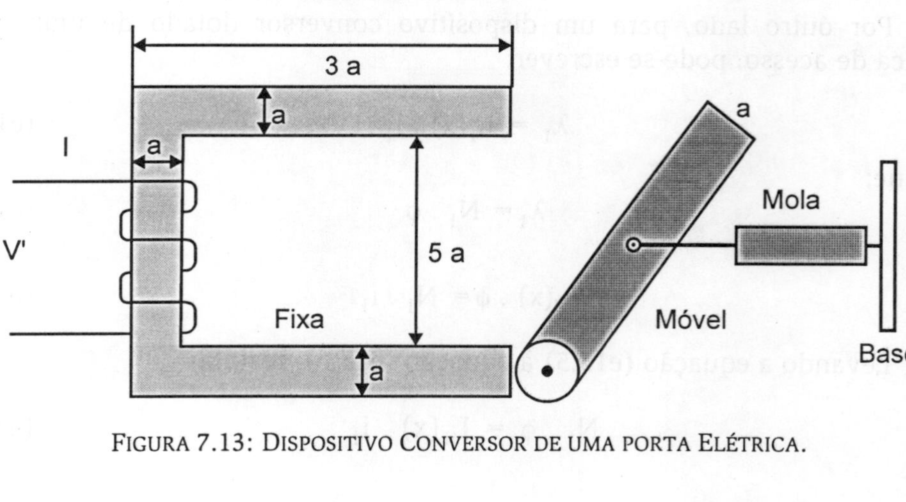

FIGURA 7.13: DISPOSITIVO CONVERSOR DE UMA PORTA ELÉTRICA.

Assim, para um dispositivo conversor de uma porta elétrica de acesso, escreve-se:

$$\lambda_1 = A(x) \cdot i_1 \tag{e15.1a}$$

ou:

$$\lambda_1 = L_1(x) \cdot i_1 \tag{e15.1b}$$

que será o modelo adotado para o referido dispositivo conversor.

II) Desenvolvimento da Relutância Magnética do Circuito:

A relutância magnética oferecida ao fluxo pelo dispositivo conversor pode ser expressa por:

$$\Re_T(x) = \Re_{FE} + \Re_{AR}(x) \tag{e15.2}$$

em que:

$$\Re_{FE} = (1/\mu_{FE}) \cdot (l_{FE}/S_{FE}) \tag{e15.3}$$

representa a relutância magnética devida às partes de ferro do dispositivo, e:

$$\Re_{AR}(x) = (1/\mu_{AR}) \cdot (x/S_{FE}) \tag{e15.4}$$

representa a relutância magnética oferecida ao fluxo, devido ao espaço de ar presente no dispositivo. Todo o equacionamento matemático é feito baseado numa hipótese bastante limitadora: o espaço de ar criado ao dispositivo conversor abrir-se, é da ordem de poucos milímetros. Espaços de ar de dimensões maiores conduzem a grandes dispersões, grandes espraiamentos e erros grosseiros na aplicação do modelo matemático.

Por outro lado, para um dispositivo conversor dotado de uma porta elétrica de acesso, pode-se escrever:

$$\lambda_1 = L_1(x) \cdot i_1 \tag{e15.5}$$

em que:

$$\lambda_1 = N_1 \cdot \phi \tag{e15.6}$$

e:

$$\Re_T(x) \cdot \phi = N_1 \cdot i_1 \tag{e15.7}$$

Levando a equação (e15.5) à equação (e15.6), resulta:

$$N_1 \cdot \phi = L_1(x) \cdot i_1 \tag{e15.8}$$

Por outro lado:

$$N_1 \,.\, (N_1 \,.\, i_1 / \Re_T(x)\,) = L_1(x) \,.\, i_1 \qquad \text{(e15.9)}$$

Resultando:

$$\boxed{L_1(x) = \frac{N_1^2}{\Re_T(x)}} \qquad \text{(e15.10)}$$

que representa a indutância própria da porta elétrica de acesso de um dispositivo magnetomecânico, operando no campo magnético, que pode ser denominada de porta elétrica 1.

III) Desenvolvimento da Expressão da Força Portante para o Dispositivo Conversor:

Para um conversor dotado de uma porta elétrica de acesso, pode-se escrever:

$$\boxed{f = i_1 \cdot \frac{d\lambda_1}{dx} - \frac{dW_A}{dx}} \qquad \text{(e15.11)}$$

E, para a energia armazenada na forma de um campo magnético, escreve-se:

$$\boxed{W_A = \frac{1}{2} \cdot \lambda_1 \cdot i_1} \qquad \text{(e15.12)}$$

expressão válida para dispositivos conversores magneticamente lineares. Trabalhando a equação (e15.12), resulta:

$$\boxed{W_A = \frac{1}{2} \cdot L_1(x) \cdot i_1^2} \qquad \text{(e15.13)}$$

para um dispositivo de uma porta elétrica de acesso, operando no campo magnético.

Efetuando as derivadas propostas na equação (e15.11), resulta:

$$\frac{d\lambda_1}{dx} = \frac{\partial \lambda_1}{\partial L_1(x)} \cdot \frac{dL_1(x)}{dx} + \frac{\partial \lambda_1}{\partial i_1} \cdot \frac{di_1}{dx} \qquad \text{(e15.14)}$$

A derivada di_1/dx é nula porque i_1 e x são variáveis independentes. Assim:

$$\frac{d\lambda_1}{dx} = \frac{\partial \lambda_1}{\partial L_1(x)} \cdot \frac{dL_1(x)}{dx} \tag{e15.15}$$

em que:

$$\frac{d\lambda_1}{dx} = i_1 \cdot \frac{dL_1(x)}{dx} \tag{e15.16}$$

Por outro lado:

$$\frac{dW_A}{dx} = \frac{\partial W_A}{\partial L_1(x)} \cdot \frac{dL_1(x)}{dx} + \frac{\partial W_A}{\partial i_1} \cdot \frac{di_1}{dx} \tag{e15.17}$$

Como i_1 e x são variáveis independentes, resulta:

$$\frac{dW_A}{dx} = \frac{\partial W_A}{\partial L_1(x)} \cdot \frac{dL_1(x)}{dx} \tag{e15.18}$$

ou ainda:

$$\frac{dW_A}{dx} = \frac{1}{2} \cdot i_1^2 \cdot \frac{dL_1(x)}{dx} \tag{e15.19}$$

Retornando à expressão da força portante, equação (e15.11), resulta:

$$f = i_1^2 \cdot \frac{dL_1(x)}{dx} - \frac{1}{2} \cdot i_1^2 \cdot \frac{dL_1(x)}{dx} \tag{e15.20}$$

ou ainda:

$$\boxed{f = \frac{1}{2} \cdot i_1^2 \cdot \frac{dL_1(x)}{dx}} \tag{e15.21}$$

que é expressão de extrema importância para a determinação da força portante que atua em um dispositivo conversor dotado de uma porta elétrica de acesso. Como a expressão de $L_1(x)$ é conhecida, resulta:

$$\frac{dL_1}{dx} = \frac{\partial L_1(x)}{\partial N_1} \cdot \frac{dN_1}{dx} + \frac{\partial L_1(x)}{\partial \Re_T(x)} \cdot \frac{\partial \Re_T(x)}{dx} \tag{e15.22}$$

Como o número de espiras do dispositivo conversor é constante em relação a x e em relação a t, a derivada:

$$dN_1/dx = 0 \tag{e15.23a}$$

e:

$$\frac{dL_1(x)}{dx} = (-)\cdot\left[\frac{N_1}{\Re_T(x)}\right]^2 \cdot \frac{d\Re_T(x)}{dx} \quad \text{(e15.23b)}$$

e:

$$\boxed{f = (-)\cdot\frac{1}{2}\cdot i_1^2\cdot\left[\frac{N_1}{\Re_T(x)}\right]^2 \cdot \frac{d\Re_T(x)}{dx}} \quad \text{(e15.24)}$$

Porém:

$$N_1 \,.\, i_1 = \Re_T(x) \,.\, \phi\,(x) \quad \text{(e15.25)}$$

e:

$$\phi\,(x) = N_1 \,.\, i_1/\Re_T(x) \quad \text{(e15.26)}$$

Resultando:

$$\boxed{f = (-)\cdot\frac{1}{2}\cdot(\phi(x))^2\cdot\frac{d\Re_T(x)}{dx}} \quad \text{(e15.27)}$$

equação de extrema importância para a determinação da força portante que atua em dispositivos conversores. É uma função do fluxo magnético e da derivada da relutância magnética imposta ao fluxo, em relação a x. Atenção fundamental deve ser dada ao sinal negativo presente na equação (e15.27). Ele está ligado ao comportamento da relutância magnética do espaço de ar presente no dispositivo e leva ao sentido da força que atua nele, isto é, o sentido da força é sempre tal que sua atuação reduz a relutância magnética total do dispositivo conversor.

IV) Pesquisa da Derivada da Relutância Magnética em relação a x:

Em item anterior, escreveu-se:

$$\Re_T(x) = \Re_{FE} + \Re_{AR}(x) \quad \text{(e15.28)}$$

em que:

$$\Re_T(x) = \Re_{FE} + 1/\mu_o \,.\, x/S_{FE} \quad \text{(e15.29)}$$

Derivando a expressão (e15.29) em relação a x, resulta:

$$d\Re_T(x)/dx = 1/\mu_o \,.\, 1/S_{FE} \quad \text{(e15.30)}$$

Levando a equação (e15.30) à equação (e15.27), resulta:

$$\boxed{f = (-)\cdot\frac{1}{2}\cdot(\phi(x))^2\cdot\frac{1}{\mu_{AR}\cdot S_{FE}}} \quad \text{(e15.31)}$$

Observar que dentro da equação (e15.31) existe somente o fluxo magnético atuando como incógnita. Portanto, determinado o referido fluxo, determina-se f que é a força portante que atua no dispositivo conversor operando no campo magnético.

V) Pesquisa do Fluxo Magnético ϕ (x):

Dois casos existem a serem pesquisados, que estão ligados à alimentação do dispositivo conversor:

1º Caso: O Dispositivo Conversor Opera em Corrente Contínua:

Neste caso, uma análise à equação (e15.26) permite concluir que se a corrente é contínua e constante, o fluxo magnético ϕ (x) é função da relutância magnética do circuito e, portanto, função de x:

$$\phi(x) = \frac{N_1 \cdot i_1}{\Re_T(x)} \qquad (e15.32)$$

Por outro lado, por proposta do exercício:

$$i_1 = I_{DC} = \text{constante}$$

Assim:

$$\phi(x) = \frac{N_1 \cdot i_{DC}}{\Re_T(x)} = \frac{\text{cte.}}{\Re_T(x)} \qquad (e15.33)$$

Porém:

$$\Re_T(x) = 1/\mu_{FE} \, . \, l_{FE}/S_{FE} + 1/\mu_{AR} \, . \, x/S_{FE} \qquad (e15.33)$$

Para solução numérica do exercício, calculam-se l_{FE} e S_{FE} com os dados da figura 7.13. Estando o dispositivo conversor fechado, escreve-se:

$$S_{FE} = a \, . \, a \qquad e \qquad l_{FE} = 1/2 \, . \, (l_{EXTERNO} + l_{INTERNO}) \qquad (e15.34)$$

$$l_{EXTERNO} = (4.a + 5.a + 4.a + 5.a) = 18.a$$

$$l_{INTERNO} = (2.a + 3.a + 2.a + 3.a) = 10.a$$

$$l_{FE} = 1/2 \, . \, (18.a + 10.a)$$

de onde:

$$S_{FE} = a^2 \qquad (e15.35)$$

e:

$$l_{FE} = 14 \cdot a \qquad \text{(e15.36)}$$

A relutância magnética oferecida pelo circuito será expressa por:

$$\Re_T(x) = \frac{1}{\mu_{FE}} \cdot \frac{14 \cdot a}{a^2} + \frac{1}{\mu_{Ar}} \cdot \frac{x}{a^2} \qquad \text{(e15.37)}$$

Para cada valor de x, determina-se $\Re_T(x)$ e para cada valor de $\Re_T(x)$, determina-se ϕ (x). Calculado-se um valor para ϕ (x), calcula o correspondente valor para a força portante f que é uma função de x.

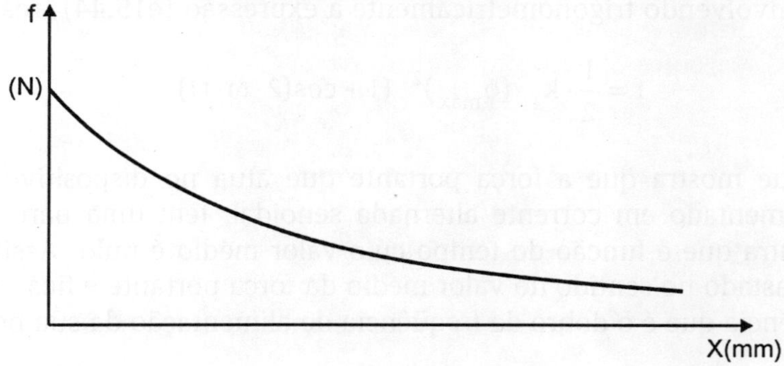

FIGURA 7.14: COMPORTAMENTO DA FORÇA PROPULSORA PARA UMA ALIMENTAÇÃO EM CORRENTE CONTÍNUA.

2º Caso: O Dispositivo Conversor Opera em Corrente Alternada Senoidal:

Da equação (e15.31), escreve-se:

$$f = (-) \cdot \frac{1}{2} \cdot (\phi(x))^2 \cdot \frac{1}{\mu_{AR} \cdot S_{FE}} \qquad \text{(e15.38)}$$

Como:

$$S_{FE} = a^2 \qquad \text{(e15.39)}$$

e

$$\mu_{AR} = \mu_0 = 4 \cdot \pi \cdot 10^{-7} \quad \text{H/m} \qquad \text{(e15.40)}$$

escreve-se:

$$f = k_1 : (\phi(x))^2 \qquad \text{(e15.41)}$$

com:

$$k_1 = (-) \cdot \frac{1}{2} \cdot \frac{1}{\mu_{Ar}} \cdot \frac{1}{a^2} \quad \text{(e15.42)}$$

Como a alimentação é alternante senoidal, pode-se adotar para o fluxo magnético:

$$\phi\,(t) = \phi_{máx} \cdot \cos(\omega.t) \quad \text{(e15.43)}$$

em que:

$$f = k_1 \cdot (\phi_{máx} \cdot \cos(\omega \cdot t))^2 \quad \text{(e15.44)}$$

Desenvolvendo trigonometricamente a expressão (e15.44), resulta:

$$f = \frac{1}{2} \cdot k_1 \cdot (\phi_{máx})^2 \cdot (1 + \cos(2 \cdot \omega \cdot t)) \quad \text{(e15.45)}$$

equação que mostra que a força portante que atua no dispositivo conversor, quando alimentado em corrente alternada senoidal, tem uma parcela de valor médio e outra que é função do tempo cujo valor médio é nulo. Assim, o dispositivo é arrastado no sentido do valor médio da força portante e fica vibrando em uma freqüência que é o dobro da freqüência de alimentação da sua bobina:

$$f_{médio} = (-) \cdot \frac{1}{4} \cdot (\phi_{máx})^2 \cdot (\frac{1}{\mu_{AR}} \cdot \frac{1}{a^2}) \quad \text{(e15.46)}$$

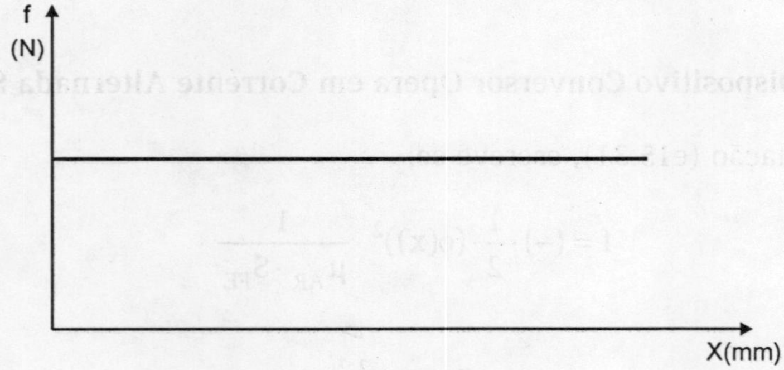

FIGURA 7.15: COMPORTAMENTOS DA FORÇA PORTANTE MÉDIA E QUE ATUA NO DISPOSITIVO CONVERSOR.

Como a alimentação é alternante senoidal, o fluxo magnético pode ser calculado por:

$$v'_1(t) = d\lambda_1(t) / dt = N_1 \cdot d\phi\,(t)/dt \quad \text{(e15.47)}$$

que desenvolvida leva a:

$$V'_{1EF} = 4{,}44 \, . \, f \, . \, N_1 \, . \, \phi máx \qquad (e15.48)$$

em valor eficaz.

A equação (e15.48) vincula a tensão dos terminais do dispositivo conversor ao valor do fluxo magnético. Se a tensão dos terminais for mantida em valor eficaz constante, o fluxo magnético será mantido em valor máximo constante e a força portante média será constante, independentemente do valor da variável x. Por outro lado, se a força portante média for mantida em valor constante para qualquer valor de x, a corrente elétrica, em seu valor eficaz, crescerá com a variável x. Assim, à medida que o membro mecânico do conversor se movimenta, varia a corrente de alimentação, crescendo o seu valor quando x cresce e decrescendo quando x decresce.

7.13: EXERCÍCIOS PROPOSTOS

7.13.1: EXERCÍCIO PROPOSTO 1

Usando equações já desenvolvidas, determine, para o dispositivo da figura 7.16:

a) Indutância $L_1(x)$.
b) Reatância Indutiva do Dispositivo.
c) Fluxo Magnético.
d) Densidade de Fluxo Magnético.
e) Força Portante.
f) Teça comentários.

DADOS: a = 5 cm; N = 1000 espiras; V'_1 = 220 V; $\mu_{FE} = 1800\,\mu_o$; $\mu_{AR} = \mu_o$; f = 60 Hz.

7.13.2: EXERCÍCIO PROPOSTO 2

O dispositivo da figura 7.16 opera em corrente contínua e constante, de valor igual a 5 A. Para ele, determine:

a) Força Magnetomotriz.
b) Relutância do Circuito Magnético.
c) Densidade de Campo Magnético, para:

DADOS: x = 0; x = 1 mm; x = 2 mm (Comente resultados)

Força Portante para os valores de x, acima.

DADOS: a = 4 cm; N = 600 espiras; $\mu_{FE} = 2100 \cdot \mu_o$

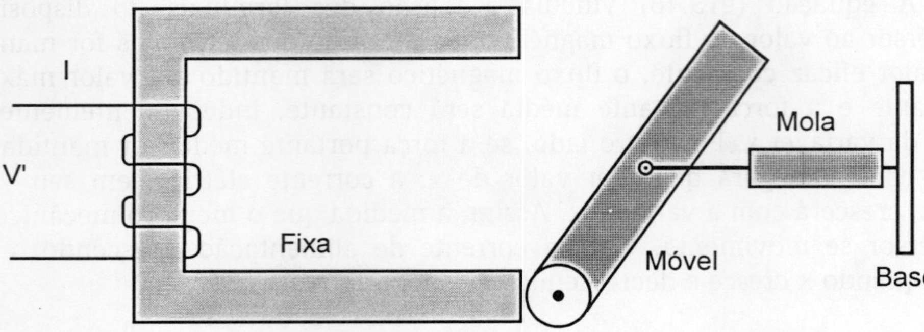

FIGURA 7.16: DISPOSITIVO QUE OPERA NO CAMPO MAGNÉTICO, DOTADO DE UMA PORTA ELÉTRICA.

7.14: BIBLIOGRAFIA RECOMENDADA PARA O CAPÍTULO

Cutler, P. (**1976**). Análises de Circuitos CA. Editora McGraw-Hill do Brasil Ltda. São Paulo, S. P. p. 351.

Clement, P. R. e Johnson, W. C. (**1960**). Electrical Engineering Science. McGraw-Hill Book Company, Inc. New York, U.S.A. p.588.

Crosno, C. D. (**1968**). Fundamentals of Electromechanical Conversion. Harcourt, Brace & World, Inc. New York, U. S. A. p. 214.

Dekker, A. J. (**1967**). Electrical Engineering Materials. Prentice-Hall of India. New Delhi, India. p. 208.

Gozzi, G. G. M. (**1996**). Circuitos Magnéticos. Editora Érica Ltda. São Paulo. S. P. p. 140.

Morris, N. M. (**1975**). Electrical Circuits and Systems. The MacMillan Press Ltd. London. U. K. p.270.

Schmitz, N. l. e Novotny, D. W. (**1965**). Introductory Electromechanics. The Ronald Press Co. New York, U. S. A. p. 315.

Steven, R. E. (**1970**). Electromechanics and Machines. Chapman and Hall Ltd. London, U. K. p. 283.

Conversores Rotativos Magneticamente Lineares

8.1: ASPECTOS GERAIS

Este capítulo trata do estudo dos conversores rotativos os quais, em algumas ocasiões, serão chamados de MÁQUINAS ELÉTRICAS.

Assim, **Máquinas Elétricas são conversores de energia, rotativos ou não, que podem funcionar como motores ou como geradores, guardadas suas particulares propriedades**. O Princípio da Reversibilidade ensina que toda máquina elétrica que consegue operar como motor, consegue operar como gerador e vice-versa. Portanto, os conversores a serem analisados neste capítulo encontram-se, na prática, realizados com o nome de MÁQUINAS ELÉTRICAS.

8.2: UMA CLASSIFICAÇÃO PARA OS CONVERSORES MAGNETICAMENTE LINEARES

A presente classificação visa possibilitar o estudo dos conversores de uma forma geral e, particularmente, os conversores rotativos, tendo como primacial função a sua análise qualitativa. Assim, existem formas de classificar os conversores, porém a presente se mostra mais adequada ao objetivo da presente obra.

8.2.1: QUANTO À FORMA FÍSICA OU TOPOLOGIA

Quanto à topologia, os conversores podem ser:

- *Lineares ou Planos*
- *Em Arco ou Setoriais*
- *Cilíndricos*

8.2.2: QUANTO À ALIMENTAÇÃO

Quanto à alimentação principal ou à alimentação do enrolamento de armadura, podem-se encontrar:

8.2.2.1: CONVERSORES QUE OPERAM UNICAMENTE EM CORRENTE ALTERNADA

Esses conversores formam duas grandes famílias, que compreendem desde conversores de alguns watts de potência até os conversores de elevadíssima potência, usados nas grandes usinas termelétricas e hidrelétricas, operando como geradores de energia elétrica. Essas duas grandes famílias compreendem:

I: CONVERSORES SÍNCRONOS

Operando de forma síncrona, encontram-se:

- *CONVERSORES SÍNCRONOS A ÍMÃ PERMANENTE*
- *CONVERSORES SÍNCRONOS COM CIRCUITO DE CAMPO EXCITADO POR CORRENTE CONTÍNUA*
- *CONVERSORES SÍNCRONOS A RELUTÂNCIA MAGNÉTICA*
- *CONVERSORES SÍNCRONOS A HISTERESE MAGNÉTICA*

II: CONVERSORES ASSÍNCRONOS

Operando de forma assíncrona, encontram-se:

- *CONVERSORES DE INDUÇÃO COM ROTOR EM GAIOLA DE ESQUILO*
- *CONVERSORES DE INDUÇÃO COM ROTOR BOBINADO E CAIXA DE RESISTORES EXTERNA*
- *CONVERSORES DE REPULSÃO*

8.2.2.2: CONVERSORES QUE OPERAM UNICAMENTE EM CORRENTE CONTÍNUA

I: CONVENCIONAIS

- *COM CIRCUITO DE CAMPO LIGADO EM PARALELO COM O CIRCUITO DA ARMADURA*
- *COM CIRCUITO DE CAMPO LIGADO EM SÉRIE COM O CIRCUITO DA ARMADURA*
- *COM CIRCUITO DE CAMPO COMPOSTO (SÉRIE E PARALELO)*
- *CONVERSORES HIPERCOMPOSTOS*
- *CONVERSORES NORMAIS*
- *CONVERSORES HIPOCOMPOSTOS*
- *CONVERSORES SUBTRATIVOS*

8.2.2.3: CONVERSORES QUE OPERAM EM CORRENTE CONTÍNUA E ALTERNADA

Formam uma família de conversores semelhantes aos conversores de corrente contínua com circuito de campo ligado em série com o circuito de armadura. Possuem diferenças construtivas em relação àqueles para poderem receber alimentação monofásica em corrente alternada. Dessa maneira, respeitados os níveis de corrente dos enrolamentos do circuito de campo e do circuito de armadura, podem operar em corrente contínua ou alternada, como motores. Se colocados a operar como geradores, geram em corrente contínua.

I: CONVERSORES UNIVERSAIS

8.2.2.4: CONVERSORES ESPECIAIS

Essa família de conversores tem ganho, cada ano, um maior impulso em face do grande desenvolvimento do controle, da informática e dos comando digitais.

I: CONVERSORES DE PASSO

8.2.2.5: AMPLIFICADORES ROTATIVOS

Nascidos a partir dos conversores que operam em corrente contínua, os amplificadores magnéticos rotativos são aplicados em tarefas nas quais é desejável grande conjugado mecânico associado a pequenos sinais de comando, como ocorre com as torres de tanques e as peças de artilharia embarcadas ou não. São potentes acionadores para antenas de grande porte e para equipamentos que possuem grande massa e movimento e posição controlados.

I: CONVERSORES AMPLIDINES

II: CONVERSORES METADINES

8.3: CONFIGURAÇÕES MECÂNICO-ELÉTRICAS

À semelhança dos dispositivos conversores estudados nos capítulos anteriores, podem-se encontrar ou desenvolver CONFIGURAÇÕES MECÂNICO-ELÉTRICAS que permitem a construção de conversores rotativos das mais variadas naturezas. Algumas configurações estudadas, há muito são amplamente empregadas na construção de máquinas elétricas rotativas usuais. Outras configurações possíveis, matematicamente equacionadas, não estão presentes na prática pelas mais diversas razões:

- *praticidade*
- *custo*
- *dificuldade de execução*
- *limitação de uso*

Convém ressaltar que o estudo a ser realizado no presente capítulo será bastante particularizado e refere-se a CONVERSORES MAGNETICAMENTE LINEARES. Do presente estudo, podem-se alcançar, com as mesmas CONFIGURAÇÕES MECÂNICO-ELÉTRICAS, conversores magneticamente não lineares e, dessa forma, estender o estudo a casos bastante particulares, em que as equações tradicionais precisam ser reanalisadas. As máquinas reais, encontradas na prática tradicional, normalmente são magneticamente não lineares e quando o pesquisador necessita de respostas muito precisas, principalmente quando a máquina é levada a operações transitórias, ele tem que buscar modelos matemáticos que possam explicar ou simular a operação das referidas nas condições operacionais propostas.

O entreferro, que representa o espaço de ar existente entre a parte fixa e a parte móvel da máquina, opera como o elemento linearizador do circuito magnético, isto é, a permeabilidade magnética do ar, sendo muito menor do que a permeabilidade magnética dos materiais ferromagnéticos que são empregados na construção das máquinas elétricas, faz com que a relutância magnética do entreferro seja numericamente maior do que a relutância magnética das partes de ferro. Dessa forma, a concentração de energia armazenada na forma de um campo magnético se faz com grande predominância no entreferro, e este acaba tendo uma marcante presença no desempenho funcional do conversor ou da máquina elétrica, seja ela rotativa ou linear.

Os transformadores elétricos convencionais não possuem entreferros ou se possuem, são mantidos a níveis muito pequenos. Esta particularidade faz com que seus modelos matemáticos caminhem mais facilmente para a não--linearidade magnética. Porém, por não possuírem entreferros, a energia armazenada na forma de um campo magnético nos transformadores convencionais é comparativamente menor e, para tensões eficazes numericamente iguais ou próximas, a corrente de magnetização das unidades transformadoras, em valor eficaz, é menor do que a corrente de magnetização de máquinas rotativas que operam em corrente alternada. Para elementos de potência aparente próxima, é normal a corrente de magnetização de um conversor rotativo ser cinco a sete vezes a corrente de magnetização de um transformador convencional.

Como foi ressaltado anteriormente, os conversores rotativos usados na prática, tradicionalmente, não são entes magneticamente lineares, porém, por razões ligadas ao tratamento ou equacionamento matemático, adota-se, para os referidos, um comportamento magneticamente linear e daí decorre o seu equacionamento geral. Por essa razão, são denominados de CONVERSORES MAGNETICAMENTE LINEARES. Para tanto, empregar-se-ão Modelos Matemáticos desenvolvidos nos capítulos anteriores e só aplicáveis em estruturas magneticamente lineares.

8.3.1: MODELO DOS FLUXOS CONCATENADOS DEPENDENTES

8.3.1.1: ASPECTOS GERAIS

Nos conversores anteriormente estudados, os deslocamentos mecânicos eram lineares e a variável independente da porta mecânica era x. Agora, os deslocamentos são angulares e deve-se, antes de qualquer outra providência, estabelecer relacionamento entre os deslocamentos lineares ocorridos nos conversores estudados e os deslocamentos angulares a se processarem nos conversores rotativos em estudo.

Seja um braço mecânico de raio R que gira em torno de um ponto, formando um arco de amplitude x e um ângulo de valor φ. A relação entre o arco descrito pelo braço e o ângulo compreendido por esse deslocamento pode ser explicitada por:

$$x = (\text{raio}) \cdot \varphi \tag{8.1}$$

Dessa forma, nos modelos matemáticos a serem desenvolvidos o pesquisador buscará, como variável independente na porta mecânica, o ângulo descrito φ e suas análises desenvolver-se-ão em torno desse ângulo.

8.3.1.2: EQUACIONAMENTO

Sendo λ o fluxo total concatenado por uma porta elétrica de acesso, para um conversor rotativo dotado de três portas elétricas de acesso, reproduzido segundo o modelo dos fluxos concatenados dependentes, escreve-se:

$$\begin{aligned} \lambda_1 &= A_{11}(\varphi) \,.\, i_1 + A_{12}(\varphi) \,.\, i_2 + A_{13}(\varphi) \,.\, i_3 \\ \lambda_2 &= A_{21}(\varphi) \; i_1 + A_{22}(\varphi) \,.\, i_2 + A_{23}(\varphi) \,.\, i_3 \\ \lambda_3 &= A_{31}(\varphi) \,.\, i_1 + A_{32}(\varphi) \,.\, i_2 + A_{33}(\varphi) \,.\, i_3 \end{aligned} \tag{8.2}$$

Outra forma de apresentar o modelo é a matricial. Pode-se analisar o conversor a partir de três matrizes, sendo a primeira a matriz dos fluxos magnéticos concatenados, a segunda a matriz dos coeficientes e a terceira a matriz das correntes.

$$\begin{bmatrix} \lambda_1 \\ \lambda_2 \\ \lambda_3 \end{bmatrix} = \begin{bmatrix} A_{11}(\varphi) & A_{12}(\varphi) & A_{13}(\varphi) \\ A_{21}(\varphi) & A_{22}(\varphi) & A_{23}(\varphi) \\ A_{31}(\varphi) & A_{32}(\varphi) & A_{33}(\varphi) \end{bmatrix} \cdot \begin{bmatrix} i_1 \\ i_2 \\ i_3 \end{bmatrix} \tag{8.3}$$

Como se está empregando o Modelo dos Fluxos Magnéticos Concatenados como funções dependentes e o tratamento considerado é magneticamente linear, os coeficientes da segunda matriz são indutâncias. Por outro lado, como os sistemas magnéticos a serem empregados são conservativos e a energia armazenada na forma de um campo magnético é uma função de estado, a segunda matriz caracteriza-se em uma Matriz de Indutâncias Próprias e Mútuas, resultando:

$$\begin{bmatrix} \lambda_1 \\ \lambda_2 \\ \lambda_3 \end{bmatrix} = \begin{bmatrix} L_1(\varphi) & M_{12}(\varphi) & M_{13}(\varphi) \\ M_{21}(\varphi) & L_2(\varphi) & M_{23}(\varphi) \\ M_{31}(\varphi) & M_{32}(\varphi) & L_3(\varphi) \end{bmatrix} \cdot \begin{bmatrix} i_1 \\ i_2 \\ i_3 \end{bmatrix} \tag{8.4}$$

Ressaltar que este modelo é o mais empregado para representar os Conversores Rotativos Magneticamente Lineares, por empregarem e permitirem empregar a definição de Indutâncias Próprias e Mútuas.

8.3.2: MODELO DAS CORRENTES DEPENDENTES

8.3.2.1: ASPECTOS GERAIS

Este modelo explicita as correntes que circulam pelos enrolamentos do conversor rotativo e, para algumas aplicações, pode ser empregado ou adotado com nítida vantagem sobre o modelo anterior. Lembrar que o pesquisador não pode, com a mesma facilidade, manejar as indutâncias dos enrolamentos, porque os coeficientes B_{ik} não são indutâncias.

$$\begin{aligned} i_1 &= B_{11}(\varphi) \,.\, \lambda_1 + B_{12}(\varphi) \,.\, \lambda_2 + B_{13}(\varphi) \,.\, \lambda_3 \\ i_2 &= B_{21}(\varphi) \,.\, \lambda_1 + B_{22}(\varphi) \,.\, \lambda_2 + B_{23}(\varphi) \,.\, \lambda_3 \\ i_3 &= B_{31}(\varphi) \,.\, \lambda_1 + B_{32}(\varphi) \,.\, \lambda_2 + B_{33}(\varphi) \,.\, \lambda_3 \end{aligned} \tag{8.5}$$

Outra forma de apresentar o modelo é a matricial. Pode-se analisar o conversor a partir de três matrizes, sendo a primeira a matriz das correntes dependentes, a segunda a matriz dos coeficientes B ik e a terceira a matriz dos fluxos totais concatenados, agora operando como variáveis independentes.

$$\begin{bmatrix} i_1 \\ i_2 \\ i_3 \end{bmatrix} = \begin{bmatrix} B_{11}(\varphi) & B_{12}(\varphi) & B_{13}(\varphi) \\ B_{21}(\varphi) & B_{22}(\varphi) & B_{23}(\varphi) \\ B_{31}(\varphi) & B_{32}(\varphi) & B_{33}(\varphi) \end{bmatrix} \cdot \begin{bmatrix} \lambda_1 \\ \lambda_2 \\ \lambda_3 \end{bmatrix} \tag{8.6}$$

Ressaltar bem que B ik não são indutâncias e serão sempre chamados de Coeficientes da Matriz B.

8.3.3: CONFIGURAÇÕES MECÂNICO-ELÉTRICAS

8.3.3.1: ASPECTOS GERAIS

No passado, os conversores rotativos trabalharam com, até, quatro configurações mecânico-elétricas distintas. Atualmente, essa quarta configuração, a que chamar-se-á de ESTATOR SALIENTE - ROTOR SALIENTE é empregada em projetos muito específicos e de pequena potência. Os aspectos matemáticos envolvidos não justificam a utilização dessa configuração em projetos e desenvolvimentos em que estão envolvidas grandes potências. Por essa razão, este capítulo deixará de examinar a referida configuração e ater-se-á a:

- *CONFIGURAÇÃO ESTATOR LISO - ROTOR LISO*
- *CONFIGURAÇÃO ESTATOR LISO - ROTOR SALIENTE*
- *CONFIGURAÇÃO ESTATOR SALIENTE - ROTOR LISO*

8.3.3.2: ESTUDO DA CONFIGURAÇÃO ESTATOR LISO - ROTOR LISO

I: ASPECTOS GERAIS

Essa configuração trabalha com um ESTATOR LISO e um ROTOR LISO. Denomina-se ESTATOR aquela parte do conversor que está estática, está parada em relação a um observador vinculado à Terra. Por outro lado, denominar-se-á ROTOR aquela parte do conversor que possui movimento de rotação em relação à parte estática, parada, que é o estator. A figura 8.1 mostra a configuração estator liso-rotor liso. As cavidades praticadas no estator e no rotor para a colocação dos condutores denominam-se RANHURAS e não modificam a configuração básica, isto é, estator liso-rotor liso.

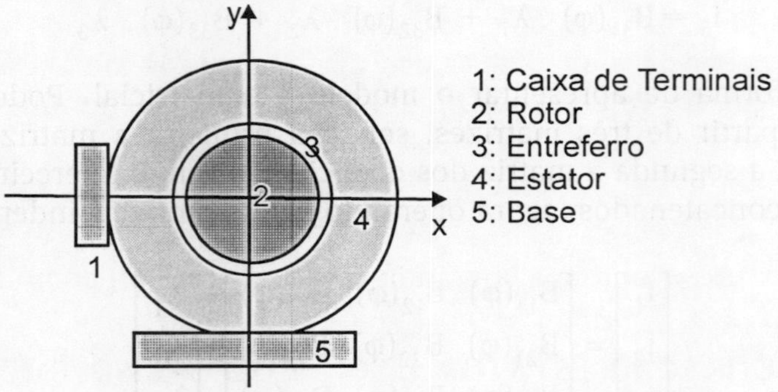

FIGURA 8.1: CONFIGURAÇÃO ESTATOR LISO - ROTOR LISO.

A configuração estator liso-rotor liso é amplamente empregada na construção de Conversores Rotativos de Indução dotados de Gaiola de Esquilo. Nessa família de conversores, o enrolamento colocado no estator recebe a alimentação da rede de energia e o rotor do conversor recebe energia por indução eletromagnética, à semelhança do secundário de um transformador em curto-circuito pleno. Outra aplicação da configuração estator liso-rotor liso, agora bastante específica, está na construção de conversores rotativos síncronos. Em face do rotor, nessa configuração, ser liso, esses conversores, quando operando como síncronos, são unidades velozes, usadas como geradores acionados por turbinas térmicas, em que o vapor, para o acionamento das turbinas, é produzido a partir da queima de combustíveis fósseis, da queima do bagaço de cana ou da geração de vapor a partir da fissão nuclear em reatores atômicos.

II: A CONFIGURAÇÃO ESTATOR LISO - ROTOR LISO EMPREGADA EM CONVERSORES SÍNCRONOS

Quando esses conversores são síncronos e operam como motores ou como geradores, a velocidade angular de seus rotores é constante, independente da carga mecânica aplicada às suas portas de saída. Essa velocidade depende, tão unicamente, da freqüência do sinal da rede e do número de pólos do enrolamento que compõem suas portas elétricas de entrada. No capítulo 9 demonstrar-se-á que a velocidade angular desses conversores, quando operando de forma síncrona, obedece à equação:

$$n_S = \frac{120 \cdot f}{p} \tag{8.3}$$

sendo que n_R representa a velocidade angular do rotor, dada em rotações por minuto, f é a freqüência do sinal de energia elétrica entregue às portas elétricas e dada em Hz e p é o número de pólos do enrolamento que recebe energia elétrica da rede de alimentação; n_s representa a velocidade de um campo magnético criado pela alimentação das portas elétricas de acesso e que viaja no entreferro do conversor com uma velocidade Vs denominada Velocidade Síncrona do Campo Girante:

$$n_R = n_S \tag{8.4}$$

para os conversores síncronos operando como motores ou como geradores.

III: A CONFIGURAÇÃO ESTATOR LISO - ROTOR LISO EMPREGADA EM CONVERSORES ASSÍNCRONOS

Ressalta-se, porém, que a configuração acima referida tem sua maior aplicação em conversores assíncronos, normalmente denominados conversores assíncronos de indução. Como o próprio nome indica, a velocidade angular do rotor, nos conversores assíncronos, é diferente da velocidade angular do campo magnético estabelecido pela alimentação elétrica fornecida às portas de entrada do conversor. Assim, sendo o conversor assíncrono e, portanto, seu rotor girando em velocidade diferente daquela do campo magnético básico estabelecido pela alimentação da rede no entreferro, têm-se dois casos a analisar:

1º CASO: O CONVERSOR ASSÍNCRONO OPERA COMO MOTOR ASSÍNCRONO

Nesse caso, a velocidade do rotor do conversor assíncrono é menor do que a velocidade do campo magnético estabelecido no entreferro pela alimentação da rede e obediente à equação (8.3). Por outro lado:

$$n_R < n_S \tag{8.5}$$

isto é, a velocidade angular do rotor do conversor é sempre menor do que a velocidade angular do campo magnético estabelecido no entreferro. Como esse campo gira em torno do eixo do conversor, denomina-se "CAMPO MAGNÉTICO GIRANTE" e é a base magnética operacional do referido conversor.

2º CASO: O CONVERSOR ASSÍNCRONO OPERA COMO GERADOR ASSÍNCRONO

Nesse caso, a velocidade do rotor do conversor assíncrono é maior do que a velocidade do campo magnético estabelecido pela alimentação da rede, obediente à equação (8.3) e:

$$n_R > n_S \tag{8.6}$$

isto é, para o conversor assíncrono de indução operar como gerador, é condição necessária que a velocidade angular do rotor seja maior do que a velocidade angular do campo magnético girante estabelecido no entreferro do conversor.

8.3.3.3: ESTUDO DA CONFIGURAÇÃO ESTATOR LISO - ROTOR SALIENTE

Essa configuração é muito empregada na construção dos conversores síncronos de pequena e média velocidades angulares e de média e grande potências. A figura 8.2 mostra um conversor típico, empregando a configuração referida e operando como conversor síncrono. A velocidade do rotor do conversor, nessa aplicação, é igual à velocidade do campo magnético estabelecido pela alimentação das portas elétricas no entreferro. Muitos aspectos dessa alimentação serão elucidados ao longo dos exercícios resolvidos. Por essa razão, pouco se está falando de onde estão essas portas de alimentação.

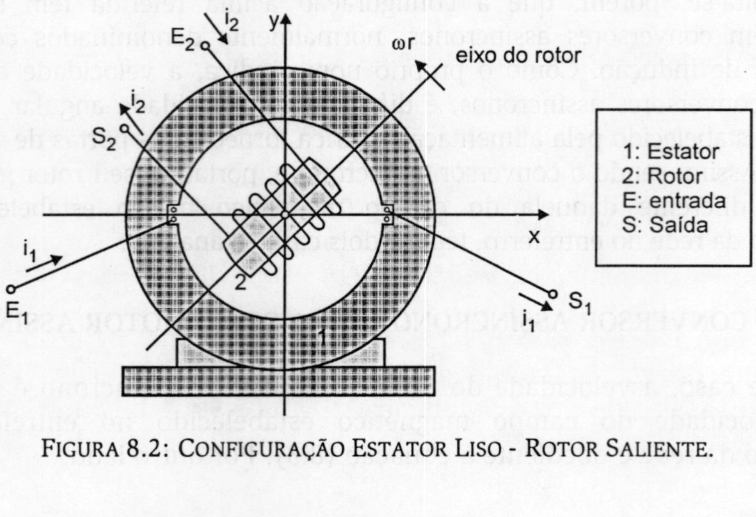

FIGURA 8.2: CONFIGURAÇÃO ESTATOR LISO - ROTOR SALIENTE.

O termo rotor saliente origina-se da forma como é construído o rotor na presente configuração. As ranhuras praticadas no corpo do estator são muito pouco representativas, quando observadas como um todo. Assim, mesmo que o estator seja ranhurado para receber um enrolamento, essa ação de ranhurar o estator não muda a configuração em análise (estator liso - rotor saliente).

I: EXERCÍCIO DE APLICAÇÃO RESOLVIDO

A configuração mostrada na figura 8.2 possui alimentação de estator na freqüência de 60 Hz e esse enrolamento, que recebe energia para conversão, está executado de forma a caracterizar dois pólos. Se o conversor é síncrono, a velocidade angular do rotor é igual à velocidade angular do campo magnético girante formado pela alimentação que energiza a porta elétrica de acesso do estator. A velocidade angular desse campo é igual à velocidade angular do rotor porque a máquina é SÍNCRONA.

$$n_R = n_S \tag{8.7}$$

e:

$$n_S = \frac{120 \cdot f}{p} \tag{8.8}$$

Levando valores numéricos à equação (8.8), resulta

$$n_S = n_R = \frac{120 \cdot 60}{2} \tag{8.9}$$

em que:

$$\boxed{n_S = n_R = 3600 \quad \text{rpm.}}$$

que caracteriza a velocidade angular do rotor do conversor em operação síncrona.

8.3.3.4: ESTUDO DA CONFIGURAÇÃO ESTATOR SALIENTE - ROTOR LISO

Essa configuração é empregada na construção de todos os conversores que operam com suas portas elétricas alimentadas em corrente contínua, cotidianamente denominados de MÁQUINAS DE CORRENTE CONTÍNUA.

Por outro lado, os conversores assíncronos de indução usados no acionamento de ventiladores e de toca-discos muito simples, denominados Máquinas Elétricas de Pólos Sombreados, empregam também a configuração estator saliente-rotor liso.

De forma semelhante, os conversores síncronos com potência inferior a 10 kVA podem empregar essa configuração ou aquela descrita no item 8.3.3.3. A configuração estator saliente-rotor liso é empregada em conversores síncronos de pequena potência quando o fabricante, tradicionalmente, produz conversores que operam em corrente contínua, porque muitas das peças desses podem ser aplicadas, com grande economia e simplicidade, naqueles. Quando, porém, a potência ultrapassa 5 ou 7,5 kW, os conversores de corrente contínua continuam a empregar a configuração estator saliente-rotor liso e os conversores síncronos passam a adotar a configuração estator liso-rotor saliente.

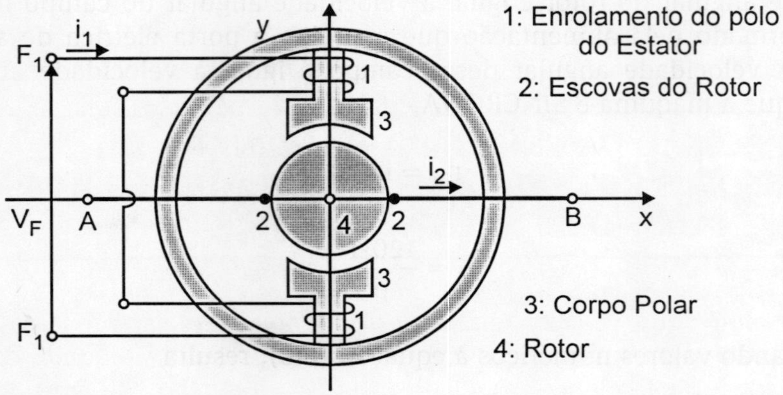

FIGURA 8.3: CONFIGURAÇÃO ESTATOR SALIENTE - ROTOR LISO OPERACIONALIZANDO MÁQUINA DE CORRENTE CONTÍNUA.

8.3.3.5: ESTUDO DA CONFIGURAÇÃO ESTATOR SALIENTE - ROTOR SALIENTE

Essa configuração foi muito usada em conversores, no passado. Por volta de 1920, já não era mais empregada. Após a Segunda Guerra Mundial, essa configuração foi retomada para a construção dos primeiros "Motores de Passo". Atualmente, a técnica de construção dos motores de passo atingiu um nível de evolução tal que muitas configurações são empregadas para o desenvolvimento dos referidos motores, porém essa configuração é ainda empregada nos referidos. Quando do equacionamento matemático das configurações, pode-se lançar mão dessa configuração e recolher resultados muito interessantes, porém, em termos práticos, para a construção de conversores de potência, a configuração estator saliente-rotor saliente apresenta tal complexidade que acaba conduzindo o pesquisador a outras direções menos complexas.

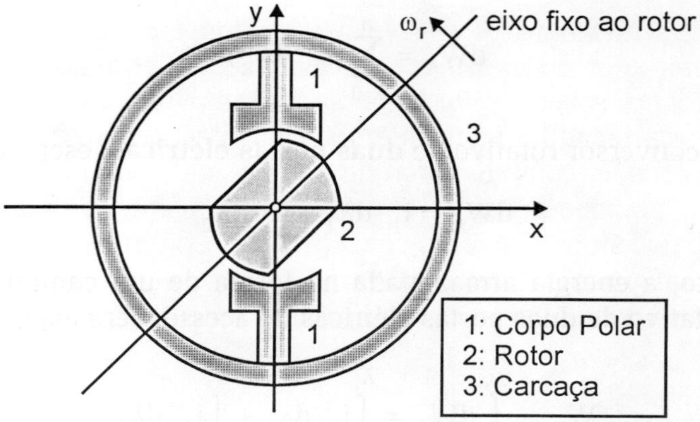

FIGURA 8.4: CONFIGURAÇÃO ESTATOR SALIENTE - ROTOR LISO.

8.4: EXPRESSÃO DA ENERGIA ARMAZENADA EM CONVERSORES ROTATIVOS USANDO O MODELO DOS FLUXOS CONCATENADOS DEPENDENTES

Ressaltar que o pesquisador pode usar quaisquer dos modelos matemáticos estudados para a sua pesquisa, porém o Modelo dos Fluxos Concatenados Dependentes pode levá-lo à obtenção de respostas mais intuitivas, pois está trabalhando com indutâncias e pode, derivando os fluxos concatenados, obter as tensões aplicadas às portas elétricas do conversor.

Tome-se para estudo, um conversor de **duas portas elétricas** operando no campo magnético. Montando o modelo para esse conversor rotativo, obtém-se:

$$\begin{aligned} \lambda_1 &= L_1(\varphi)\cdot i_1 + M(\varphi)\cdot i_2 \\ \lambda_2 &= M(\varphi)\cdot i_1 + L_2(\varphi)\cdot i_2 \end{aligned} \qquad (8.10)$$

porque o conversor rotativo sob estudo é magneticamente linear e a energia armazenada é uma função de estado.

Para qualquer dispositivo conversor que opere no campo magnético, a derivada da energia armazenada na forma de um campo magnético tem como expressão:

$$dW_A = \sum_{k=1}^{n} (i_k \cdot d\lambda_k) \qquad (8.11)$$

Para o conversor rotativo de **duas portas elétricas**, escreve-se:

$$dW_A = i_1 \cdot d\lambda_1 + i_2 \cdot d\lambda_2 \qquad (8.12)$$

Portanto, a energia armazenada na forma de um campo magnético, no conversor rotativo de duas portas elétricas de acesso, será expressa por:

$$W_A = \int_o^{Wa} dW_A = \int_o^{\lambda_1} i_1 \cdot d\lambda_1 + \int_o^{\lambda_2} i_2 \cdot d\lambda_2 \qquad (8.13)$$

Em face dos fluxos totais concatenados serem funções das correntes e dos deslocamentos angulares, as integrais (8.13) não podem ser realizadas diretamente. Uma das soluções é operar os diferenciais λ_k e levá-los à equação (8.13). A outra solução é usar o conceito de "COENERGIA NO CAMPO MAGNÉTICO". A coenergia no campo magnético tem por expressão:

$$W_{co} = \int_o^{i_1} \lambda_1 \cdot di_1 + \int_o^{i_2} \lambda_2 \cdot di_2 \qquad (8.14)$$

Levando à equação (8.14) as equações (8.10), resulta:

$$W_{co} = \int_o^{i_1} L_1(\varphi) \cdot i_1 \cdot di_1 + \int_o^{i_1} M(\varphi) \cdot i_2 \cdot di_1 + \int_o^{i_2} M(\varphi) \cdot i_1 \cdot di_2 + \int_o^{i_2} L_2(\varphi) \cdot i_2 \cdot di_2 \qquad (8.15)$$

Como o conversor ideal é conservativo e a energia armazenada é uma função de estado, pode-se ir de um ponto O de coordenadas (0, 0) até um ponto P de coordenadas (i_1, i_2) por qualquer caminho de integração desejado. No gráfico da figura 8.5 mostra-se o caminho escolhido. Com essa escolha, a segunda integral do segundo membro da equação (8.15) anula-se, e:

$$\boxed{W_{co} = \frac{1}{2} \cdot L_1(\varphi) \cdot i_1^2 + M(\varphi) \cdot i_1 \cdot i_2 + \frac{1}{2} \cdot L_2(\varphi) \cdot i_2^2} \qquad (8.16)$$

que expressa a coenergia no campo magnético para um conversor rotativo dotado de duas portas elétricas, conservativo.

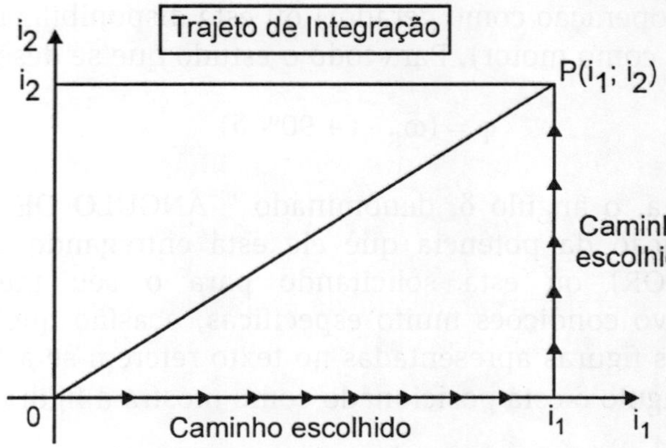

FIGURA 8.5: TRAJETO OU CAMINHAMENTO PARA INTEGRAÇÃO DA EQUAÇÃO (8.15).

Se o sistema é magneticamente linear, a energia armazenada e a coenergia no campo magnético são numericamente iguais. Assim:

$$W_A = W_{CO} \tag{8.17}$$

Levando essa constatação à equação (8.16) e desenvolvendo aquela equação, resulta:

$$\boxed{W_A = \frac{1}{2} \cdot L_1(\varphi) \cdot i_1^2 + M(\varphi) \cdot i_1 \cdot i_2 + \frac{1}{2} \cdot L_2(\varphi) \cdot i_2^2} \tag{8.18}$$

que é expressão para a **energia armazenada em um conversor rotativo dotado de duas portas elétricas, magneticamente linear e conservativo**.

O ângulo φ denominado **"ângulo posicionador da referência do rotor"**, é temporal e intimamente ligado à velocidade angular do rotor do conversor.

POR CONVENÇÃO

O ângulo posicionador da referência do rotor (φ) nasce no eixo das abcissas e cresce positivamente no sentido anti-horário.

A figura 8.6 mostra a maneira de posicionar e de progredir desse ângulo posicionador da referência do rotor.

Denomina-se **ângulo δ** um ângulo que, nascendo no eixo das ordenadas, caminha no sentido horário, se o conversor estiver operando como motor ou no sentido anti-horário, se o conversor estiver funcionando como gerador. Esse ângulo está intimamente ligado à potência que o conversor está solicitando de seu eixo motriz (operação como gerador) ou está disponibilizando em seu eixo motriz (operação como motor). Para todo o estudo que se desenvolverá:

$$\varphi = (\omega_R \cdot t + 90^o - \delta) \tag{8.19}$$

Dessa forma, o ângulo δ, denominado " ÂNGULO DE POTÊNCIA " do conversor, é função da potência que ele está entregando em seu membro mecânico (MOTOR) ou está solicitando para o seu membro mecânico (GERADOR). Salvo condições muito específicas, ocasião que será claramente explícita, todas as figuras apresentadas no texto referem-se a RECEPTORES ou MOTORES e o ângulo δ está posicionado como mostra a figura 8.6.

Quando um conversor está operando em regime, a potência fornecida em seu eixo mecânico ou solicitada de seu eixo mecânico é constante e o ÂNGULO DE POTÊNCIA (δ) mantém-se em um valor que é função dessa potência solicitada ou fornecida. Quando o conversor é levado a estágios transitórios de operação, esse ÂNGULO DE POTÊNCIA (δ) passa a ser uma função temporal.

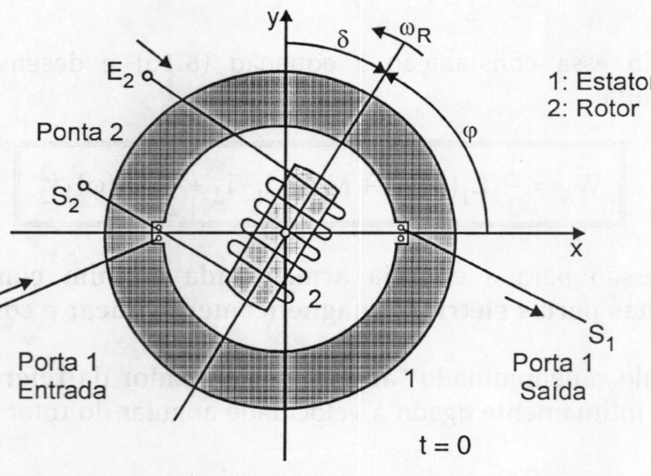

FIGURA 8.6: CONVENÇÃO PARA OS ÂNGULOS ENVOLVIDOS NA EQUAÇÃO (8.19).

8.5: EXPRESSÃO DO CONJUGADO MOTOR NOS CONVERSORES ROTATIVOS DOTADOS DE DUAS PORTAS ELÉTRICAS

Demonstrou-se no capítulo 7 que um dispositivo conversor dotado de duas portas elétricas de acesso tem uma força portante regida pela equação:

$$f = \frac{1}{2} \cdot i_1^2 \cdot \frac{dL_1(x)}{dx} + i_1 \cdot i_2 \cdot \frac{dM(x)}{dx} + \frac{1}{2} \cdot i_2^2 \cdot \frac{dL_2(x)}{dx} \quad (8.20)$$

Tomando como referência um braço de manivela que descreve um movimento circular em torno de um ponto P, sob a ação de uma força f, o arco x descrito pelo ponto M, ponto de aplicação da força f, pode ser equacionado a partir do raio de giração do ponto M em relação ao ponto P, como explicita a equação (8.21):

$$x = R \cdot \varphi \quad (8.21)$$

em que φ é o ângulo formado pelo braço de manivela entre dois instantes quaisquer. Observando a equação (8.21), escreve-se:

$$x = x\,(R, \varphi) \quad (8.22)$$

Dessa forma, o deslocamento linear x é uma função do raio de giração e do ângulo φ formado pela posição do braço de manivela. No particular caso do referido braço ou do rotor de um conversor rotativo, o raio R de giração é constante, de forma que:

$$\frac{dL(x)}{dx} = \frac{dL(x)}{d\varphi} \cdot \frac{d\varphi}{dx} \quad (8.23)$$

A partir da equação (8.21), escreve-se:

$$\frac{d\varphi}{dx} = \frac{1}{R} \quad (8.24)$$

e:

$$\frac{dL(x)}{dx} = \frac{1}{R} \cdot \frac{dL(\varphi)}{d\varphi} \quad (8.25)$$

Levando a constatação (8.25) à equação (8.20), resulta:

$$\frac{dL_1(x)}{dx} = \frac{dL_1(x(\varphi))}{d\varphi} \cdot \frac{1}{R} \quad (8.26)$$

$$\frac{dM(x)}{dx} = \frac{dM(x(\varphi))}{d\varphi} \cdot \frac{1}{R} \quad (8.27)$$

$$\frac{dL_2(x)}{dx} = \frac{dL_2(x(\varphi))}{d\varphi} \cdot \frac{1}{R} \quad (8.28)$$

8.5.1: EQUACIONAMENTO

Levando as equações (8.26), (8.27) e (8.28) à equação (8.20), resulta:

$$f \cdot R = \frac{1}{2} \cdot i_1^2 \cdot \frac{dL_1(\varphi)}{d\varphi} + i_1 \cdot i_2 \cdot \frac{dM(\varphi)}{d\varphi} + \frac{1}{2} \cdot i_2^2 \cdot \frac{dL_2(\varphi)}{d\varphi} \qquad (8.29)$$

o produto (f . R) representa o momento ou o conjugado praticado pela força f em torno do ponto P, a que denominar-se-á "CONJUGADO MOTOR" quando o conversor receber energia elétrica e fornecer energia mecânica, isto é, quando o conversor operar como receptor de energia elétrica, e denominar-se-á "CONJUGADO RESISTENTE" quando o conversor operar como gerador, porque, nessa situação, haverá um acionador externo cedendo energia mecânica ao conversor para que este possa converter essa energia mecânica recebida em energia elétrica. Rescrevendo a equação (8.29), resulta:

$$\boxed{T = \frac{1}{2} \cdot i_1^2 \cdot \frac{dL_1(\varphi)}{d\varphi} + i_1 \cdot i_2 \cdot \frac{dM(\varphi)}{d\varphi} + \frac{1}{2} \cdot i_2^2 \cdot \frac{dL_2(\varphi)}{d\varphi}} \qquad (8.30)$$

em que T é o conjugado desenvolvido pelo conversor. Se ele estiver operando como receptor ou motor, será um CONJUGADO MOTOR.

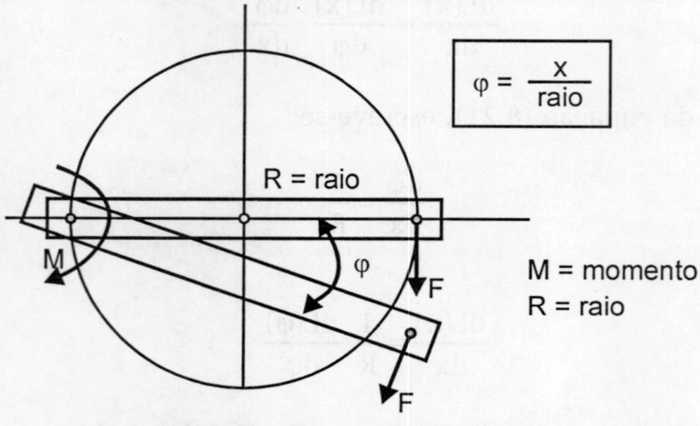

FIGURA 8.7: BRAÇO DE MANIVELA.

Pode-se trabalhar a equação (8.30) reunindo termos de igual natureza, como mostra a equação (8.31):

$$T = \left[\frac{1}{2} \cdot i_1^2 \cdot \frac{dL_1(\varphi)}{d\varphi} + \frac{1}{2} \cdot i_2^2 \cdot \frac{dL_2(\varphi)}{d\varphi} \right] + \left[i_1 \cdot i_2 \cdot \frac{dM(\varphi)}{d\varphi} \right] \qquad (8.31)$$

Os dois primeiros termos do segundo membro da equação (8.31) estão ligados a uma única corrente elétrica e dependem da derivada da respectiva indutância em relação a φ. Como essa derivada pode ser nula ou não, dependendo da configuração do conversor, podem-se ligar diretamente esses dois primeiros termos à relutância magnética do conversor e, por essa razão, são os elementos formadores do "CONJUGADO A RELUTÂNCIA DO CONVERSOR". Dependendo da configuração empregada, esse conjugado pode estar presente em parte, pode estar presente completo ou pode estar ausente. Assim:

$$T_R = \frac{1}{2} \cdot i_1^2 \cdot \frac{dL_1(\varphi)}{d\varphi} + \frac{1}{2} \cdot i_2^2 \cdot \frac{dL_2(\varphi)}{d\varphi} \qquad (8.32)$$

representa o CONJUGADO A RELUTÂNCIA oferecido pelo conversor.

O terceiro termo da equação (8.31) caracteriza um conjugado que depende do comportamento da indutância mútua entre as duas portas elétricas e das correntes que circulam por essas portas. Esse termo caracteriza o "CONJUGADO ELETROMAGNÉTICO DO CONVERSOR". Ele é quase independente da configuração usada no referido conversor. Observe que foi afirmado que esse conjugado é "quase" independente, porque quando ele é equacionado, aproximações são feitas para que o equacionamento torne-se mais simples e é nesse instante que o campo de hipóteses feito pelo projetista pode ou não levar em conta a configuração do conversor sob estudo para analisar esse termo. Ressaltar que esse campo de hipóteses tem por finalidade, unicamente, simplificar, num primeiro instante, o equacionamento do conjugado eletromagnético do conversor. Esse conjugado, eletromagnético, tem por expressão geral:

$$T = i_1 \cdot i_2 \cdot \frac{dM(\varphi)}{d\varphi} \qquad (8.33)$$

8.5.2: CONSIDERAÇÕES

Do exame do exposto acima e da análise das equações desenvolvidas, pode-se afirmar que, dependendo da configuração do conversor, ele pode apresentar conjugado a relutância ou não e dependendo das correntes elétricas das portas, ele pode apresentar conjugado eletromagnético ou não. Portanto, a configuração e a forma de alimentação do conversor são os elementos responsáveis pela natureza do conjugado apresentado pelo referido.

8.6: ESTUDO DA CONFIGURAÇÃO ESTATOR LISO - ROTOR LISO

8.6.1: ASPECTOS GERAIS

Essa configuração é amplamente usada na construção das máquinas assíncronas de indução e nas máquinas síncronas velozes usadas na construção de geradores síncronos acionados por turbinas velozes, propelidas por vapor a alta pressão ou por gases, denominadas turbinas térmicas. Desta forma, quando uma máquina síncrona opera como gerador e é propelida por turbinas térmicas, o gerador denomina-se "TURBOGERADOR". É o caso corrente dos geradores usados em plantas nucleares.

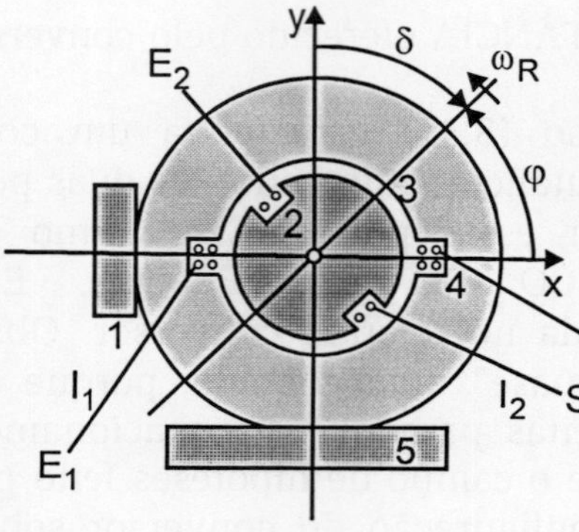

Para o instante t = 0.

FIGURA 8.8: CONFIGURAÇÃO ESTATOR LISO - ROTOR LISO.

Na figura 8.8, têm-se:

φ = ângulo posicionador do eixo rotórico

δ = ângulo de potência (função da carga que é aplicada ao eixo do conversor)

ω_R = velocidade angular do rotor em relação a um referencial colocado no estator

Os ângulos acima enunciados e a velocidade angular do rotor estão relacionados pela equação (8.34):

$$\varphi = (\omega_R \cdot t + 90° - \delta) \tag{8.34}$$

CONVENÇÃO 1

Tudo o que portar o número 1 estará ligado ao ESTATOR do conversor e tudo o que portar o número 2, ligado ao ROTOR do referido.

8.6.2: ESTUDO DAS INDUTÂNCIAS PRÓPRIAS DA CONFIGURAÇÃO ESTATOR LISO - ROTOR LISO

Demonstrou-se, em capítulo anterior, que a indutância própria de uma estrutura magnética tem expressão:

$$L_1(x) = \frac{N_1^2}{\Re_T(x)} \qquad (8.35)$$

Como o deslocamento linear x e o deslocamento angular φ estão relacionados, pode-se escrever:

$$x = R \cdot \varphi \qquad (8.36)$$

em que R é o raio do rotor e, para as configurações analisadas, ele é constante. Assim:

$$L_1(\varphi) = \frac{N_1^2}{\Re_T(\varphi)} \qquad (8.37)$$

Quando a configuração sob análise possui estator e rotor lisos, o entreferro do conversor tem espessura constante. Assim, um observador colocado no entreferro e percorrendo-o ao longo da circunferência do rotor, encontrará sempre a mesma espessura para o entreferro. Dessa forma, se o conversor estiver com o seu rotor girando e o observador for estacionado em um ponto qualquer do estator, o observador encontrará relutância constante a qualquer instante, não importando o instante de observação e poderá enunciar:

"Quando o rotor é liso, o observador colocado no estator do conversor encontra sempre, para o fluxo magnético que vem do estator e entra no rotor, relutância magnética constante, independente da posição assumida pelo rotor em relação ao estator."

Dessa constatação, pode-se estabelecer como regra geral:

"Quando o rotor é liso, a indutância própria do enrolamento do estator é constante."

Observando a equação (8.37), na qual estão as espiras de um enrolamento concentrado depositado no estator, que são em número constante, observando a relutância do circuito magnético do conversor visto a partir do estator, que é residência do enrolamento de indutância própria L_1 e levando em conta a regra geral acima enunciada, escreve-se:

$$L_1 = \text{cte.} \tag{8.38}$$

e:

$$\frac{dL_1(\varphi)}{d\varphi} = 0 \tag{8.39}$$

Portanto, a **derivada da indutância própria do estator é nula, porque o rotor do conversor é liso**.

De forma semelhante, pode-se estudar o comportamento da indutância própria do enrolamento depositado no rotor a partir de um observador colocado no referido e girando com ele. Para o observador fixado ao rotor, girando, a sensação é que quem se movimenta é o estator e o rotor, para esse observador, está parado. Dessa forma, o observador verá passar a sua frente um entreferro de espessura constante e, portanto, de relutância constante, podendo enunciar:

"Quando o estator é liso, o observador colocado no rotor do conversor encontra sempre, para o fluxo magnético que vem do rotor e entra no estator, relutância magnética constante, independente da posição assumida pelo rotor em relação ao estator e vice-versa."

Dessa constatação, pode-se estabelecer como regra geral:

"Quando o estator é liso, a indutância própria do enrolamento do rotor é constante."

Observando a equação (8.37), na qual estão presentes o número de espiras, que é constante, de um enrolamento concentrado e a relutância do circuito magnético do conversor, visto a partir do rotor, a indutância própria do rotor, L_2, terá como expressão:

$$L_2(\varphi) = \frac{N_2^2}{\Re_T(\varphi)} \tag{8.40}$$

e levando em conta a regra geral acima enunciada, escreve-se:

$$L_2 = \text{cte.} \tag{8.41}$$

Conseqüentemente:

$$\frac{dL_2(\varphi)}{d\varphi} = 0 \tag{8.42}$$

Portanto, a **derivada da indutância própria do enrolamento do rotor é nula, porque o estator do conversor é liso.**

8.6.3: ESTUDO DA INDUTÂNCIA MÚTUA ESTATOR-ROTOR PARA A CONFIGURAÇÃO ESTATOR LISO - ROTOR LISO

A forma de se comportar da indutância mútua estator-rotor pode ser determinada após uma análise cuidadosa da figura 8.8. Na referida figura, observa-se que o enrolamento concentrado do rotor acopla-se ao enrolamento concentrado do estator e desacopla-se, à medida que o rotor gira. Como a indutância mútua está ligada à existência de acoplamento magnético entre os enrolamentos referidos e como esse acoplamento é função da posição do enrolamento do estator em relação ao do rotor, a indutância mútua estator-rotor varia com o ângulo posicionador do rotor, o ângulo φ. Dessa forma, numa primeira análise, pode-se, para qualquer conversor rotativo de estator liso-rotor liso, escrever:

$$M = M(\varphi) \tag{8.43}$$

Isto posto, cabe agora determinar a forma como a indutância mútua se comporta em relação a φ o que, na maioria das vezes, é um comportamento bastante complexo. Para o presente problema, deve-se voltar à figura 8.8 para constatar que existem pontos bastante notáveis para essa indutância mútua, que é função da posição do rotor em relação ao estator. Portanto, girando lentamente o rotor, constata-se:

QUADRO 8.1: COMPORTAMENTO DA INDUTÂNCIA MÚTUA ESTATOR-ROTOR

(φ)	0°	90°	180°	270°	360°	450°
M(φ)	0	$+M_{máx}$	0	$-M_{máx}$	0	$+M_{máx}$

Ressaltar que o ângulo posicionador φ é determinado como nascendo no eixo das abcissas e procurando o eixo que passa pelo rotor do conversor (eixo posicionador do rotor). Essa será a convenção usada no estudo de todas as configurações. Outros detalhes serão discutidos à medida que o estudo for ganhando corpo.

Estabelecidos os valores do quadro 8.1, resta ao pesquisador fazer algumas hipóteses e concessões ao conversor. Como deve comportar-se a indutância mútua do genérico conversor de estator liso e rotor saliente? Pode não ser um comportamento senoidal, mas deve passar pelos pontos notáveis ressaltados no referido quadro. Assim, para simplificar a análise, dir-se-á que a indutância mútua estator-rotor tem comportamento senoidal. Caso não o tenha, o pesquisador deve traçar esse comportamento, levantando-o ponto por ponto e estudando-o a partir de Séries de Fourier.

Partindo do princípio que o comportamento da indutância mútua estator - rotor, para a configuração estator liso-rotor liso, é senoidal, escreve-se:

$$M(\varphi) = M_{máx} \cdot sen(\varphi) \tag{8.44}$$

que é a expressão da **indutância mútua estator-rotor para a configuração estudada.**

A derivada da indutância mútua, em relação ao ângulo posicionador φ, leva a:

$$\frac{dM(\varphi)}{d\varphi} = \frac{d}{d\varphi}\left[M_{máx} \cdot sen(\varphi)\right] \tag{8.45}$$

de que:

$$\frac{dM(\varphi)}{d\varphi} = M_{máx} \cdot cos(\varphi) \tag{8.46}$$

Levando essas informações à equação geral do conjugado para conversores rotativos magneticamente lineares, equação (8.31):

$$T = \frac{1}{2} \cdot i_1^2 \cdot \frac{dL_1(\varphi)}{d\varphi} + \frac{1}{2} \cdot i_2^2 \cdot \frac{dL_2(\varphi)}{d\varphi} + i_1 \cdot i_2 \cdot \frac{dM(\varphi)}{d\varphi} \tag{8.31}$$

resulta:

$$T = \frac{1}{2} \cdot i_1^2 \cdot 0 + \frac{1}{2} \cdot i_2^2 \cdot 0 + i_1 \cdot i_2 \cdot M_{máx} \cdot cos(\varphi) \tag{8.47}$$

ou ainda:

$$\boxed{T = i_1 \cdot i_2 \cdot M_{máx} \cdot cos(\varphi)} \tag{8.48}$$

que caracteriza a expressão do **conjugado para um conversor magneticamente linear, que opera com a configuração estator liso-rotor liso**. Portanto pode-se enunciar:

"Um Conversor Estator Liso-Rotor Liso, magneticamente linear, possui seu conjugado dado, unicamente, pela parcela eletromagnética, isto é, um conversor magneticamente linear, que atue com a configuração estator liso-rotor liso, apresenta, somente, conjugado eletromagnético."

As alimentações dos enrolamentos do estator e do rotor podem ser quaisquer e do resultado dessas alimentações nascerão conversores síncronos e assíncronos.

8.7: EXERCÍCIOS PROPOSTOS

8.7.1: EXERCÍCIO PROPOSTO 1

Aplique à configuração estator liso-rotor liso a alimentação que segue:

$$i_1 = I_{1máx} \cdot \cos(\omega_1 \cdot t) \quad \text{e} \quad i_2 = I_{DC} \qquad \text{(e1.1a)}$$

com:

$$\omega_R \Rightarrow \text{velocidade angular do rotor}$$

RESOLVENDO

Para essa e outras configurações a serem estudadas, a relação entre ângulos temporais e o ângulo de potência será dada por:

$$\varphi = (\omega_R \cdot t + 90° - \delta) \qquad \text{(e1.1b)}$$

sendo φ o ângulo posicionador do rotor e δ o ângulo de potência. Por outro lado, o conjugado de um conversor dotado de configuração estator liso-rotor liso é expresso por:

$$\boxed{T = i_1 \cdot i_2 \cdot M_{máx} \cdot \cos(\varphi)} \qquad \text{(e1.2)}$$

sendo i_1 e i_2 correntes quaisquer.

Por outro lado, levando a equação (e1.1) à equação particular do conjugado da configuração proposta, equação (e1.2), resulta:

$$\cos(\varphi) = \cos((\omega_R \cdot t - \delta) + 90°) \qquad \text{(e1.3)}$$

Desenvolvendo a equação (e1.3), resulta:

$$\cos(a)\cdot\cos(b)-\text{sen}(a)\cdot\text{sen}(b)=\cos(a+b)$$

em que:

$$\cos(\varphi)=\cos(\omega_R\cdot t-\delta)\cdot\cos(90^o)-\text{sen}(\omega_R\cdot t-\delta)\cdot\text{sen}(90^o) \quad \text{(e1.4)}$$

operando a equação (e1.4), resulta:

$$\cos(\varphi)=(-)\cdot\text{sen}(\omega_R\cdot t-\delta) \quad \text{(e1.5)}$$

Levando a equação (e1.5) à equação (e1.2), resulta:

$$T=I_{1máx}\cdot\cos(\omega_1\cdot t)\cdot I_{DC}\cdot M_{máx}\cdot(-)\cdot\text{sen}(\omega_R\cdot t-\delta) \quad \text{(e1.6)}$$

ou ainda:

$$T=(A)\cdot\cos(\omega_1\cdot t)\cdot\text{sen}(\omega_R\cdot t-\delta)$$
$$A=(-)\cdot(I_{1máx}\cdot I_{DC}\cdot M_{máx}) \quad \text{(e1.7)}$$

Desenvolvendo o produto trigonométrico da equação (e1.7), resulta:

$$\text{sen}(b)\cdot\cos(a)=\frac{1}{2}\cdot(\text{sen}(a+b)-\text{sen}(a-b)) \quad \text{(e1.8)}$$

em que:

$$a=(\omega_1\cdot t) \qquad \text{e} \qquad b=(\omega_R . t-\delta) \quad \text{(e1.9)}$$

Levando a equação (e1.9) à equação (e1.7), resulta:

$$\cos(\omega_1\cdot t)\cdot\text{sen}(\omega_R\cdot t-\delta)=\frac{1}{2}\cdot\left[\text{sen}(\omega_1\cdot t+\omega_R\cdot t-\delta)-\text{sen}(\omega_1\cdot t-\omega_R\cdot t+\delta)\right] \quad \text{(e1.10)}$$

Levando a equação (e1.10) à equação (e1.7), resulta:

$$\boxed{T=\frac{A}{2}\cdot\left[\text{sen}(\omega_1\cdot t+\omega_R\cdot t-\delta)-\text{sen}(\omega_1\cdot t-\omega_R\cdot t+\delta)\right]} \quad \text{(e1.11)}$$

Neste ponto o pesquisador deve procurar um arco que possa ser tornado ATEMPORAL que levará a uma função atemporal e o produto dessa função pelas constantes da equação fornecem o valor médio do conjugado do conversor. Para o presente conversor, a HIPÓTESE a ser feita será:

$$(\omega_1 \cdot t - \omega_R \cdot t) = 0 \qquad \text{(e1.12)}$$

resultando:

$$\boxed{\omega_1 = \omega_R} \qquad \text{(e1.13)}$$

isto é, se o rotor girar a uma velocidade que é idêntica à velocidade angular do sinal de alimentação do enrolamento 1, que é o enrolamento do ESTATOR, desfrutar-se-á esse termo atemporal e o conversor rotativo terá um conjugado motriz em seu eixo motor. Portanto, algumas conclusões existem para o momento:

1. *O conversor é realizável e se o rotor for colocado para girar à mesma velocidade angular do sinal de alimentação, ter-se-á um CONVERSOR ROTATIVO SÍNCRONO:*

$$\omega_1 = \omega_R \qquad \text{(e1.14)}$$

2. *Se o conversor for colocado para girar de forma síncrona, respeitada a equação (e1.14), o conjugado geral do conversor terá por expressão:*

$$T = \frac{A}{2} \cdot \left[\text{sen}(\omega_1 \cdot t + \omega_R \cdot t - \delta) - \text{sen}(\delta)\right] \qquad \text{(e1.15)}$$

Como:

$$\omega_1 = \omega_R \qquad \text{(e1.16)}$$

resulta:

$$T = \frac{A}{2} \cdot \left[\text{sen}(2 \cdot \omega_1 \cdot t - \delta) - \text{sen}(\delta)\right] \qquad \text{(e1.17)}$$

O conjugado que efetua trabalho em um conversor é aquele cujo valor médio, ao longo do tempo, é não nulo. Para tanto, tem-se que buscar o termo ATEMPORAL da expressão (e1.18), ou seja:

$$\boxed{T_{\text{médio}} = \frac{A}{2} \cdot [(-) \cdot \text{sen}(\delta)]} \qquad \text{(e1.18)}$$

Levando a expressão de A à equação (e1.18), resulta:

$$\boxed{T_{médio} = \frac{1}{2} \cdot \left[I_{1máx} \cdot I_{DC} \cdot M_{máx} \cdot sen(\delta) \right]} \qquad (e1.19)$$

que é a expressão particular do conjugado médio que atua em um conversor com a alimentação proposta. O termo $(2.\omega_1.t - \delta)$ faz o rotor do conversor vibrar numa freqüência que é igual ao dobro da freqüência do sinal de alimentação. O termo sen (δ) é ATEMPORAL e torna-se responsável pelo conjugado motor do conversor.

COMENTANDO

Do exposto, pode-se concluir:

I. *O conversor em estudo, se alimentado da forma proposta, é um conversor síncrono. Os conversores síncronos não possuem conjugado de partida. Assim, se for levado a girar a uma velocidade idêntica à velocidade angular do sinal de alimentação do estator, apresentará conjugado médio diferente de zero e pode operar. Podendo operar como motor, pode operar como gerador a partir do princípio da reversibilidade e segue a equação (e1.19).*

II. *Conversores com essa configuração, operando como síncronos, existem na prática usual. Quando operando como geradores, formam a grande família dos TURBOGERADORES, que são conversores rápidos, velozes, acionados por turbinas térmicas alimentadas a vapor ou a gás. Quando operam como motores, operam a velocidades angulares superiores a 1800 rpm e formam uma classe de conversores síncronos denominados Máquinas Síncronas de Rotor Liso. Portanto, na prática, tal configuração, alimentada da forma proposta, existe e é amplamente aplicada.*

8.7.2: EXERCÍCIO PROPOSTO 2

Usando a configuração estator liso-rotor liso, aplique:

$$i_1 = I_{DC} \qquad e \qquad i_2 = I_{2máx} \cdot \cos(\omega_2 \cdot t) \qquad (e2.1)$$

com:

$\omega_R \Rightarrow$ velocidade angular do rotor

RESOLVENDO

A configuração estator liso-rotor liso, para qualquer alimentação proposta, tem um conjugado geral de expressão:

$$\boxed{T = i_1 \cdot i_2 \cdot M_{máx} \cdot \cos(\varphi)} \qquad \text{(e2.2)}$$

que é um conjugado classificado como eletromagnético e que somente depende das correntes que circulam nos enrolamentos do estator e do rotor e do comportamento da indutância mútua envolvida.

Efetuando o mesmo desenvolvimento trigonométrico do exercício anterior, recupera-se:

$$T = I_{2máx} \cdot \cos(\omega_2 \cdot t) \cdot I_{DC} \cdot M_{máx} \cdot (-) \cdot \text{sen}(\omega_R \cdot t - \delta) \qquad \text{(e2.3)}$$

ou ainda:

$$T = ((-) \cdot (I_{DC} \cdot I_{2máx} \cdot M_{máx})) \cdot \text{sen}(\omega_R \cdot t - \delta) \cdot \cos(\omega_2 \cdot t) \qquad \text{(e2.4)}$$

Fazendo:

$$B = ((-) \cdot (I_{DC} \cdot I_{2máx} \cdot M_{máx})) \qquad \text{(e2.5)}$$

Levando a equação (e2.5) à equação (e2.4), resulta:

$$\boxed{T = B \cdot \text{sen}(\omega_R \cdot t - \delta) \cdot \cos(\omega_2 \cdot t)} \qquad \text{(e2.6)}$$

Reportando à equação (e1.10), transcrita integralmente:

$$\cos(\omega_1 \cdot t) \cdot \text{sen}(\omega_R \cdot t - \delta) = \frac{1}{2} \cdot [\text{sen}(\omega_1 \cdot t + \omega_R \cdot t - \delta) - \text{sen}(\omega_1 \cdot t - \omega_R \cdot t + \delta)] \qquad \text{(e1.10)}$$

resulta:

$$T = \frac{B}{2} \cdot [\text{sen}(\omega_2 \cdot t + \omega_R \cdot t - \delta) - \text{sen}(\omega_2 \cdot t - \omega_R \cdot t + \delta)] \qquad \text{(e2.7)}$$

Neste ponto, o pesquisador deve procurar um arco que possa ser tornado ATEMPORAL que levará a uma função atemporal, e o produto dessa função pelas constantes da equação fornecem o valor médio do conjugado do conversor. Para o presente conversor, a HIPÓTESE a ser feita será:

$$\omega_2 \cdot t - \omega_R \cdot t = 0 \tag{e2.8}$$

em que:

$$\boxed{\omega_2 = \omega_R} \tag{e2.9}$$

isto é, se o rotor girar a uma velocidade que é idêntica à velocidade angular do sinal de alimentação do enrolamento 2, que é o enrolamento do ROTOR, desfrutar-se-á o termo atemporal e o conversor rotativo terá um conjugado motor em seu eixo motriz. Portanto, algumas considerações devem ser realizadas no momento:

1. *O conversor é realizável e se o rotor for colocado para girar à mesma velocidade angular do sinal de alimentação, ter-se-á um CONVERSOR ROTATIVO SÍNCRONO:*

$$\omega_2 = \omega_R \tag{e2.10}$$

2. *O conversor em estudo é síncrono e, portanto, não tem conjugado de partida, devendo ser levado, por um acionador externo, até a velocidade de sincronismo e aí é energizado.*
3. *Se o conversor for colocado para girar de forma síncrona, respeitada a equação (e2.10), o conjugado geral do conversor terá por expressão:*

$$T = \frac{B}{2} \cdot \left[\operatorname{sen}(\omega_2 \cdot t + \omega_R \cdot t - \delta) - \operatorname{sen}(\delta) \right] \tag{e2.11}$$

Como:

$$\omega_2 = \omega_R \tag{e2.10}$$

resulta:

$$T = \frac{B}{2} \cdot \left[\operatorname{sen}(2 \cdot \omega_2 \cdot t - \delta) - \operatorname{sen}(\delta) \right] \tag{e2.12}$$

O conjugado que efetua trabalho em um conversor é aquele cujo valor médio, ao longo do tempo, não é nulo. Para tanto, tem-se que buscar o termo ATEMPORAL na expressão (e2.12), ou seja:

$$\boxed{T_{\text{médio}} = \frac{B}{2} \cdot \left[(-) \cdot \operatorname{sen}(\delta) \right]} \tag{e2.13}$$

Levando a expressão de B à equação (e2.13), resulta:

$$\boxed{T_{médio} = \frac{1}{2} \cdot \left[I_{2máx} \cdot I_{DC} \cdot M_{máx} \cdot sen(\delta) \right]} \tag{e2.14}$$

que é a expressão particular do conjugado médio que atua em um conversor com a alimentação proposta. O termo $(2.\omega_2.t - \delta)$ faz o rotor do conversor vibrar numa freqüência que é igual ao dobro da freqüência do sinal de alimentação. O termo sen (δ) é ATEMPORAL e torna-se responsável pelo conjugado motor do conversor.

COMENTANDO

I. *O conversor em estudo, se alimentado da forma proposta, é um Conversor Síncrono. Os conversores síncronos não possuem conjugado de partida. Assim, se for levado a girar a uma velocidade idêntica à velocidade angular do sinal de alimentação do estator e aí alimentado, este apresentará conjugado médio diferente de zero e poderá operar. Podendo operar como motor, pode operar como gerador, a partir do princípio da reversibilidade e segue a equação (e2.14).*

II. *Conversores com essa configuração, operando como síncronos, existem na prática usual. Quando operam como geradores, formam uma família de Máquinas Síncronas de Pequena Potência, que aproveitam estruturas de Máquinas de Indução a Rotor Bobinado, modificadas para a operação como Geradores. São conversores rápidos, velozes, acionados por turbinas térmicas alimentadas a vapor ou a gás. Quando operam como motores, operam a velocidades angulares superiores a 1800 rpm e formam uma classe de máquinas síncronas denominadas Máquinas Síncronas de Rotor Liso, muito pouco utilizadas no cotidiano, a não ser em aplicações especiais, operando em freqüências não industriais. Não deixam, porém, de ser uma interessante proposta para máquinas síncronas de pequena potência (até 7,5 kVA).*

8.7.3: EXERCÍCIO PROPOSTO 3

Usando a Configuração Estator Liso-Rotor Liso, alimente os enrolamentos com:

$$i_1 = I_{1máx} \cdot \cos(\omega_1 \cdot t) \tag{e3.1}$$

$$i_2 = I_{2máx} \cdot \cos(\omega_2 \cdot t)$$

com:

$$\omega_R \Rightarrow \text{velocidade angular do rotor}$$

$$\varphi = (\omega_R . t + 90^o - \delta) \qquad \text{(e3.2)}$$

RESOLVENDO

A configuração estator liso-rotor liso pode ter um conjugado cuja expressão geral é do tipo:

$$\boxed{T = i_1 \cdot i_2 \cdot M_{máx} \cdot \cos(\varphi)} \qquad \text{(e3.3)}$$

Ressaltar que o referido conversor pode receber qualquer tipo de alimentação. A análise de seu conjugado médio final é que levará o pesquisador a uma conclusão após efetuar um campo de hipóteses, isto é, se o conjugado médio do conversor for diferente de zero, ele terá possibilidade de ser executável. Levando a alimentação proposta na equação (e3.1) à equação do conjugado do conversor, equação (e3.3), resulta:

$$T = I_{1máx} \cdot \cos(\omega_1 \cdot t) \cdot I_{2máx} \cdot \cos(\omega_2 \cdot t) \cdot M_{máx} \cdot \cos((\omega_R \cdot t - \delta) + 90^o) \qquad \text{(e3.4)}$$

Operando a equação (e3.4), resulta:

$$T = (-) \cdot (I_{1máx} \cdot I_{2máx} \cdot M_{máx}) \cdot \cos(\omega_1 \cdot t) \cdot \cos(\omega_2 \cdot t) \cdot \text{sen}(\omega_R \cdot t - \delta) \qquad \text{(e3.5)}$$

Fazendo:

$$C = (-) \cdot (I_{1máx} \cdot I_{2máx} \cdot M_{máx}) \qquad \text{(e3.6)}$$

e levando essa expressão à equação (e3.5), resulta:

$$T = C \cdot \cos(\omega_1 \cdot t) \cdot \cos(\omega_2 \cdot t) \cdot \text{sen}(\omega_R \cdot t - \delta) \qquad \text{(e3.7)}$$

Trabalhando a equação (e3.7), em que:

$$a = (\cos(\omega_1 \cdot t) \cdot \cos(\omega_2 \cdot t)) \qquad \text{(e3.8)}$$

E desenvolvendo trigonometricamente a equação (e3.8), resulta:

$$(\cos(\omega_1 \cdot t) \cdot \cos(\omega_2 \cdot t)) = \frac{1}{2} \cdot \left[\cos((\omega_1 + \omega_2) \cdot t + \cos((\omega_1 - \omega_2) \cdot t)\right] \qquad \text{(e3.9)}$$

Transportando esse resultado para a equação (e3.7), obtém-se:

$$T = \frac{C}{2} \cdot [\ (\cos((\omega_1 + \omega_2) \cdot t) + \cos((\omega_1 - \omega_2) \cdot t)\ ] \cdot \text{sen}(\omega_R \cdot t - \delta) \quad \text{(e3.10)}$$

Operando a equação (e3.10):

$$T = \frac{C}{2} \cdot [\ (\cos((\omega_1 + \omega_2) \cdot t) \cdot \text{sen}(\omega_R \cdot t - \delta) + \cos((\omega_1 - \omega_2) \cdot t) \cdot \text{sen}(\omega_R \cdot t - \delta)\ ]$$

(e3.11)

Operando trigonometricamente a equação (e3.11), resulta:

$$T = \frac{C}{4} \cdot [\ (\text{sen}((\omega_1 + \omega_2 + \omega_R) \cdot t - \delta) - \text{sen}((\omega_1 + \omega_2 - \omega_R) \cdot t + \delta)\ ] +$$

$$+ \frac{C}{4} \cdot [\ (\text{sen}((\omega_1 - \omega_2 + \omega_R) \cdot t - \delta) - \text{sen}((\omega_1 - \omega_2 - \omega_R) \cdot t + \delta)\ ] \quad \text{(e3.12)}$$

O segundo membro da equação (e3.12) possui quatro termos que, em princípio, podem levar a quatro conversores distintos. Cabe ao pesquisador examinar cada termo do segundo membro da equação (e3.12) e retirar dali as possibilidades inerentes. Far-se-á a análise de um dos termos para mostrar a técnica de análise. Ressaltar que as possibilidades do equacionamento são muito vastas e permitem ao pesquisador encontrar conversores que, usando a onfiguração estator liso-rotor liso, tenham conjugado médio.

A hipótese primeira que este equacionamento admite será:

$$(\omega_1 - \omega_2 - \omega_R) = 0 \quad \text{(e3.13)}$$

Operando a equação (e3.13), resulta:

$$(\omega_1) = (\omega_2 + \omega_R) \quad \text{(e3.14)}$$

Definindo "Escorregamento do Rotor do Conversor em relação ao Estator" e representando por s esse referido escorregamento, resulta:

$$\boxed{s = \frac{\omega_1 - \omega_R}{\omega_1}} \quad \text{(e3.15)}$$

A equação (e3.14) mostra que existe uma máquina real e realizável quando $\omega_1 > \omega_2$ e essa máquina é assíncrona porque, sob esta hipótese, o rotor gira com velocidade angular menor do a velocidade angular do sinal de alimentação do estator, isto é:

$$\boxed{\omega_1 > \omega_2} \tag{e3.16}$$

COMENTANDO

O conversor desenvolvido com a alimentação proposta é assíncrono.

Nas máquinas tradicionais denominadas assíncronas, a corrente i_2, que circula pelo enrolamento do rotor, é induzida à semelhança do que ocorre nos transformadores. Assim, criam-se duas categorias de conversores ou de máquinas assíncronas:

A) CONVERSORES ASSÍNCRONOS SUBSÍNCRONOS

São aqueles cuja velocidade angular do rotor é inferior à velocidade angular do sinal de alimentação do enrolamento que fornece energia para o processo de conversão. No exercício em questão, esse enrolamento é o do estator, porque assim se alimentou. Esse enrolamento, que recebe energia para conversão, denomina-se ENROLAMENTO DE ARMADURA do conversor. Dentro dessa ótica, conversores assíncronos subsíncronos atendem a duas equações concernentes à velocidade angular:

$$\boxed{\omega_1 > \omega_2} \tag{e3.17}$$

e:

$$\boxed{\omega_1 > \omega_R} \tag{e3.18}$$

B) CONVERSORES ASSÍNCRONOS HIPERSÍNCRONOS

São aqueles cuja velocidade angular do rotor é superior à velocidade angular do sinal de alimentação do enrolamento que fornece energia para o processo de conversão. No exercício em questão, esse enrolamento é o do estator, porque assim se alimentou. Esse enrolamento, que recebe energia para conversão, denomina-se ENROLAMENTO DE ARMADURA do conversor. De forma semelhante, conversores assíncronos hipersíncronos atendem a duas equações concernentes à velocidade angular:

$$\omega_R > \omega_1 \quad (e3.19)$$

$$\omega_1 + \omega_2 = \omega_R \quad (e3.20)$$

Observar que a equação (e3.12) contempla esse caso, porém não se trata de uma máquina de indução em que o enrolamento de armadura está no estator e a corrente de rotor é induzida à semelhança de um transformador dotada de primário e secundário. Abriu-se possibilidade para duas armaduras: uma no estator, recebendo energia de uma fonte de potência, convencional na freqüência f_1, e outra no rotor, alimentada por uma fonte de potência de freqüência f_2 variável, (considerar que essa energia é injetada no rotor).

Os conversores abaixo estudados são equipamentos de ação direta, tradicionais, cujos rotores, quando operando como motores ou como receptores de energia elétrica, obedecem às equações (e3.12) e possuem as particularidades descritas:

I) MÁQUINAS ASSÍNCRONAS DE ROTOR BOBINADO

Nessas máquinas, o enrolamento de ARMADURA, tradicionalmente, está no estator e o enrolamento do rotor trabalha de forma semelhante ao secundário de um transformador. Esse enrolamento rotórico é levado ao exterior por meio de anéis de deslizamento colocados no eixo do conversor e o contato é feito por meio de escovas de grafite. Em ligação com as escovas, existe uma "caixa de resistores externos, variáveis". Dessa forma, controlam-se a corrente do enrolamento do rotor e as condições de partida e operação do conversor rotativo a partir da atuação sobre esses resistores externos e variáveis. Pode-se, inclusive, controlar a velocidade angular do rotor. Este autor chegou a acompanhar a operação de uma roda gigante de um parque de diversões em que a velocidade angular da roda e suas constantes paradas e partidas eram pilotadas por três placas de ferro que mergulhavam, gradativamente, numa caixa d' água em que bicarbonato de sódio fora dissolvido em água. Quando as placas eram retiradas totalmente do contato com a água da caixa, a corrente do rotor da máquina cessava e a roda parava. Partidas muito suaves aconteciam quando as placas eram gradativamente mergulhadas na solução de água com bicarbonato de sódio. A figura 8.9 mostra a fotografia de um motor de indução de rotor bobinado. Pode-se ver, claramente, o rotor embobinado, o conjunto de porta-escovas e os anéis de deslizamento colocados no rotor da máquina.

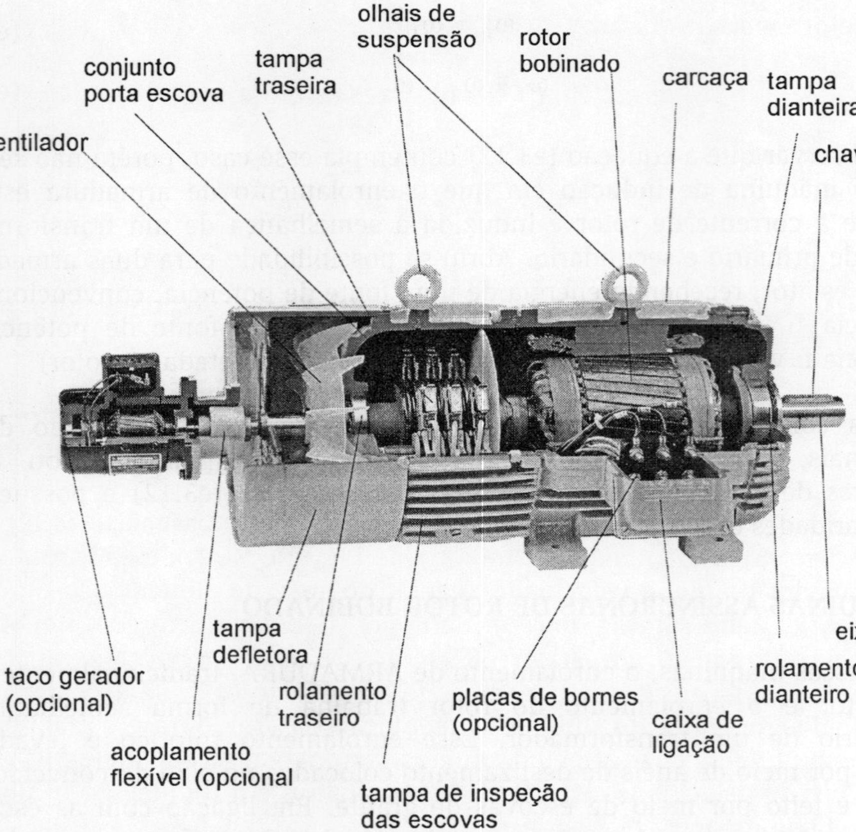

FIGURA 8.9: MÁQUINA ASSÍNCRONA DE INDUÇÃO DE ROTOR BOBINADO. CORTESIA: WEG - MÁQUINAS LTDA. JARAGUÁ DO SUL - S. C. - BRASIL

II) MÁQUINAS ASSÍNCRONAS COM ROTOR EM "GAIOLA DE ESQUILO "

Nesses conversores, o enrolamento rotórico também trabalha de forma semelhante ao secundário de um transformador. Esse enrolamento rotórico é levado ao curto-circuito direto, por meio de anéis de curto-circuito presentes no rotor do conversor. Não existe acesso elétrico, interno ou externo ao enrolamento do rotor de um conversor de indução dotado de "gaiola de esquilo". De acordo com o desenho dos condutores que formam as "barras" da gaiola de esquilo do rotor, é a característica de partida e de operação em regime. Nos conversores assíncronos sub-síncronos com enrolamento de armadura no estator, ocorre:

$$\omega_1 > \omega_2 \qquad \text{e} \qquad \omega_1 > \omega_R \qquad \text{(e3.21)}$$

Retornando à equação (e3.12), resulta:

$$T = \frac{C}{4} \cdot [\ (sen((2 \cdot \omega_1 \cdot t) - \delta) - sen((2 \cdot \omega_2 \cdot t) + \delta)\ ] +$$

$$+ \frac{C}{4} \cdot [\ (sen((2 \cdot (\omega_1 - \omega_2) \cdot t - \delta) - sen(\delta)\ ] \qquad \text{(e3.22)}$$

Examinando a equação (e3.22), encontra-se, no segundo membro da referida, um termo que é atemporal e que, portanto, leva o conversor a possuir um valor médio diferente de zero:

$$\boxed{T_{médio} = + \frac{1}{4} \cdot \left[I_{1máx} \cdot I_{2máx} \cdot M_{máx} \right] \cdot sen(\delta)\ ]} \qquad \text{(e3.23)}$$

e conduz à possibilidade de operação de um conversor baseado nas hipóteses do exercício. Se a máquina é assíncrona de indução, a velocidade angular do rotor é menor do que a velocidade angular do sinal de alimentação do estator (armadura). A alimentação do rotor, feita por indução, opera com um sinal de freqüência inferior ao do estator - $f_2 < f_1$. Quando o conversor opera com pequena carga ou em vazio, a velocidade angular do rotor se aproxima muito da velocidade angular do sinal de alimentação da armadura e a freqüência f_2 torna-se muito pequena. À medida que a máquina vai recebendo carga em seu eixo motriz, a velocidade angular do rotor diminui e a freqüência f_2 aumenta. Na partida da máquina, o rotor está parado, e:

$$\omega_R = 0 \qquad \text{(e3.24)}$$

resultando:

$$\omega_2 = \omega_1 \qquad \text{(e3.25)}$$

Como conseqüência, **na partida da máquina $f_2 = f_1$.**

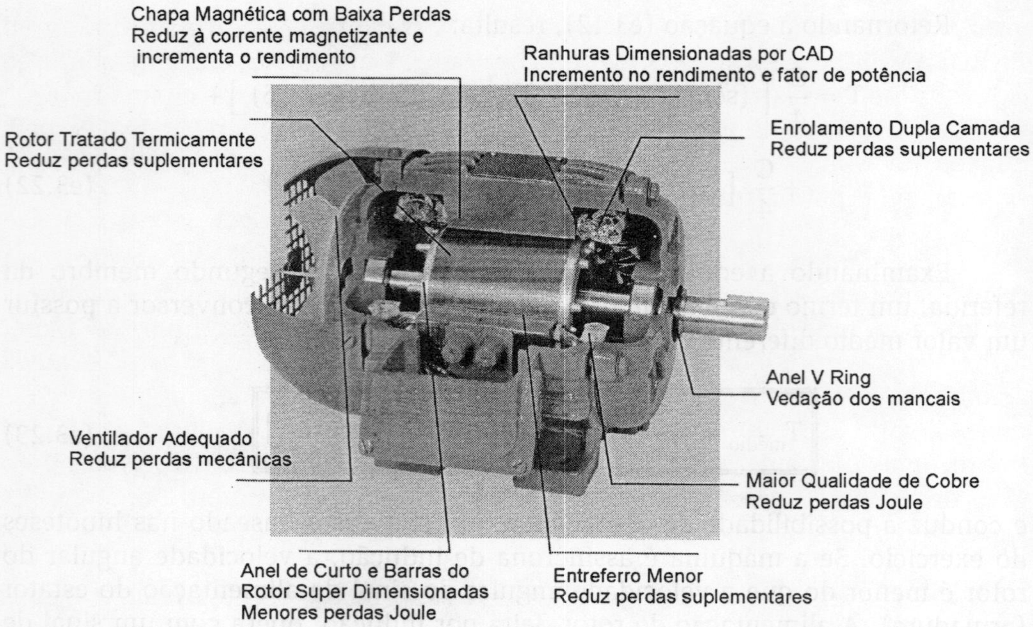

FIGURA 8.10: MÁQUINA ASSÍNCRONA DE INDUÇÃO "GAIOLA DE ESQUILO". CORTESIA: WEG - MÁQUINAS LTDA. JARAGUÁ DO SUL - S. C. - BRASIL

Usando a mesma técnica de análise, podem-se determinar, no segundo membro da equação (e3.22), outros conversores que, seguindo outras técnicas que não a de indução, podem gerar máquinas rotativas assíncronas controláveis.

8.8: ESTUDO DA CONFIGURAÇÃO ESTATOR LISO - ROTOR SALIENTE

8.8.1: ASPECTOS GERAIS

A configuração estator liso-rotor saliente é amplamente empregada na construção dos conversores síncronos de pequeno, médio e grande portes. São as denominadas "MÁQUINAS SÍNCRONAS".

A propriedade fundamental do conversor com essa configuração, operando de modo síncrono, é ter a velocidade angular de seu rotor idêntica à velocidade angular do sinal da rede de alimentação que fornece energia para o enrolamento residente no estator, que caracteriza a armadura ou o ENROLAMENTO DE ARMADURA do conversor. Um sinal de corrente contínua é levado ao enrolamento do rotor que, nessas condições, é chamado de " ENROLAMENTO DE CAMPO", por ser esse enrolamento responsável pela criação do campo magnético estabelecido no entreferro do conversor e que serve de pilar para a conversão eletromecânica de energia.

Essa configuração é encontrada servindo os conversores que operam como geradores síncronos, acionados por turbinas hidráulicas de pequeno, médio e grande portes nas usinas hidrelétricas. Por exemplo: a Usina Hidrelétrica de Ilha Solteira trabalha com 12 turbinas hidráulicas tipo Francis acionando geradores síncronos, cada qual com uma potência mecânico - hidráulica de 225 000 cavalos-vapor, aproximadamente. Geradores acionados por turbinas hidráulicas são chamados de HIDROGERADORES. Ressaltar que o grau de aplicação dessa configuração é imenso, dado o número de geradores acionados a turbinas hidráulicas existente no Brasil e no mundo.

Os conversores, com essa ou com outras configurações, podem operar também como motores. Quando operando como motor, pode fornecer, em seu eixo mecânico, plena potência ou fornecer potência mecânica bem reduzida, forte corrente de campo no enrolamento do rotor e operar como "CAPACITOR SÍNCRONO", ajustando o fator de potência da instalação industrial à qual está conectado. Por razões econômicas, emprega-se essa solução em instalações industriais de médio e grande portes e no sistema gerador de energia das permissionárias. As empresas geradoras de energia elétrica usam suas instalações hidrelétricas de pequeníssimo porte, operando como motores em vazio e, fortemente excitados, corrigindo o fator de potência do sistema, isto é, máquinas síncronas de pequenas hidrelétricas, operando como CAPACITORES SÍNCRONOS.

Retomando, o conversor síncrono pode operar como gerador, como motor ou como capacitor síncrono. Nessa categoria de operação, pode-se, atuando sobre a intensidade da corrente que é fornecida ao seu enrolamento de campo (corrente contínua), tornar o conversor um ente fortemente excitado e absorver os reativos indutivos do sistema, à semelhança de um banco de capacitores. Possuindo corrente de campo ajustável, pode ser ajustado e efetuar um nível de absorção de reativos indutivos condicentes com a capacidade de corrente de seu enrolamento de armadura. Atualmente, quando o fator de potência de uma instalação elétrica é inferior a 0,92, a concessionária de energia elétrica exige, baseada em Portaria Ministerial, que o referido fator de potência seja corrigido. A correção pode ser executada a partir de "bancos de capacitores estáticos" ou "automáticos", ou por meio de conversores síncronos operando como motores e com suas correntes de enrolamento de campo, propositalmente, elevadas. Nessa condição ou para atender a essa condição - corrigir o fator de potência da instalação elétrica - o conversor opera na função motor, com pequena ou nenhuma carga mecânica aplicada em seu eixo motriz e com elevada corrente de campo, função do fator de potência da instalação. Diz-se que o conversor síncrono, nessa condição, fortemente excitado por sua corrente de campo, é um CAPACITOR SÍNCRONO.

8.8.2: INDUTÂNCIAS PRÓPRIAS E MÚTUA

A configuração que está sendo estudada, estator liso - rotor saliente, pode apresentar um comportamento bem característico para as suas indutâncias próprias e mútua. Para o presente estudo, voltar-se-á às expressões já estruturadas para indutâncias:

$$L_1(\varphi) = \frac{N_1^2}{\Re_T(\varphi)} \tag{8.49a}$$

$$L_2(\varphi) = \frac{N_2^2}{\Re_T(\varphi)} \tag{8.49b}$$

$$M(\varphi) = \frac{N_1 \cdot N_2}{\Re_T(\varphi)} \tag{8.49c}$$

Partindo dessas equações já dispostas e conhecidas, desenvolvem-se as equações que se adaptam à configuração estator liso-rotor saliente.

8.8.3: INDUTÂNCIA PRÓPRIA DO ENROLAMENTO DO ROTOR

Usando os elementos discutidos na configuração estator liso-rotor liso e as regras ali colocadas, afirma-se:

"Quando o Estator é Liso, a Indutância Própria do Enrolamento do Rotor é Constante".

Dessa afirmação, escreve-se:

$$L_2(\varphi) = \text{cte.} \tag{8.50}$$

e:

$$\frac{dL_2(\varphi)}{d\varphi} = 0 \tag{8.51}$$

8.8.4: INDUTÂNCIA PRÓPRIA DO ENROLAMENTO DO ESTATOR

Como o rotor da configuração sob estudo é saliente, à medida que esse rotor gira, interno ao túnel do estator, a indutância própria do estator varia, para um observador colocado num ponto fixo do estator. Para visualizar o comportamento da Indutância Própria do Estator, tome-se a equação (8.49a):

$$L_1(\varphi) = \frac{N_1^2}{\Re_T(\varphi)} \tag{8.49a}$$

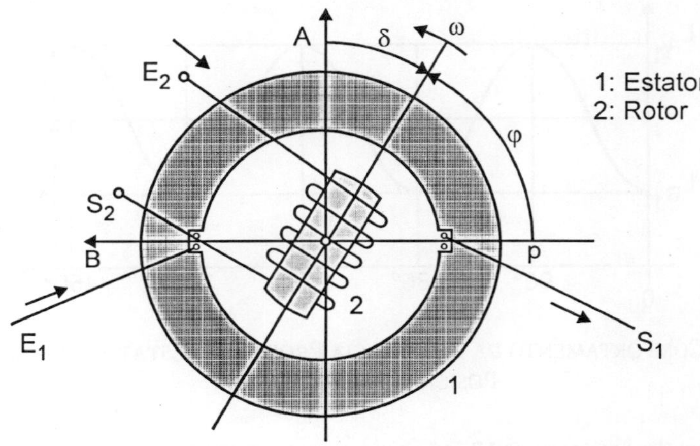

FIGURA 8.11: CONVERSOR ROTATIVO DE ESTATOR LISO - ROTOR SALIENTE.

Um observador colocado no ponto A do estator do conversor, ponto A este situado no eixo vertical, verá o rotor do referido conversor girar com velocidade angular ω_R. Como o rotor é saliente, a relutância do entreferro, do ponto A até o centro do eixo do conversor, irá variar à medida que o rotor girar. Se qualificar-se essa relutância vista pelo observador, sem preocupação em quantificá-la, pode-se desenvolver um quadro como o mostrado em 8.2:

QUADRO 8.2: RELUTÂNCIAS VISTAS POR UM OBSERVADOR COLOCADO NO PONTO A DO CONVERSOR DA FIGURA 8.11.

φ (em graus)	Zero	90º	180º	270º	360º	450º
Relutância	máxima	mínima	máxima	mínima	máxima	mínima

Analisando a equação (8.49a), constata-se que a indutância própria do enrolamento do estator é inversamente proporcional à relutância magnética encontrada pelo fluxo magnético que atravessa o entreferro. Assim, levando qualitativamente o quadro 8.2 à equação (8.49a) ângulo por ângulo, resultam os dados do quadro 8.3.

QUADRO 8.3: INDUTÂNCIAS PRÓPRIAS VISTAS PELO ENROLAMENTO DO ESTATOR, CUJO EIXO PASSA PELO **PONTO A EM QUE ESTÁ COLOCADO O OBSERVADOR**, NO CONVERSOR DA FIGURA 8.11.

φ (em graus)	zero	90º	180º	270º	360º	450º
Indutân. L1	mínima	máxima	mínima	máxima	mínima	máxima

Um gráfico em que os pontos listados no quadro 8.3 sejam alocados, mostrará:

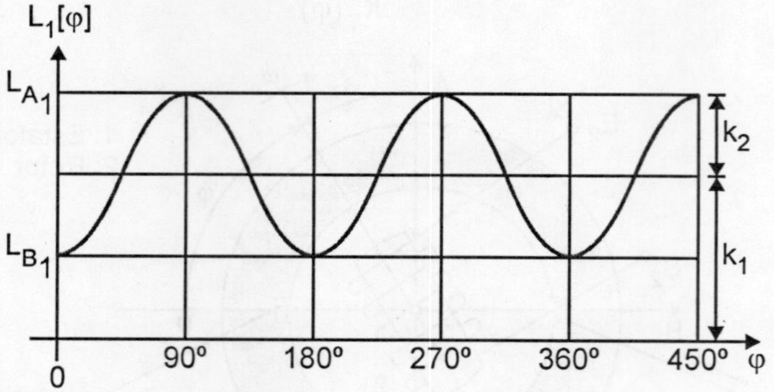

FIGURA 8.12: COMPORTAMENTO DA INDUTÂNCIA PRÓPRIA DO ESTATOR, FUNÇÃO DO ÂNGULO POSICIONADOR DO ROTOR.

Observando a figura 8.12, têm-se alguns pontos a considerar:

I. *O seu feitio é muito próximo ao senoidal e será, para o presente estudo, admitido como sendo. Para que tal comportamento possa ser admitido como sendo senoidal, as expansões polares do rotor do conversor são trabalhadas de forma que possam dar à curva mostrada na figura 8.12, feitio bem próximo do senoidal. As expansões polares ou sapatas polares formam os conjuntos polares da peça rotórica;*

II. *Prosseguindo a observar a referida figura, nota-se que ela se desenvolve ao redor de um eixo horizontal colocado acima do eixo das abcissas, isto é, a Indutância Própria do Estator admite um valor médio que vale "k_1", representado no gráfico da figura 8.12, e;*

III. *Colocando um observador sobre o referido eixo que denota o valor médio, constata-se que a curva sob análise adquire, para esse observador, um comportamento que pode ser tomado como senoidal e que admite por expressão:*

$$L_1(\varphi) = k_1 - k_2 \cdot \cos(2 \cdot \varphi) \tag{8.52}$$

A expressão (8.52) é o desenvolvimento em Séries de Fourier de um sinal formado pelo valor médio da função e por um termo das séries. Assim, se o comportamento da indutância própria do estator possuir distorções, como o referido comportamento é periódico pode-se, dentre as Séries de Fourier encontrar um desenvolvimento que satisfaça o comportamento da indutância própria de um particular estator. Para o presente estudo, admitir-se-á que o comportamento é senoidal e em torno de um eixo que passa pelo valor "k_1", no eixo das ordenadas. A partir dessa constatação, escreve-se:

$$k_2 = \left[\frac{L_{A1} - L_{B1}}{2}\right] \tag{8.53}$$

e:

$$k_1 = \left[\frac{L_{A1} + L_{B1}}{2}\right] \tag{8.54}$$

Levando as equações (8.53) e (8.54) à equação (8.52), resulta:

$$L_1(\varphi) = \left[\frac{L_{A1} + L_{B1}}{2}\right] - \left[\frac{L_{A1} - L_{B1}}{2}\right] \cdot \cos(2 \cdot \varphi) \tag{8.55}$$

que expressa o comportamento da indutância própria do enrolamento do estator de um conversor com configuração estator liso-rotor saliente. Derivando a referida indutância em relação a φ, que é o ângulo posicionador do rotor, encontra-se:

$$\frac{dL_1(\varphi)}{d\varphi} = (L_{A1} - L_{B1}) \cdot \cos(2 \cdot \varphi) \tag{8.56}$$

8.8.5: INDUTÂNCIA MÚTUA ESTATOR-ROTOR

À semelhança do que foi explanado no item 8.6.3, a forma de se comportar da indutância mútua estator-rotor pode ser determinada após uma análise cuidadosa da figura 8.11. Na referida figura, observa-se que o enrolamento concentrado do rotor acopla-se ao enrolamento concentrado do estator e desacopla-se, à medida que o rotor gira. Portanto, como a Indutância Mútua está ligada à existência de acoplamento magnético entre os enrolamentos referidos e como esse acoplamento é função da posição do enrolamento do estator em relação ao do rotor, a indutância mútua estator-rotor varia com o ângulo posicionador do rotor, o ângulo φ. Dessa forma, numa primeira análise, pode-se, para qualquer conversor rotativo de estator liso-rotor liso ou de estator liso-rotor saliente, escrever:

$$M = M(\varphi) \tag{8.57}$$

Isto posto, cabe agora determinar a forma como a indutância mútua se comporta em relação a φ o que, na maioria das vezes, é um comportamento bastante complexo. Para o presente estudo, deve-se voltar à figura 8.11. Aí constata-se que existem pontos bastante notáveis assumidos por essa indutância mútua, pontos que são funções da posição do rotor em relação ao estator. Portanto, girando lentamente o rotor do conversor da figura 8.11, observa-se:

QUADRO 8.4: COMPORTAMENTO DA INDUTÂNCIA MÚTUA ESTATOR - ROTOR

(φ)	0º	90º	180º	270º	360º	450º
M(φ)	0	$+M_{máx}$	0	$-M_{máx}$	0	$+M_{máx}$

Ressaltar que o ângulo posicionador φ é determinado como nascendo no eixo das abcissas e procurando o eixo que passa pelo rotor do conversor (eixo posicionador do rotor). Essa será a convenção usada no estudo de todas as configurações pequisadas nesta obra.

Estabelecidos os valores do quadro 8.4, resta ao pesquisador fazer algumas hipóteses e concessões ao conversor. Como deve-se comportar a indutância mútua de um genérico conversor de estator liso-rotor saliente? Pode não ter um comportamento senoidal, mas deve passar pelos pontos notáveis ressaltados no quadro 8.4. Assim, para simplificar a análise, dir-se-á que a indutância mútua estator-rotor tem comportamento senoidal. Caso não o tenha, o pesquisador deve traçar o comportamento real, levantando-o ponto por ponto, e estudá-lo a partir de Séries de Fourier.

Partindo do princípio que o comportamento da indutância mútua estator - rotor, para a configuração estator liso-rotor saliente, é senoidal, escreve-se:

$$M(\varphi) = M_{máx} \cdot \text{sen}(\varphi) \tag{8.58}$$

que é a expressão da indutância mútua estator-rotor para a configuração estudada. A derivada da referida indutância mútua em relação ao ângulo posicionador φ leva a:

$$\frac{dM(\varphi)}{d\varphi} = \frac{d}{d\varphi}\left[M_{máx} \cdot \text{sen}(\varphi)\right] \tag{8.59}$$

em que:

$$\frac{dM(\varphi)}{d\varphi} = M_{máx} \cdot \cos(\varphi) \tag{8.60}$$

Levando essa informação à equação geral do conjugado para conversores rotativos magneticamente lineares dotados de duas portas elétricas de entrada, resulta:

$$T = \frac{1}{2} \cdot i_1^2 \cdot \frac{dL_1(\varphi)}{d\varphi} + \frac{1}{2} \cdot i_2^2 \cdot \frac{dL_2(\varphi)}{d\varphi} + i_1 \cdot i_2 \cdot \frac{dM(\varphi)}{d\varphi} \tag{8.61}$$

em que:

$$T = \frac{1}{2} \cdot i_1^2 \cdot (L_{A1} - L_{B1}) \cdot \operatorname{sen}(2 \cdot \varphi) + \frac{1}{2} \cdot i_2^2 \cdot 0 + i_1 \cdot i_2 \cdot M_{máx} \cdot \cos(\varphi) \tag{8.62}$$

ou ainda:

$$\boxed{T = \frac{1}{2} \cdot i_1^2 \cdot (L_{A1} - L_{B1}) \cdot \operatorname{sen}(2 \cdot \varphi) + i_1 \cdot i_2 \cdot M_{máx} \cdot \cos(\varphi)} \tag{8.63}$$

que caracteriza a expressão do conjugado para a configuração estator liso - rotor saliente numa estrutura magneticamente linear. Da equação (8.63), pode-se enunciar:

> ***"Um Conversor Estator Liso-Rotor Saliente, magneticamente linear, possui um conjugado dado por duas parcelas. A primeira parcela caracteriza o conjugado a relutância magnética do conversor e a segunda, o seu conjugado eletromagnético."***

Portanto, o conversor estator liso-rotor saliente pode ter os dois conjugados, bastando que seja alimentado convenientemente. Se a corrente i_2, que é fornecida ao enrolamento do rotor do conversor, for nula, o referido perde a parcela de conjugado eletromagnético e fica restrito ao seu conjugado a relutância. Conversores com alimentação só de estator são de pequena potência, síncronos, usados para a contagem de tempo em dispositivos usados em máquinas de lavar roupas, máquinas de lavar pratos, acionadores de iluminação de vitrines, etc. São denominados CONVERSORES A RELUTÂNCIA MAGNÉTICA ou Motores a Relutância Magnética.

Da equação (8.63), pode-se escrever:

$$\boxed{T_R = \frac{1}{2} \cdot i_1^2 \cdot (L_{A1} - L_{B1}) \cdot \operatorname{sen}(2 \cdot \varphi)} \tag{8.64a}$$

que é o conjugado a relutância magnética do conversor rotativo, e:

$$\boxed{T_E = i_1 \cdot i_2 \cdot M_{máx} \cdot \cos(\varphi)} \qquad (8.64b)$$

que representa o conjugado eletromagnético do conversor rotativo.

As correntes i_1 e i_2 estão em seus valores instantâneos de forma que as alimentações para os enrolamentos do estator e do rotor podem ser amplas e variadas. Esse fato abre um sem-número de possibilidades para o pesquisador.

8.8.6: EXERCÍCIOS

8.8.6.1: EXERCÍCIO RESOLVIDO 1

Usando um conversor com configuração estator liso-rotor saliente, verifique as condições que devem ser satisfeitas para que ele apresente conjugado médio, quando alimentado na forma proposta:

$$i_1 = I_{1máx} \,.\, \cos(\omega_1 .t) \qquad e \qquad i_2 = 0 \qquad (e4.1)$$

$$\omega_R \Rightarrow \text{velocidade angular do rotor} \qquad (e4.2)$$

RESOLVENDO

O conversor estator liso-rotor saliente tem um conjugado função da configuração, dado por:

$$\boxed{T = \frac{1}{2} \cdot i_1^2 \cdot (L_{A1} - L_{B1}) \cdot \text{sen}(2 \cdot \varphi) + i_1 \cdot i_2 \cdot M_{máx} \cdot \cos(\varphi)} \qquad (e4.3)$$

Levando as condições propostas acima à equação (e4.3), resulta:

$$T = \frac{1}{2} \cdot i_1^2 \cdot (L_{A1} - L_{B1}) \cdot \text{sen}(2 \cdot \varphi) \qquad (e4.4)$$

porque a corrente i_2 é nula. Levando a corrente i_1 à equação (e4.4), resulta:

$$T = \frac{1}{2} \cdot (I_{1máx} \cdot \cos(\omega_1 \cdot t))^2 \cdot (L_{A1} - L_{B1}) \cdot \text{sen}(2 \cdot (\omega_R \cdot t + 90^o - \delta) \qquad (e4.5)$$

Rearranjando os termos da equação (e4.5), resulta:

$$T = \frac{1}{2} \cdot (I_{1máx})^2 \cdot (L_{A1} - L_{B1}) \cdot (\cos(\omega_1 \cdot t))^2 \cdot \mathrm{sen}(2 \cdot \omega_R \cdot t + 180^o - 2 \cdot \delta) \quad \text{(e4.6)}$$

Fazendo:

$$D = [\ \frac{1}{2} \cdot (I_{1máx})^2 \cdot (L_{A1} - L_{B1})\ ] \quad \text{(e4.7)}$$

Levando a equação (e4.7) à equação (e4.6), resulta:

$$T = D \cdot (\cos(\omega_1 \cdot t))^2 \cdot \mathrm{sen}(2 \cdot \omega_R \cdot t + 180^o - 2 \cdot \delta) \quad \text{(e4.8)}$$

Operando trigonometricamente o segundo membro da equação (e4.8), resulta:

$$T = (-) \cdot D \cdot \left[\frac{1 + \cos(2 \cdot \omega_1 \cdot t)}{2} \right] \cdot \mathrm{sen}(2 \cdot \omega_R \cdot t - 2 \cdot \delta) \quad \text{(e4.9)}$$

Rearranjando-se a equação (e4.9), resulta:

$$T = (-) \cdot \frac{D}{2} \cdot (\cos(2 \cdot \omega_1 \cdot t)) \cdot \mathrm{sen}(2 \cdot \omega_R \cdot t - 2 \cdot \delta) - \frac{D}{2} \cdot \mathrm{sen}(2 \cdot \omega_R \cdot t - 2 \cdot \delta) \quad \text{(e4.10)}$$

Com relação ao segundo termo do segundo membro da equação (e4.10), o pesquisador, dentro do referido termo, não encontrará a parcela atemporal que deve buscar para caracterizar o conjugado médio de seu conversor. O primeiro termo do segundo membro da referida equação, por ter um produto de funções, esse produto deve ser pesquisado e pode levar ao resultado procurado. Assim, operando o primeiro termo do segundo membro da equação (e4.10), resulta:

$$T = (-) \cdot \frac{D}{2} \cdot \mathrm{sen}(2 \cdot \omega_R \cdot t - 2 \cdot \delta) - \frac{D}{4} \cdot [\mathrm{sen}(2 \cdot \omega_1 \cdot t + 2 \cdot \omega_R \cdot t - 2 \cdot \delta] +$$

$$+ \frac{D}{4} \cdot [\mathrm{sen}(2 \cdot \omega_1 \cdot t - 2 \cdot \omega_R \cdot t + 2 \cdot \delta] \quad \text{(e4.11)}$$

Examinando a equação (e4.11), constata-se que uma das condições para encontrar um termo atemporal dentro da referida equação é adotando:

$$(2 \cdot \omega_1 \cdot t - 2 \cdot \omega_R \cdot t) = 0 \quad \text{(e4.12)}$$

Com essa proposta, resulta:

$$\omega_1 = \omega_R \tag{e4.13}$$

isto é, a velocidade angular do rotor do conversor deve ser igual à velocidade angular do sinal de alimentação do enrolamento do estator do referido para que se encontre um termo que é atemporal e que, portanto, caracterize o conjugado médio procurado para o conversor. Ocorre que a igualdade emanada na equação (e4.13) leva o conversor à condição de SÍNCRONO.

Levando a constatação (e4.13) à equação (e4.11), encontra-se:

$$T = (-)\cdot\frac{D}{2}\cdot \text{sen}(2\cdot\omega_1\cdot t - 2\cdot\delta) - \frac{D}{4}\cdot\left[\text{sen}(4\cdot\omega_1\cdot t - 2\cdot\delta\right] + \frac{D}{4}\cdot\left[\text{sen}(2\delta)\right] \tag{e4.14}$$

Observando a equação (e4.14), constata-se que o terceiro termo do segundo membro da referida equação é atemporal e leva ao conjugado médio desenvolvido pelo conversor alimentado na forma proposta em (e4.1). Retornando à equação (e4.14), resulta:

$$\boxed{T_{\text{médio}} = \frac{1}{8}\cdot(L_{A1} - L_{B1})\cdot I_{1\text{máx}}^2\cdot\left[\text{sen}(2\delta)\right]} \tag{e4.15}$$

mostrando que o conversor em análise tem conjugado médio, é SÍNCRONO e esse conjugado médio está intimamente ligado à diferença entre as indutâncias do eixo A e do B, em quadratura com A. Por essa razão, o conjugado médio obtido, que está ligado às indutâncias e, conseqüentemente, às relutâncias do conversor, denomina-se "CONJUGADO A RELUTÂNCIA". Portanto, esse conjugado está diretamente ligado à configuração do dispositivo conversor.

Da Mecânica, escreve-se:

$$P_{\text{média}} = T_{\text{médio}}\cdot\omega_R \tag{e4.16}$$

Retornando à constatação (e4.15) e à equação (e4.16), resulta:

$$\boxed{P_{\text{média}} = \frac{1}{8}\cdot(\omega_1\cdot(L_{A1} - L_{B1}))\cdot I_{1\text{máx}}^2\cdot\left[\text{sen}(2\delta)\right]} \tag{e4.17}$$

Operando a equação (e4.17), resulta:

$$\boxed{P_{\text{média}} = \frac{1}{8}\cdot((\omega_1\cdot L_{A1}) - (\omega_1\cdot L_{B1}))\cdot I_{1\text{máx}}^2\cdot\left[\text{sen}(2\delta)\right]} \tag{e4.18}$$

Examinando a equação (e4.18), verifica-se a presença de reatâncias no seio da referida equação, denominadas, respectivamente, reatâncias de eixo A e de B, quadratura com A:

$$X_{A1} = (\omega_1 \cdot L_{A1}) \qquad \text{(e4.19a)}$$

que é a reatância de eixo A, das abcissas, para a configuração estator liso - rotor saliente, e:

$$X_{B1} = (\omega_1 \cdot L_{B1}) \qquad \text{(e4.19b)}$$

que é a reatância de eixo B, em quadratura com A e que corresponde ao eixo das ordenadas para a referida configuração. Retornando à equação (e4.18), escreve-se:

$$\boxed{P_{média} = \frac{1}{8} \cdot (X_{A1} - X_{B1}) \cdot I_{1máx}^2 \cdot [\mathrm{sen}(2 \cdot \delta)]} \qquad \text{(e4.20)}$$

que permite determinar a potência desenvolvida pelo conversor da configuração proposta, função do ângulo de potência δ. A menos de outros elementos presentes na equação(e4.20), a potência máxima entregue pelo conversor ocorre quando $\delta = 45°$. Observar, também, a coerência dimensional da referida equação.

COMENTANDO

O conversor estudado no item anterior existe no cotidiano da prática e denomina-se "MÁQUINA A RELUTÂNCIA MAGNÉTICA". O ângulo δ não está ligado ao tempo, e à medida que se exige potência do eixo motriz do conversor, o ângulo δ aumenta. Em 45°, o conversor estará entregando potência máxima.

Se o conversor possuir rotor liso, então $X_{A1} = X_{B1}$ e a potência que poderia ser conseguida com esse conjugado não mais se faz presente. Portanto, esse conjugado só é presente quando o estator ou o rotor ou ambos possuem saliências.

8.8.6.2: EXERCÍCIO RESOLVIDO 5

O conversor de estator liso-rotor saliente, mostrado na figura 8.13, receberá a alimentação apresentada abaixo. Desenvolva a expressão do conjugado médio para ele, operando com a referida alimentação, e superponha as ondas temporais de conjugado. Para orientação, a máquina é síncrona e da forma como está alimentada, possui conjugado a relutância e conjugado eletromagnético.

Dados:

$$i_1 = I_{1máx} . \cos(\omega_1.t) \tag{e5.1}$$

$$i_1 = I_{DC} = I_{campo} \tag{e5.2}$$

$$\omega_R \Rightarrow \text{velocidade angular do rotor} \tag{e5.3}$$

$$\varphi = (\omega_R.t + 90^o - \delta) \tag{e5.4}$$

Para o conversor de estator liso-rotor saliente, o conjugado, devido à configuração, tem por expressão:

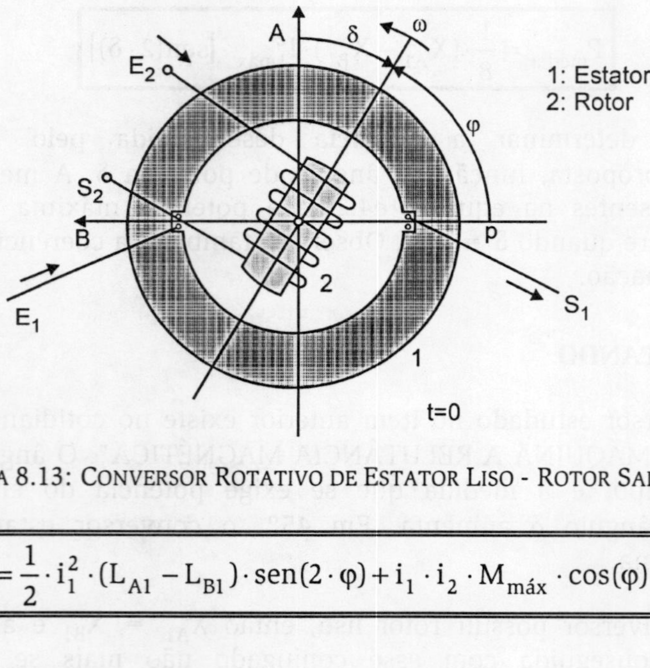

FIGURA 8.13: CONVERSOR ROTATIVO DE ESTATOR LISO - ROTOR SALIENTE.

$$T = \frac{1}{2} \cdot i_1^2 \cdot (L_{A1} - L_{B1}) \cdot \text{sen}(2 \cdot \varphi) + i_1 \cdot i_2 \cdot M_{máx} \cdot \cos(\varphi) \tag{e5.5}$$

RESOLVENDO

Levando à equação (e5.5) as informações dos dados do exercício, resulta:

$$T = \frac{1}{2} \cdot I_{1máx}^2 \cdot (\cos(\omega_1 \cdot t))^2 \cdot (L_{A1} - L_{B1}) \cdot \text{sen}(2 \cdot \omega_R \cdot t + 180^o - 2 \cdot \delta) + \tag{e5.6}$$

$$+ I_{1máx} \cdot \cos(\omega_1 \cdot t) \cdot i_{DC} \cdot M_{máx} \cdot \cos(\omega_R \cdot t + 90^o - \delta)$$

Remanejando os componentes da equação (e5.6) e executando algumas transformações trigonométricas, resulta:

$$T = D\cdot(\cos(\omega_1\cdot t))^2\cdot \text{sen}(2\cdot\omega_R\cdot t+180^o-2\cdot\delta)+ \\ +E\cdot\cos(\omega_1\cdot t)\cdot\cos(\omega_R\cdot t+90^o-\delta) \qquad \text{(e5.7)}$$

em que:

$$D=\frac{1}{2}\cdot I_{1máx}^2\cdot(L_{A1}-L_{B1}) \qquad \text{(e5.8a)}$$

e:

$$E = I_{máx}\cdot I_{DC}\cdot M_m \qquad \text{(e5.8b)}$$

ou ainda:

$$T=(-)\cdot D\cdot(\cos(\omega_1\cdot t))^2\cdot \text{sen}(2\cdot\omega_R\cdot t-2\cdot\delta)+ \\ +E\cdot\cos(\omega_1\cdot t)\cdot\cos(\omega_R\cdot t+90^o-\delta) \qquad \text{(e5.9)}$$

Analisando o primeiro termo do segundo membro da equação (e5.9), encontra-se:

$$T=(-)\cdot D\cdot\left[\frac{1+\cos(2\cdot\omega_1\cdot t)}{2}\right]\cdot \text{sen}(2\cdot\omega_R\cdot t-2\cdot\delta)+ \\ +E\cdot\cos(\omega_1\cdot t)\cdot\cos(\omega_R\cdot t+90^o-\delta) \qquad \text{(e5.10)}$$

Operando o primeiro termo do segundo membro da equação (e5.10), resulta:

$$T=(-)\cdot\frac{D}{2}\cdot\cos(2\cdot\omega_1\cdot t)\cdot \text{sen}(2\cdot\omega_R\cdot t-2\cdot\delta)-\frac{D}{2}\cdot \text{sen}(2\cdot\omega_R\cdot t-2\cdot\delta)+ \\ +E\cdot\cos(\omega_1\cdot t)\cdot\cos(\omega_R\cdot t+90^o-\delta) \qquad \text{(e5.11)}$$

Operando trigonometricamente o primeiro e o terceiro termos do segundo membro da equação (e5.11), encontra-se:

$$T=(-)\cdot\frac{D}{4}\cdot\left[\text{sen}(2\cdot\omega_1\cdot t+2\cdot\omega_R\cdot t-2\cdot\delta)\right]+\frac{D}{4}\left[\text{sen}(2\cdot\omega_1\cdot t-2\cdot\omega_R\cdot t+2\cdot\delta)\right]+$$

$$-\frac{D}{2}\cdot\text{sen}(2\cdot\omega_R\cdot t-2\cdot\delta)-E\cdot\cos(\omega_1\cdot t)\cdot\text{sen}(\omega_R\cdot t-\delta) \quad \text{(e5.12)}$$

Operando o quarto termo do segundo membro da equação (e5.12), resulta:

$$T=(-)\cdot\frac{D}{4}\cdot\left[\text{sen}(2\cdot\omega_1\cdot t+2\cdot\omega_R\cdot t-2\cdot\delta)\right]+\frac{D}{4}\left[\text{sen}(2\cdot\omega_1\cdot t-2\cdot\omega_R\cdot t+2\cdot\delta)\right]+$$

$$-\frac{D}{2}\cdot\text{sen}(2\cdot\omega_R\cdot t-2\cdot\delta)-\frac{E}{2}\cdot\text{sen}(\omega_1\cdot t+\omega_R\cdot t-\delta)+\frac{E}{2}\cdot\text{sen}(\omega_1\cdot t-\omega_R\cdot t+\delta)$$

(e5.13)

Não existindo mais produtos de funções trigonométricas na equação (e5.13), passa-se ao campo das hipóteses. Deve-se procurar aquele termo ou aqueles termos que possam manifestar valor médio diferente de zero, isto é, aqueles termos que possam tornar-se atemporais. Portanto, tomando como primacial hipótese:

$$\boxed{\omega_1=\omega_R} \quad \text{(e5.14)}$$

resulta:

$$T=(-)\cdot\frac{D}{4}\cdot\left[\text{sen}(4\cdot\omega_1\cdot t-2\cdot\delta)\right]+\frac{D}{4}\left[\text{sen}(2\cdot\delta)\right]+$$

(e5.15)

$$-\frac{D}{2}\cdot\text{sen}(2\cdot\omega_R\cdot t-2\cdot\delta)-\frac{E}{2}\cdot\text{sen}(2\cdot\omega_1\cdot t-\delta)+\frac{E}{2}\cdot\text{sen}(\delta)$$

que é a equação temporal, característica da configuração estator saliente - rotor liso, alimentada na forma proposta no exercício. O conjugado médio que esse conversor pode desenvolver é expresso por:

$$T_{\text{médio}}=\frac{D}{4}\left[\text{sen}(2\cdot\delta)\right]+\frac{E}{2}\cdot\text{sen}(\delta) \quad \text{(e5.16)}$$

Levando à equação (e5.16) as expressões de "D" e de "E", resulta:

$$T_{médio} = \frac{1}{8} \cdot I_{1máx}^2 \cdot (L_{A1} - L_{B1}) \cdot [sen(2 \cdot \delta)] + \frac{1}{2} \cdot I_{1máx} \cdot I_{DC} \cdot M_{máx} \cdot sen(\delta) \qquad (e5.17)$$

que é a expressão do conjugado médio que o conversor proposto pode desenvolver. Pela sua característica conhecida, síncrona, pode-se levar a equação (e5.17) a alcançar expressão de potência. Tome-se, por exemplo, o segundo termo do segundo membro da referida equação. Da Mecânica, escreve-se:

$$P_{convertida} = T_{eletromagnético} \cdot \omega_R \qquad (e5.18)$$

considerando-se unicamente, o conjugado eletromagnético. Está-se analisando somente uma parcela da potência que o conversor pode converter e entregar. Em exercício anterior, esclareceu-se que, na maioria dos casos, essa parcela, expressa por (e5.19), é preponderante. Isso, porém, não tira o mérito do conjugado a relutância, visto ele ser peça importante na estabilidade do conversor síncrono.

Desenvolvendo a equação (e5.18), resulta:

$$\boxed{P_{convertida} = \frac{1}{2} \cdot I_{1máx} \cdot (I_{DC} \cdot M_{máx} \cdot \omega_1) \cdot sen(\delta)} \qquad (e5.19)$$

que é expressão da potência desenvolvida pelo conjugado eletromagnético do conversor. No segundo membro, entre parênteses, encontra-se um produto de análise bem interessante, que é a força eletromotriz induzida no enrolamento de armadura do estator, no seu valor máximo. Lembrar que esse conversor tem uma porta no estator e uma no rotor e seu enrolamento estatórico corresponde a uma fase. Portanto, desenvolvendo um estator dotado de três portas elétricas, três fases, comumente empregado nas máquinas elétricas trifásicas convencionais, sejam síncronas ou assíncronas, ter-se-á:

$$\boxed{P_{convertida} = \frac{3}{2} \cdot I_{1máx} \cdot (I_{DC} \cdot M_{máx} \cdot \omega_1) \cdot sen(\delta)} \qquad (e5.20)$$

COMENTANDO

Analisando a equação (e5.17), constata-se que o conjugado médio desenvolvido pelo conversor que porta a configuração estator liso-rotor saliente, alimentado na forma proposta no exercício, é formado por duas parcelas bem caracterizadas. Uma parcela, típica dos conversores a relutância magnética, é representada pelo primeiro termo do segundo membro da referida equação e que se denomina CONJUGADO A RELUTÂNCIA DO CONVERSOR.

Uma segunda parcela, formada pelo segundo termo do segundo membro da equação (e5.17), já esteve presente na configuração estator liso-rotor liso e se caracteriza por um conjugado de natureza diferente do anterior, denominado CONJUGADO ELETROMAGNÉTICO DO CONVERSOR.

Portanto, o conversor de estator liso-rotor saliente, alimentado na forma proposta no exercício:

1. *Tem conjugado médio diferente de zero e, portanto, é passível de realizar-se.*
2. *O conversor estudado é SÍNCRONO e seu conjugado médio é formado por duas parcelas fundamentalmente distintas: uma parcela devido às saliências do rotor e, em face disso, esse rotor pode ser denominado ROTOR DE PÓLOS SALIENTES, e uma segunda parcela ligada somente à forma de alimentar o conversor. Na maioria dos casos, senão na grande totalidade, essa segunda parcela é muito mais preponderante do que a primeira.*

8.8.6.3: EXERCÍCIO PROPOSTO 1

Usando a configuração estator liso-rotor saliente, desenvolva expressão para o conjugado médio, se o conversor for alimentado com:

$$i_1 = 0$$
$$i_2 = I_{2máx} \cdot \cos(\omega_2 \cdot t)$$

8.8.6.4: EXERCÍCIO PROPOSTO 2

Usando a configuração estator liso-rotor saliente, desenvolva expressão para o conjugado médio, se o conversor for alimentado com:

$$i_1 = I_{DC}$$
$$i_2 = I_{2máx} \cdot \cos(\omega_2 \cdot t)$$

8.8.6.5: EXERCÍCIO PROPOSTO 3

Usando a configuração estator liso-rotor saliente, desenvolva expressão para o conjugado médio, se o conversor for alimentado com:

$$i_1 = I_{1máx} \cdot \cos(\omega_1 \cdot t)$$
$$i_2 = I_{2máx} \cdot \cos(\omega_2 \cdot t)$$

Para orientação: este conversor é assíncrono e possui conjugado médio eletromagnético.

8.9: ESTUDO DA CONFIGURAÇÃO ESTATOR SALIENTE - ROTOR LISO

8.9.1: ASPECTOS GERAIS

Essa configuração é empregada para todas as máquinas de corrente contínua presentes na prática e para as máquinas síncronas de potência inferior a 10 kVA, quando o fabricante usa o mesmo corte de chapas para fabricar máquinas de corrente contínua e máquinas síncronas de pequena potência.

Os Motores Universais, empregados no acionamento de enceradeiras, liquidificadores, aspiradores de pó, furadeiras elétricas manuais de pequeno e médio portes, barbeadores elétricos, usam um motor desenvolvido para corrente contínua, modificado e colocado a operar em corrente alternada. Esses motores são denominados universais porque podem operar em corrente contínua ou alternada, respeitados os níveis de tensão e de corrente dos enrolamentos. O conjugado desses motores, proporcionalmente ao seu volume, é muito alto. A sua velocidade angular é muito elevada e independe da freqüência de alimentação. Dessa forma, associando elevada velocidade a elevado conjugado operacional, podem-se desenvolver máquinas de potência relativamente grande e volume reduzido. Conseguem-se, com os motores universais, elevadas relações potência/peso.

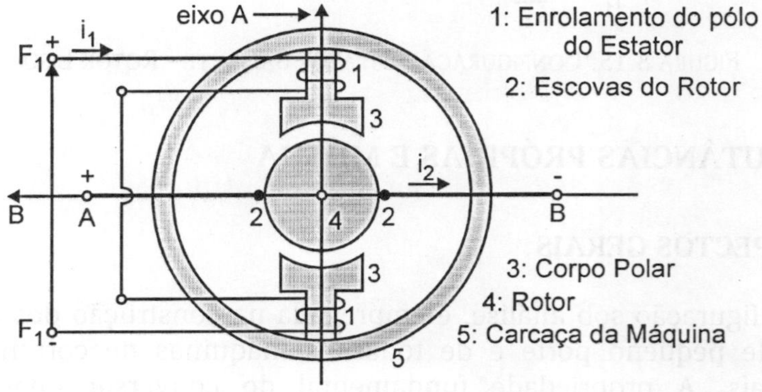

FIGURA 8.14: MÁQUINA OPERANDO EM CORRENTE CONTÍNUA. TANTO I_1 COMO I_2 SÃO CORRENTES CONTÍNUAS.

Essa configuração é empregada também em máquinas elétricas de pequeno porte, usadas em toca-discos mais antigos e em ventiladores. Operam em corrente alternada, são máquinas de indução e, portanto, assíncronas. Possuem o enrolamento de alimentação no estator e o rotor é em "gaiola de esquilo". Denominam-se máquinas de PÓLOS SOMBREADOS.

8.9.2: A CONFIGURAÇÃO ESTATOR SALIENTE - ROTOR LISO

Tome-se para análise o conversor mostrado na figura 8.15. O estator do referido conversor é formado por expansões polares e corpos polares. Os corpos polares recebem enrolamento de estator. De acordo com a natureza e a finalidade do conversor, o estator pode receber um número menor ou maior de enrolamentos distintos. Os conversores que operam em corrente contínua podem ter enrolamentos de estatores bastante complexos, formados por diversos enrolamentos independentes, colocados no corpo das peças polares estatóricas. O rotor é liso, cilíndrico e ranhuras, na direção axial, são produzidas para receberem os condutores que formam o enrolamento do rotor. Apesar da presença dessas ranhuras rotóricas, a forma cilíndrica do rotor é característica e a configuração rotor liso não é afetada.

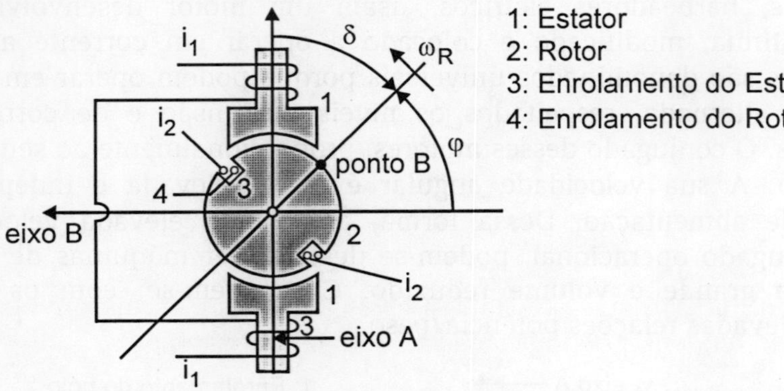

FIGURA 8.15: CONFIGURAÇÃO ESTATOR SALIENTE - ROTOR LISO

8.9.3: INDUTÂNCIAS PRÓPRIAS E MÚTUA

8.9.3.1: ASPECTOS GERAIS

A configuração sob análise, é empregada na construção dos conversores síncronos de pequeno porte e de todas as máquinas de corrente contínua convencionais. A propriedade fundamental do conversor operando como máquina de corrente contínua é ter a velocidade de seu rotor, função da tensão aplicada no seu enrolamento que, nessas condições, passa a chamar-se "ENROLAMENTO DE ARMADURA" e função do sinal de corrente contínua que é levado ao enrolamento do estator, passando a chamar-se "ENROLAMENTO DE CAMPO" do conversor, por ser responsável pelo campo magnético estabelecido no conversor e que serve de pilar para a conversão eletromecânica de energia.

Ressaltar que o grau de aplicação dessa configuração é imenso, dado o número de máquinas de corrente contínua existente na prática, seja no Brasil, seja no mundo. Os conversores com essa ou com outras configurações podem operar como motores ou como geradores, isto é, é sempre garantida a reversibilidade.

8.9.3.2: INDUTÂNCIAS PRÓPRIAS E MÚTUA

A configuração que está sendo estudada, estator saliente-rotor liso, pode apresentar um comportamento bem característico para as suas indutâncias próprias e mútua. Para o presente estudo, voltar-se-á às expressões já estruturadas para as indutâncias referidas:

$$L_1(\varphi) = \frac{N_1^2}{\Re_T(\varphi)} \tag{8.65a}$$

$$L_2(\varphi) = \frac{N_2^2}{\Re_T(\varphi)} \tag{8.65b}$$

$$M(\varphi) = \frac{N_1 \cdot N_2}{\Re_T(\varphi)} \tag{8.65c}$$

Partindo dessas equações, já dispostas e conhecidas, desenvolvem-se as equações que atendem à configuração estator saliente-rotor liso.

8.9.3.3: INDUTÂNCIA PRÓPRIA DO ESTATOR

Usando os elementos discutidos na configuração estator liso-rotor liso e as regras ali colocadas, afirma-se:

"Quando o Rotor é Liso, a Indutância Própria do Enrolamento do Estator é constante".

A partir dessa afirmação, escreve-se:

$$L_1(\varphi) = \text{cte.} \tag{8.66}$$

e:

$$\frac{dL_1(\varphi)}{d\varphi} = 0 \tag{8.67}$$

que caracteriza a derivada da indutância do enrolamento do estator em relação ao ângulo posicionador do rotor.

8.9.3.4: INDUTÂNCIA PRÓPRIA DO ROTOR

Como o estator do conversor proposto é saliente, à medida que o rotor gira, interno ao túnel do estator, a indutância própria do rotor varia, para um observador colocado num ponto fixo do ROTOR. Para visualizar o comportamento da indutância própria do rotor, tome-se a equação (8.65b):

$$L_2(\varphi) = \frac{N_2^2}{\Re_T(\varphi)} \tag{8.68}$$

Um observador colocado no ponto B do rotor do conversor, ponto B este situado no eixo móvel vinculado ao rotor, verá o referido girar com velocidade angular ω_R. Como o rotor é liso e o estator saliente, a relutância do entreferro, do ponto B até o centro do eixo do conversor, irá variar à medida que o rotor gira. Se qualificar-se essa relutância vista pelo observador, sem preocupação em quantificá-la, poder-se-á desenvolver um quadro como o mostrado em 8.5:

QUADRO 8.5: RELUTÂNCIAS VISTAS POR UM OBSERVADOR COLOCADO NO PONTO B DO CONVERSOR DA FIGURA 8.15, PONTO B SITUADO NO EIXO MÓVEL VINCULADO AO ROTOR

φ(em graus)	zero	90°	180°	270°	360°	450°
Relutância	máxima	mínima	máxima	mínima	máxima	mínima

Analisando a equação (8.68), constata-se que a indutância própria do enrolamento do rotor é inversamente proporcional à relutância encontrada pelo fluxo magnético que atravessa o entreferro. Assim, levando, qualitativamente, o quadro 8.5 à equação (8.68), resulta:

Quadro 8.6: INDUTÂNCIAS PRÓPRIAS VISTAS PELO ENROLAMENTO DO ROTOR, CUJO EIXO PASSA PELO PONTO B EM QUE ESTÁ COLOCADO O OBSERVADOR, NO CONVERSOR DA FIGURA 8.15.

φ(em graus)	Zero	90°	180°	270°	360°	450°
Indutân. L2	mínima	máxima	mínima	máxima	mínima	máxima

Um gráfico em que os pontos listados no quadro 8.6 sejam alocados, mostrará:

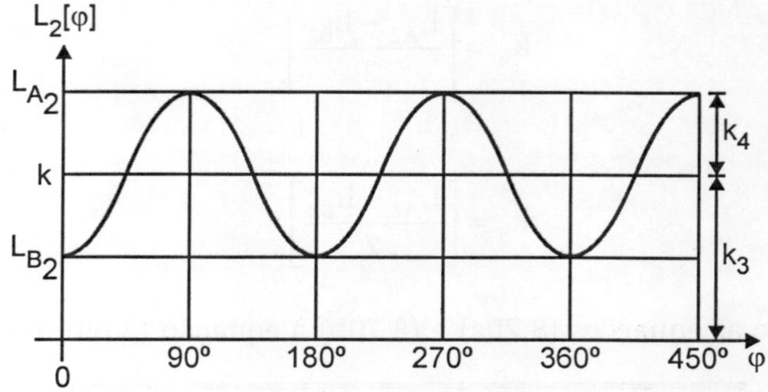

FIGURA 8.16: COMPORTAMENTO DA INDUTÂNCIA PRÓPRIA DO ROTOR, FUNÇÃO DO ÂNGULO POSICIONADOR DO ROTOR.

Observando a figura 8.16, têm-se alguns pontos a considerar:

I. *O seu feitio é muito próximo de um feitio senoidal e será, para o presente estudo, admitido como sendo. Para que tal comportamento possa ser admitido como sendo senoidal, as expansões polares do estator são trabalhadas de forma que possam dar à curva mostrada na figura 8.16, um feitio bem próximo do senoidal. As expansões polares ou sapatas polares formam, juntamente com os corpos polares, os pólos da peça estatórica;*

II. *Prosseguindo a observar a referida figura, nota-se que ela se desenvolve ao redor de um eixo horizontal colocado acima do eixo das abcissas, isto é, a indutância própria do rotor admite um valor médio e ele tem um valor "*k_3*", representado no gráfico da figura 8.16; e*

III. *Colocando o observador sobre o referido eixo que denota o valor médio, constata-se que a curva sob análise adquire um comportamento que pode ser tomado como senoidal e que admite por expressão:*

$$\boxed{L_2(\varphi) = k_3 - k_4 \cdot \cos(2 \cdot \varphi)} \qquad (8.69)$$

A expressão acima é o desenvolvimento em Séries de Fourier de um sinal formado pelo valor médio e por um termo de uma série. Assim, se o comportamento da indutância própria do rotor possuir distorções, como ele é periódico, pode-se, dentre as Séries de Fourier, encontrar um desenvolvimento que satisfaça o comportamento da indutância própria da particular configuração. Para o presente estudo, admitir-se-á que o comportamento é senoidal em torno de um eixo médio que passa pelo valor "k_3", no eixo das ordenadas e, a partir dessa constatação, pode-se escrever:

$$k_4 = \left[\frac{L_{A2} - L_{B2}}{2}\right] \tag{8.70a}$$

e:

$$k_3 = \left[\frac{L_{A2} + L_{B2}}{2}\right] \tag{8.70b}$$

Levando as equações (8.70a) e (8.70b) à equação (8.69), resulta:

$$L_2(\varphi) = \left[\frac{L_{A2} + L_{B2}}{2}\right] - \left[\frac{L_{A2} - L_{B2}}{2}\right] \cdot \cos(2 \cdot \varphi) \tag{8.71}$$

que expressa o comportamento da indutância própria do enrolamento do rotor. Derivando a referida indutância em relação a φ, que é o ângulo posicionador do rotor, resulta:

$$\frac{dL_2(\varphi)}{d\varphi} = (L_{A2} - L_{B2}) \cdot \text{sen}(2 \cdot \varphi) \tag{8.72}$$

8.9.5: INDUTÂNCIA MÚTUA ESTATOR - ROTOR

À semelhança do que foi explanado anteriormente, a forma de se comportar da indutância mútua estator-rotor pode ser determinada após uma análise cuidadosa da figura 8.15. Na referida figura, observa-se que o enrolamento concentrado do rotor acopla-se ao enrolamento concentrado do estator e desacopla-se, à medida que o rotor gira. Portanto, como a indutância mútua está ligada à existência de acoplamento magnético entre os enrolamentos referidos e como esse acoplamento é função da posição do enrolamento do rotor em relação ao enrolamento do estator, a indutância mútua estator-rotor varia com o ângulo posicionador do rotor, o ângulo φ. Dessa forma, numa primeira análise, pode-se, para qualquer conversor rotativo de estator liso-rotor liso, estator liso-rotor saliente ou estator saliente-rotor liso, escrever:

$$M = M(\varphi) \tag{8.73}$$

Isto posto, cabe agora determinar a forma como a indutância mútua estator - rotor se comporta em relação a φ o que, na maioria das vezes, é um comportamento bastante complexo. Para o presente problema, deve-se voltar à figura 8.15 para constatar que existem pontos bastante notáveis para essa indutância mútua, que é função da posição do rotor em relação ao estator. Portanto, girando lentamente o rotor, constata-se:

QUADRO 8.7: COMPORTAMENTO DA INDUTÂNCIA MÚTUA ESTATOR - ROTOR

(φ)	0°	90°	180°	270°	360°	450°
$M(\varphi)$	0	$+M_{máx}$	0	$-M_{máx}$	0	$+M_{máx}$

Ressaltar que o ângulo posicionador φ é determinado como nascendo no eixo B e procurando o eixo que passa pelo rotor do conversor (eixo posicionador do rotor). Essa foi a convenção usada ao longo de todo o estudo e para todas as configurações.

Estabelecidos os valores do quadro 8.7, resta ao pesquisador fazer algumas hipóteses e concessões ao conversor. Como deve comportar-se a indutância mútua do genérico conversor de estator saliente-rotor liso? Pode não ter um comportamento senoidal, mas deve passar pelos pontos ditos notáveis, ressaltados no referido quadro. Assim, para simplificar a análise, dir-se-á que a indutância mútua estator-rotor tem comportamento senoidal. Caso não o tenha, o pesquisador tem que traçar esse comportamento, levantando-o ponto por ponto, e estudando-o a partir de Séries de Fourier.

Partindo do princípio que o comportamento da indutância mútua estator - rotor, para a configuração estator saliente-rotor liso, é senoidal, escreve-se:

$$M(\varphi) = M_{máx} \cdot \text{sen}(\varphi) \tag{8.74}$$

que é a expressão da indutância mútua estator-rotor para a configuração estudada.

A derivada da referida indutância em relação ao ângulo posicionador do rotor, φ, leva a:

$$\frac{dM(\varphi)}{d\varphi} = \frac{d}{d\varphi}\left[M_{máx} \cdot \text{sen}(\varphi)\right] \tag{8.75}$$

em que:

$$\frac{dM(\varphi)}{d\varphi} = M_{máx} \cdot \cos(\varphi) \tag{8.76}$$

Levando essas constatações à equação geral do conjugado para conversores rotativos magneticamente lineares:

$$T = \frac{1}{2} \cdot i_1^2 \cdot \frac{dL_1(\varphi)}{d\varphi} + \frac{1}{2} \cdot i_2^2 \cdot \frac{dL_2(\varphi)}{d\varphi} + i_1 \cdot i_2 \cdot \frac{dM(\varphi)}{d\varphi} \tag{8.77}$$

resulta:

$$T = \frac{1}{2} \cdot i_2^2 \cdot (L_{A2} - L_{B2}) \cdot \text{sen}(2 \cdot \varphi) + \frac{1}{2} \cdot i_1^2 \cdot 0 + i_1 \cdot i_2 \cdot M_{máx} \cdot \cos(\varphi) \tag{8.78}$$

ou ainda:

$$T = \frac{1}{2} \cdot i_2^2 \cdot (L_{A2} - L_{B2}) \cdot \text{sen}(2 \cdot \varphi) + i_1 \cdot i_2 \cdot M_{máx} \cdot \cos(\varphi) \tag{8.79}$$

que caracteriza a expressão particular do conjugado para o conversor de configuração estator saliente-rotor liso, magneticamente linear. Da equação (8.79), pode-se enunciar:

"Um conversor estator saliente-rotor liso, magneticamente linear, possui um conjugado dado por duas parcelas. Uma caracteriza o conjugado a relutância do conversor e a outra, seu conjugado eletromagnético."

Portanto, o conversor estator saliente-rotor liso pode ter os dois conjugados, bastando que seja alimentado convenientemente. Se i_1, corrente que é fornecida ao estator do conversor, for nula, o referido perde a parcela de conjugado eletromagnético e fica restrito ao seu conjugado a relutância magnética. Conversores com alimentação só de rotor têm pequeníssima aplicação no dia-a-dia da técnica. São, porém, executáveis e quando isso acontece, desenvolvem pequena potência, são síncronos e podem ser empregados como contadores de tempo. São denominados CONVERSORES A RELUTÂNCIA. Porém, se parte da peça estatórica for substituída por um ímã permanente, o estator passa à função de armazém de energia, estabelece um campo magnético que atravessa o entreferro e o conversor passa a ter um estator que se comporta como um ente dotado de um enrolamento pelo qual circula uma corrente contínua, o tratamento matemático, aqui proposto, pode ter prosseguimento.

Da equação (8.79), escreve-se:

$$T_R = \frac{1}{2} \cdot i_1^2 \cdot (L_{A2} - L_{B2}) \cdot \text{sen}(2 \cdot \varphi) \tag{8.80}$$

que é o conjugado a relutância do conversor, e:

$$T_E = i_1 \cdot i_2 \cdot M_{máx} \cdot \cos(\varphi) \qquad (8.81)$$

que representa o conjugado eletromagnético do referido.

8.10: EXERCÍCIOS RESOLVIDOS

8.10.1: EXERCÍCIO RESOLVIDO 1

O conversor de estator saliente-rotor liso, mostrado na figura 8.15, receberá a alimentação apresentada em seguida. Desenvolva a expressão do conjugado médio para o conversor operando com a referida alimentação e superponha as ondas temporais de conjugado. Para orientação, a máquina é síncrona e da forma como está alimentada, possui conjugado a relutância e conjugado eletromagnético.

Dados:

$$i_1 = I_{DC} = I_{campo} \qquad (e6.1)$$

$$i_2 = I_{2máx} \,.\, \cos(\omega_2 \,.\, t) \qquad (e6.2)$$

$$\omega_R \Rightarrow \text{velocidade angular do rotor} \qquad (e6.3)$$

$$\varphi = (\omega_R.t + 90^o - \delta) \qquad (e6.4)$$

Para o conversor de estator saliente-rotor liso, o conjugado, devido à configuração tem por expressão:

$$T = \frac{1}{2} \cdot i_2^2 \cdot (L_{A2} - L_{B2}) \cdot \text{sen}(2 \cdot \varphi) + i_1 \cdot i_2 \cdot M_{máx} \cdot \cos(\varphi) \qquad (e6.5)$$

RESOLVENDO

Levando à equação (e6.5) as informações dos dados do exercício, resulta:

$$T = \frac{1}{2} \cdot I_{2máx}^2 \cdot (\cos(\omega_2 \cdot t))^2 \cdot (L_{A2} - L_{B2}) \cdot \text{sen}(2 \cdot \omega_R \cdot t + 180^o - 2 \cdot \delta) + \qquad (e6.6)$$

$$+ I_{2máx} \cdot \cos(\omega_2 \cdot t) \cdot i_{DC} \cdot M_{máx} \cdot \cos(\omega_R \cdot t + 90^o - \delta)$$

Remanejando os componentes da equação (e6.6) e já executando algumas transformações trigonométricas, resulta:

$$T = D \cdot (\cos(\omega_2 \cdot t))^2 \cdot \operatorname{sen}(2 \cdot \omega_R \cdot t + 180^o - 2 \cdot \delta) + \\ + E \cdot \cos(\omega_2 \cdot t) \cdot \cos(\omega_R \cdot t + 90^o - \delta) \tag{e6.7}$$

em que:

$$D = \frac{1}{2} \cdot I_{2máx}^2 \cdot (L_{d2} - L_{q2}) \tag{e6.8a}$$

e:

$$E = I_{2máx} \cdot I_{DC} \cdot M_{máx} \tag{e6.8b}$$

ou ainda:

$$T = (-) \cdot D \cdot (\cos(\omega_2 \cdot t))^2 \cdot \operatorname{sen}(2 \cdot \omega_R \cdot t - 2 \cdot \delta) + \\ + E \cdot \cos(\omega_2 \cdot t) \cdot \cos(\omega_R \cdot t + 90^o - \delta) \tag{e6.9}$$

Analisando o primeiro termo do segundo membro da equação (e6.9), resulta:

$$T = (-) \cdot D \cdot \left[\frac{1 + \cos(2 \cdot \omega_2 \cdot t)}{2}\right] \cdot \operatorname{sen}(2 \cdot \omega_R \cdot t - 2 \cdot \delta) + \\ + E \cdot \cos(\omega_2 \cdot t) \cdot \cos(\omega_R \cdot t + 90^o - \delta) \tag{e6.10}$$

Operando o primeiro termo do segundo membro da equação (e6.10), resulta:

$$T = (-) \cdot \frac{D}{2} \cdot \cos(2 \cdot \omega_2 \cdot t) \cdot \operatorname{sen}(2 \cdot \omega_R \cdot t - 2 \cdot \delta) - \frac{D}{2} \cdot \operatorname{sen}(2 \cdot \omega_R \cdot t - 2 \cdot \delta) + \\ + E \cdot \cos(\omega_2 \cdot t) \cdot \cos(\omega_R \cdot t + 90^o - \delta) \tag{e6.11}$$

Operando trigonometricamente o primeiro e o terceiro termos do segundo membro da equação (e6.11), resulta:

$$T = (-)\cdot\frac{D}{4}\cdot[\text{sen}(2\cdot\omega_2\cdot t + 2\cdot\omega_R\cdot t - 2\cdot\delta)] + \frac{D}{4}[\text{sen}(2\cdot\omega_2\cdot t - 2\cdot\omega_R\cdot t + 2\cdot\delta)] +$$

$$-\frac{D}{2}\cdot\text{sen}(2\cdot\omega_R\cdot t - 2\cdot\delta) - E\cdot\cos(\omega_2\cdot t)\cdot\text{sen}(\omega_R\cdot t - \delta)$$

(e6.12)

Operando o quarto termo do segundo membro da equação (e6.12), encontra-se:

$$T = (-)\cdot\frac{D}{4}\cdot[\text{sen}(2\cdot\omega_2\cdot t + 2\cdot\omega_R\cdot t - 2\cdot\delta)] + \frac{D}{4}[\text{sen}(2\cdot\omega_2\cdot t - 2\cdot\omega_R\cdot t + 2\cdot\delta)] +$$

$$-\frac{D}{2}\cdot\text{sen}(2\cdot\omega_R\cdot t - 2\cdot\delta) - \frac{E}{2}\cdot\text{sen}(\omega_2\cdot t + \omega_R\cdot t - \delta) + \frac{E}{2}\cdot\text{sen}(\omega_2\cdot t - \omega_R\cdot t + \delta)$$

(e6.13)

Não existindo mais produtos de funções trigonométricas na equação (e6.13), passa-se ao campo das hipóteses. Deve-se procurar aquele termo ou aqueles termos que possam manifestar valor médio não nulo, isto é, aqueles termos que possam tornar-se atemporais. Portanto, tomando como primacial hipótese:

$$\boxed{\omega_1 = \omega_R} \qquad \text{(e6.14)}$$

resulta:

$$T = (-)\cdot\frac{D}{4}\cdot[\text{sen}(4\cdot\omega_2\cdot t - 2\cdot\delta)] + \frac{D}{4}[\text{sen}(2\cdot\delta)] +$$

(e6.15)

$$-\frac{D}{2}\cdot\text{sen}(2\cdot\omega_R\cdot t - 2\cdot\delta) - \frac{E}{2}\cdot\text{sen}(2\cdot\omega_2\cdot t - \delta) + \frac{E}{2}\cdot\text{sen}(\delta)$$

que é a equação temporal, característica da configuração estator saliente - rotor liso, alimentada na forma proposta no exercício. O conjugado médio que esse conversor pode desenvolver é expresso por:

$$T_{\text{médio}} = \frac{D}{4}[\text{sen}(2\cdot\delta)] + \frac{E}{2}\cdot\text{sen}(\delta) \qquad \text{(e6.16)}$$

Levando à equação (e6.16) as expressões de "D" e de "E", resulta:

$$T_{médio} = \frac{1}{8} \cdot I^2_{2máx} \cdot (L_{A2} - L_{A2}) \cdot [sen(2 \cdot \delta)] + \frac{1}{2} \cdot I_{2máx} \cdot I_{DC} \cdot M_{máx} \cdot sen(\delta) \qquad (e6.17)$$

Analisando a equação (e6.17), constata-se que o conjugado médio desenvolvido pelo conversor que porta a configuração estator saliente-rotor liso, alimentado na forma proposta no exercício, é formado por duas parcelas bem caracterizadas. Uma parcela, típica dos conversores a relutância magnética, que é representada pelo primeiro termo do segundo membro da equação (e6.17) e que se denomina CONJUGADO A RELUTÂNCIA DO CONVERSOR e outra parcela, formada pelo segundo termo do segundo membro da referida equação, que já esteve presente na configuração estator liso - rotor liso e se caracteriza por um conjugado de natureza diferente da do anterior, denominado CONJUGADO ELETROMAGNÉTICO DO CONVERSOR.

COMENTANDO

Portanto, o conversor de estator saliente-rotor liso alimentado na forma proposta no exercício:

1. *Tem conjugado médio diferente de zero e, portanto, é passível de realizar-se.*
2. *O conversor estudado é SÍNCRONO e seu conjugado médio é formado por duas parcelas fundamentalmente distintas: uma parcela devido às saliências do estator e, em face disso, esse estator pode ser denominado ESTATOR SALIENTE e uma segunda parcela ligada somente à forma de alimentar o conversor. Na maioria dos casos, senão na grande totalidade, essa segunda parcela é muito mais preponderante do que a primeira.*

8.10.2: EXERCÍCIO RESOLVIDO 2

Usando um conversor com configuração estator saliente-rotor liso verifique as condições que devem ser satisfeitas para que ele apresente conjugado médio, quando:

$$i_2 = I_{2máx} . \cos(\omega_2.t) \qquad e \qquad i_1 = 0 \qquad (e7.1)$$

$$\omega_R \Rightarrow \text{velocidade angular do rotor} \qquad (e7.2)$$

RESOLVENDO

O conversor estator saliente-rotor liso tem seu conjugado, função da configuração, dado por:

$$T = \frac{1}{2} \cdot i_2^2 \cdot (L_{A2} - L_{B2}) \cdot \text{sen}(2 \cdot \varphi) + i_1 \cdot i_2 \cdot M_{máx} \cdot \cos(\varphi) \qquad \text{(e7.3)}$$

Levando as condições propostas acima à equação (e7.3), resulta:

$$T = \frac{1}{2} \cdot i_2^2 \cdot (L_{A2} - L_{B2}) \cdot \text{sen}(2 \cdot \varphi) \qquad \text{(e7.4)}$$

porque a corrente i_2 é nula. Levando a corrente i_1 à equação (e7.4), resulta:

$$T = \frac{1}{2} \cdot (I_{2máx} \cdot \cos(\omega_2 \cdot t))^2 \cdot (L_{A2} - L_{B2}) \cdot \text{sen}(2 \cdot (\omega_R \cdot t + 90º - \delta) \qquad \text{(e7.5)}$$

Rearranjando os termos da equação (e7.5), encontra-se:

$$T = \frac{1}{2} \cdot (I_{2máx})^2 \cdot (L_{A2} - L_{B2}) \cdot (\cos(\omega_2 \cdot t))^2 \cdot \text{sen}(2 \cdot \omega_R \cdot t + 180º - 2 \cdot \delta) \qquad \text{(e7.6)}$$

em que:

$$D = \left[\ \frac{1}{2} \cdot (I_{2máx})^2 \cdot (L_{A2} - L_{B2})\ \right] \qquad \text{(e7.7a)}$$

Levando a equação (e7.7a) à equação (e7.6), resulta:

$$T = D \cdot (\cos(\omega_2 \cdot t))^2 \cdot \text{sen}(2 \cdot \omega_R \cdot t + 180º - 2 \cdot \delta) \qquad \text{(e7.8)}$$

Operando trigonometricamente o segundo membro da equação (e7.8), resulta:

$$T = (-) \cdot D \cdot \left[\frac{1 + \cos(2 \cdot \omega_2 \cdot t)}{2}\right] \cdot \text{sen}(2 \cdot \omega_R \cdot t - 2 \cdot \delta) \qquad \text{(e7.9)}$$

Rearranjando a equação (e7.9), resulta:

$$T = (-) \cdot \frac{D}{2} \cdot (\cos(2 \cdot \omega_2 \cdot t)) \cdot \text{sen}(2 \cdot \omega_R \cdot t - 2 \cdot \delta) - \frac{D}{2} \cdot \text{sen}(2 \cdot \omega_R \cdot t - 2 \cdot \delta) \qquad \text{(e7.10)}$$

Com relação ao segundo termo do segundo membro da equação (e7.10), o pesquisador, dentro do referido termo, não encontrará a parcela atemporal que deve buscar para caracterizar o conjugado médio do conversor. O primeiro termo do segundo membro da referida equação, por ter um produto de funções, pode levar ao conjugado procurado. Assim, operando o primeiro termo do segundo membro da equação (e7.10), resulta:

$$T = (-) \cdot \frac{D}{2} \cdot \text{sen}(2 \cdot \omega_R \cdot t - 2 \cdot \delta) - \frac{D}{4} \cdot \left[\text{sen}(2 \cdot \omega_2 \cdot t + 2 \cdot \omega_R \cdot t - 2 \cdot \delta\right] + $$
$$+ \frac{D}{4} \cdot \left[\text{sen}(2 \cdot \omega_2 \cdot t - 2 \cdot \omega_R \cdot t + 2 \cdot \delta\right] \quad \text{(e7.11)}$$

Examinando a equação (e7.11) constata que uma das condições para encontrar um termo atemporal, dentro da referida equação, é adotando:

$$(2 \cdot \omega_2 \cdot t - 2 \cdot \omega_R \cdot t) = 0 \quad \text{(e7.12)}$$

Com essa proposta, resulta:

$$\boxed{\omega_2 = \omega_R} \quad \text{(e7.13)}$$

isto é, a velocidade angular do rotor do conversor deve ser igual à velocidade angular do sinal de alimentação do enrolamento do rotor do referido para que se encontre um termo que é atemporal e que, portanto, possa vir a caracterizar o conjugado médio procurado para o conversor. Ocorre que a igualdade emanada na equação (e7.13) leva a um conversor SÍNCRONO.

Levando a constatação (e7.13) à equação (e7.12), resulta:

$$T = (-) \cdot \frac{D}{2} \cdot \text{sen}(2 \cdot \omega_2 \cdot t - 2 \cdot \delta) - \frac{D}{4} \cdot \left[\text{sen}(4 \cdot \omega_2 \cdot t - 2 \cdot \delta\right] + \frac{D}{4} \cdot \left[\text{sen}(2\delta)\right] \quad \text{(e7.14)}$$

Portanto, observando a equação (e7.14) constata-se que o terceiro termo do segundo membro da referida equação é o atemporal procurado e que leva ao conjugado médio desenvolvido pelo conversor, quando alimentado na forma proposta. Retornando à equação (e7.14), resulta:

$$\boxed{T_{\text{médio}} = \frac{1}{8} \cdot (L_{d2} - L_{q2}) \cdot I_{1\text{máx}}^2 \cdot \left[\text{sen}(2\delta)\right]} \quad \text{(e7.15)}$$

mostrando que o conversor em análise tem conjugado médio, é SÍNCRONO e esse conjugado médio está intimamente ligado à diferença entre as indutâncias de eixo A e de eixo B, quadratura com A. Por essa razão, o conjugado médio obtido, que está ligado às indutâncias e, conseqüentemente, a relutâncias, denomina-se "CONJUGADO A RELUTÂNCIA DO CONVERSOR". Esse conjugado está diretamente ligado à configuração do referido conversor.

Da Mecânica, escreve-se:

$$\boxed{P_{média} = T_{médio} \cdot \omega_R} \qquad (e7.16)$$

Retornando à constatação (e7.15) e à equação (e7.16), encontra-se:

$$P_{média} = \frac{1}{8} \cdot (\omega_2 \cdot (L_{A2} - L_{B2})) \cdot I^2_{2máx} \cdot [sen(2\delta)] \qquad (e7.17)$$

Operando a equação (e7.17), encontra-se:

$$\boxed{P_{média} = \frac{1}{8} \cdot ((\omega_2 \cdot L_{A2}) - (\omega_2 \cdot L_{B2})) \cdot I^2_{2máx} \cdot [sen(2\delta)]} \qquad (e7.18)$$

Examinando a equação (e7.18), verifica-se a presença de reatâncias em seu seio. Assim:

$$X_{A2} = (\omega_2 \cdot L_{A2}) \qquad (e7.19a)$$

que é a reatância de eixo A para a configuração estator saliente-rotor liso, e:

$$X_{B2} = (\omega_2 \cdot L_{B2}) \qquad (e7.19b)$$

que é a reatância de eixo B, quadratura com A, para a referida configuração. Retornando à equação (e7.18), escreve-se:

$$\boxed{P_{média} = \frac{1}{8} \cdot (X_{A2} - X_{B2}) \cdot I^2_{2máx} \cdot [sen(2 \cdot \delta)]} \qquad (e7.20)$$

que permite analisar, em sua essência, o comportamento da potência ativa que o conversor pode desenvolver. Observar a coerência dimensional da equação (e7.20).

COMENTANDO

O conversor estudado no presente exercício existe no cotidiano da prática e denomina-se "MÁQUINA A RELUTÂNCIA MAGNÉTICA". O ângulo δ não está ligado ao tempo e à medida que exige-se potência do eixo motriz do conversor, o ângulo δ aumenta. Em 45°, salvo as demais variáveis da equação, o conjugado desenvolve potência máxima.

Se o conversor possuir estator liso, $X_{A2} = X_{B2}$ e a potência que poderia ser conseguida com esse conjugado, não se faz presente. Portanto, esse conjugado só é presente quando o estator possui saliências ou quando tanto estator como rotor possuem saliências.

8.10.3: EXERCÍCIO RESOLVIDO 3

Aplique à configuração estator saliente-rotor liso a alimentação que segue:

$$i_1 = I_{1máx} \cdot \cos(\omega_1 \cdot t) \qquad \text{e} \qquad i_2 = 0 \tag{e8.1}$$

com:

$$\omega_R \Rightarrow \text{velocidade angular do rotor} \tag{e8.2}$$

RESOLVENDO

Para essa e outras configurações estudadas, a relação entre ângulos temporais e o ângulo de potência é dada por:

$$\varphi = (\omega_R \cdot t + 90° - \delta)$$

sendo φ o ângulo posicionador do rotor e δ o ângulo de potência.

Por outro lado, o conjugado de um conversor dotado de configuração estator saliente - rotor liso é expresso por:

$$T = \frac{1}{2} \cdot i_2^2 \cdot (L_{A2} - L_{B2}) \cdot \text{sen}(2 \cdot \varphi) + i_1 \cdot i_2 \cdot M_{máx} \cdot \cos(\varphi) \tag{e8.3}$$

sendo i_1 e i_2 correntes quaisquer. Como i_2 é nula (na proposição do exercício), a parcela correspondente ao conjugado a relutância se anula, e:

$$T = i_1 \cdot i_2 \cdot M_{máx} \cdot \cos(\varphi) \tag{e8.4}$$

Como a corrente i_2 é nula, anula-se, também o conjugado eletromagnético. Assim:

$$\boxed{T = 0} \tag{e8.5}$$

CONCLUSÃO

O conversor de estator saliente e rotor liso, sem a corrente i_2, não tem conjugado. O enrolamento do estator opera como uma reatância indutiva e produz, no entreferro do conversor, um fluxo magnético alternado que irá induzir correntes no enrolamento do rotor. Dessa indução, com ajuda de escovas de grafite bem posicionadas sobre um coletor colocado no rotor, nasce a MÁQUINA A REPULSÃO. Propõe-se ao pesquisador consultar, na referência bibliográfica, o autor A. Langsdorf para um contato maior com um tipo de máquina de corrente alternada, monofásica, dotada de coletor e escovas, que foi muito usada para impulsionar bombas para combustíveis, esmerís, tornos mecânicos e que, gradativamente, veio sendo substituída pelo motor monofásico de indução a capacitor de partida e pelo motor trifásico de indução.

8.10.4: EXERCÍCIO PROPOSTO 1

Na configuração estator saliente-rotor liso, aplicar:

$$i_1 = I_{1máx} \cdot \cos(\omega_1 . t)$$

$$i_2 = I_{2máx} \cdot \cos(\omega_2 . t)$$

e determinar o conjugado médio resultante. Para orientação do pesquisador, se $\omega_1 \neq \omega_2$, o conversor é assíncrono.

8.10.5: EXERCÍCIO PROPOSTO 2

Na configuração estator saliente - rotor saliente, aplicar:

$$i_1 = I_{1máx} \cdot \cos(\omega_1 . t)$$

$$i_2 = I_{2máx} \cdot \cos(\omega_2 . t)$$

e determinar o conjugado médio resultante. Fazer comentários.

8.11: BIBLIOGRAFIA RECOMENDADA PARA O CAPÍTULO

Cutler, P. (**1976**). Análises de Circuitos CA. Editora McGraw-Hill do Brasil Ltda. São Paulo, S. P. p. 351.

Clement, P. R. e Johnson, W. C. (**1960**). Electrical Engineering Science. McGraw-Hill Book Company, Inc. New York, U.S.A. p.588.

Crosno, C. D. (**1968**). Fundamentals of Electromechanical Conversion. Harcourt, Brace & World, Inc. New York, U. S. A. p. 214.

Gozzi, G. G. M. (**1996**). Circuitos Magnéticos. Editora Érica Ltda. São Paulo. S. P..p. 140.

Langsdorf, A. S. (**1971**). Teoria de las Máquinas de Corriente Alterna. Libros McGraw-Hill de México S. A. México. p. 701.

Morris, N. M. (**1975**). Electrical Circuits and Systems. The MacMillan Press Ltd. London. U. K. p. 270.

Schmitz, N. l. e Novotny, D. W. (**1965**). Introductory Electromechanics. The Ronald Press Co. New York, U. S. A. p. 315.

Slemon, G. R. (**1966**). Magnetoelectric Devices. John Wiley and Sons, Inc. New York, U. S. A. p. 544.

Steven, R. E. (**1970**). Electromechanics and Machines. Chapman and Hall Ltd. London, U. K. p. 283.

Introdução ao Estudo das Máquinas Elétricas

9.1: FUNDAMENTOS

Máquina Elétrica é um Conversor Eletromecânico de Energia que recebendo energia na forma elétrica, tem condições de convertê-la para a forma mecânica (operação como motor) ou recebendo energia na forma mecânica, tem condições de converte-la para a forma elétrica (operação como gerador) O Conversor Eletromecânico de Energia pode ter uma configuracão PLANA ou CILÍNDRICA. Com os recentes estudos das máquinas elétricas de topologia plana, já se pode prever que, dentro de dez anos, o mais tardar, as máquinas dotadas dessa topologia já estarão sendo ministradas nos cursos de graduação convencionais, porque, atualmente, tais máquinas ou conversores já são produzidos em escala comercial, para atender a finalidades bem específicas. De uma forma primeira, classificar-se-ão as máquinas elétricas com relação a apresentarem ou não o EFEITO LONGITUDINAL DE EXTREMIDADE, típico das máquinas com indutor descontínuo, em:

9.1.1: MÁQUINAS DE TOPOLOGIA FECHADA

Essas máquinas possuem o estator, que é a residência do enrolamento de armadura ou do INDUTOR, com topologia totalmente fechada. Como o indutor é sede de um campo magnético que se translada no entreferro do conversor com uma velocidade linear síncrona Vsx, dada pela equação (9.1), e o seu caminhar não apresenta descontinuidade, isto é, o membro mecânico do conversor ou secundário não apresenta entradas e saídas no campo magnético criado no entreferro, o fenômeno denominado EFEITO LONGITUDINAL DE EXTREMIDADE não se faz presente. Como o estator ou indutor é fisicamente fechado, não se introduz na operação do conversor um complicador que é sempre presente nas máquinas de indutor aberto ou descontínuo. Máquinas assim construídas, de estator fechado ou contínuo, formam a grande família das máquinas rotativas encontradas no comércio. Em face das diversas configurações mostradas e analisadas no capítulo anterior, uma extensa família de máquinas sem descontinuidades no estator pode ser encontrada, estudada, equacionada, construída e empregada. As que se enquadram nessa família podem ser estudadas a partir da alimentação que recebem em seus respectivos ENROLAMENTOS DE ARMADURA. Há de se ressaltar que a família de conversores que opera com a configuração estator saliente-rotor liso, que, salvo exceções bem clássicas, trabalha com o enrolamento de armadura no membro girante (rotor), não apresenta descontinuidade e portanto, não apresenta o Efeito Longitudinal de Extremidade. Assim, pode-se encontrar dentro das MÁQUINAS DE TOPOLOGIA FECHADA:

I: MÁQUINAS DE CORRENTE CONTÍNUA.

II: MÁQUINAS DE CORRENTE ALTERNADA.

a: SÍNCRONAS.

b: ASSÍNCRONAS.

b1: HIPOSSÍNCRONAS.

b2: HIPERSÍNCRONAS.

9.1.2: MÁQUINAS DE TOPOLOGIA ABERTA

As MÁQUINAS DE TOPOLOGIA ABERTA, descritas à mesma época que as máquinas de topologia fechada, por razões diversas não tiveram o mesmo incentivo que estas. O restrito campo de aplicação, o difícil equacionamento e problemas relativos à alimentação em freqüência variável, que só foram solucionados, a custo acessível, na década de 70, fizeram com que a máquina de topologia aberta fosse eventualmente aplicada. Durante a Segunda Guerra Mundial, o renomado professor e pesquisador inglês, Eron R. Laithwaith desenvolveu duas grandes máquinas lineares (de topologia aberta) e as instalou nas cobertas de dois porta-aviões (carrier). Essas máquinas, desenvolvendo, respectivamente, 8 000 HP e 10 000 HP cada, lançavam aeronaves de até 5 000 kgf das cobertas dos respectivos transportes aeronavais. Na década de 60, as máquinas de topologia aberta ganharam novo impulso e, atualmente, são desenvolvidas comercialmente. Quando operam em corrente alternada senoidal, portam um campo magnético de translação cuja Velocidade Linear Síncrona é dada pela equação:

$$\boxed{V_{SX} = 2 \cdot tp \cdot f} \tag{9.1}$$

em que tp é o passo polar do estator ou indutor e f é a freqüência do sinal de alimentação da armadura da máquina. A equação (9.1) permite calcular a velocidade linear síncrona do campo magnético estabelecido no entreferro de máquinas de qualquer topologia.

Denomina-se **passo polar** de uma máquina de topologia cilíndrica o arco formado do centro de um pólo Norte ao centro de um pólo Sul adjacente. Sendo p o número total de pólos de uma peça estatórica e D o diâmetro do túnel do rotor dessa máquina, resulta:

$$\boxed{tp = \frac{\pi \cdot D}{p}} \tag{9.2}$$

Nas MÁQUINAS DE TOPOLOGIA ABERTA, sejam elas lineares ou rotativas, o membro secundário, ao viajar em relação ao membro primário ou indutor, encontra início e fim do nominado, que é sede de um campo magnético e, portanto, fica sujeito a um fenômeno que se denomina EFEITO LONGITUDINAL DE EXTREMIDADE, sempre presente nas máquinas de topologia aberta. O referido efeito atua como forte redutor da FORÇA PROPULSORA presente nessas máquinas. As MÁQUINAS DE TOPOLOGIA ABERTA podem ser desenvolvidas para operarem como:

I: MÁQUINAS DE CORRENTE CONTÍNUA.

II: MÁQUINAS DE CORRENTE ALTERNADA.

a: SÍNCRONAS.

b: ASSÍNCRONAS.

b1: HIPOSSÍNCRONAS.

b2: HIPERSÍNCRONAS.

III: MÁQUINAS ESPECIAIS COM ALIMENTAÇÃO ESPECÍFICA

Dentre as máquinas assíncronas, encontram-se as hipossíncronas de indução de topologia aberta e essas são desenvolvidas com:

c1: TOPOLOGIA LINEAR.

c2: TOPOLOGIA SETORIAL.

A figura 9.1 mostra uma máquina assíncrona de indução com topologia linear e indutor simples. Na referida figura, o membro secundário ou LINOR é formado por uma placa de aço-carbono soldada a uma lâmina de alumínio ou de cobre. O sistema de metrôs pesados, desenvolvido para as grandes cidades canadenses, possui a topologia mostrada na figura 9.1. Em alguns trechos da via, o secundário ou linor é constituído de uma placa de aço-carbono que possui, na face superior, uma placa de alumínio soldada àquela. Em outros trechos, nos quais a composição necessita de maior força propulsora, a placa de aço-carbono é soldada a uma placa de cobre. Em outros trechos, ainda, normalmente planos e distantes de estações, o linor é formado, unicamente, por uma placa de aço-carbono.

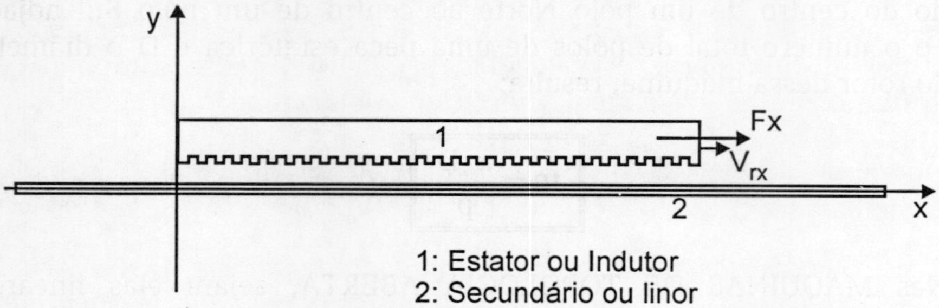

FIGURA 9.1: MÁQUINA LINEAR DE INDUTOR CURTO E SECUNDÁRIO CONTÍNUO.

Do exposto acima e dos desenvolvimentos apresentados no capítulo 8, o pesquisador pode depreender a vastidão do estudo que envolve as máquinas elétricas. Neste capítulo 9, o objetivo primacial é desenvolver o aspecto qualitativo das máquinas convencionais, envolvendo-se muito pouco com as demonstrações que norteiam o estudo. Pretende-se estudar as máquinas rotativas de estator contínuo, mostrando certas particularidades operacionais e envolvendo-se, tão somente, com as equações que forem fundamentais para a compreensão dos fenômenos envolvidos. Demonstrações mais clássicas serão reservadas para uma obra específica, posterior.

Os itens seguintes trazem uma análise qualitativa das máquinas elétricas usuais, rotativas, de estator fechado ou contínuo, suas particularidades e suas equações mais notáveis.

9.2: INTRODUÇÃO AO ESTUDO DAS MÁQUINAS ELÉTRICAS SÍNCRONAS

9.2.1: ASPECTOS GERAIS

Denomina-se MÁQUINA ELÉTRICA SÍNCRONA aquele conversor eletromecânico de energia que, recebendo energia elétrica na forma de uma corrente alternada senoidal, na freqüência f, em seu enrolamento de força ou **enrolamento de armadura**, e energia elétrica na forma de uma corrente contínua, no seu **enrolamento de campo**, opera como motor e sua velocidade angular é absolutamente constante e igual à velocidade do campo magnético estabelecido do entreferro. A velocidade tangencial desse campo magnético estabelecido no entreferro é igual a Vsx, dada pela equação (9.1).

Operando como MOTOR, o conversor eletromecânico síncrono apresenta duas particulares:

I. *O conversor não apresenta conjugado de partida. Dessa forma, deve ser levado, por um meio auxiliar, à velocidade de sincronismo e, neste ponto, energizado seu enrolamento de campo;*

II. *O conversor, operando como motor, é SÍNCRONO. Se opera com pequena carga mecânica aplicada ao eixo motriz, pode ser levado à condição de um CAPACITOR SÍNCRONO, compensando os reativos indutivos do sistema ao qual esteja eletricamente conectado.*

Portanto, a grande particularidade da máquina síncrona operando como motor, é ter velocidade angular constante independente do valor do conjugado da carga aplicada ao eixo da máquina (dentro dos limites de suas possibilidades).

A operação como gerador é de importância igual ou maior, porque a grande maioria dos geradores empregados no Brasil, na geração de energia para transmissão e distribuição de energia elétrica, é composta de máquinas síncronas. Poucos casos e pouco representativa no Brasil é a geração assíncrona, efetuada por máquinas de indução dotadas de gaiolas de esquilo.

Girando a uma velocidade angular constante, com seu **enrolamento de campo** devidamente alimentado, seu **enrolamento de armadura** apresenta um sinal de energia cuja freqüência está intimamente ligada à velocidade angular do rotor e cuja tensão gerada, tensão de armadura, está também ligada à velocidade angular do rotor, que é constante e à corrente que circula no

enrolamento de campo que tem residência no rotor e que é ajustável. A potência ativa disponível nos terminais da armadura, está ligada a muitos fatores, tais como: fator de potência da geração, rendimentos do gerador e do acionador e, fundamentalmente, potências nominais do gerador e do acionador. Quando acionados por Turbinas Hidráulicas, os GERADORES SÍNCRONOS ganham a denominação de HIDROGERADORES. Quando acionadas por Turbinas Térmicas e, portanto, comumentemente mais rápidas, são denominados TURBOGERADORES. Fundamentalmente, num caso e no outro, são MÁQUINAS SÍNCRONAS operando como geradores elétricos.

9.2.2: COMPONENTES CONSTRUTIVOS DA MÁQUINA SÍNCRONA DE ESTATOR LISO E ROTOR SALIENTE

9.2.2.1: ESTATOR DA MÁQUINA SÍNCRONA

I: DEFINIÇÃO

Em princípio, o ESTATOR de uma máquina, qualquer que seja ela, é a sua parte fixa. Ele é composto de uma carcaça externa, que possui os pés de apoio da máquina, de um pacote de lâminas de aço-silício, ranhuradas e superpostas formando um "pacote" magnético. Esse pacote é ranhurado para que o enrolamento estatórico possa ser ali depositado. O número de ranhuras do estator - N_R - é calculado segundo a equação (9.3):

$$N_R = m \cdot p \cdot q \qquad (9.3a)$$

em que m é o número de fases ou de portas elétricas do enrolamento do estator, p é o número total de pólos do referido enrolamento, que, na máquina síncrona, é igual ao número de pólos do rotor ou da peça rotórica e q é o número de ranhuras por pólo e por fase do enrolamento do estator. Para uma máquina trifásica, ter-se-á:

$$N_R = 3 \cdot p \cdot q \qquad (9.3b)$$

O enrolamento depositado no pacote do estator é projetado para receber ou fornecer energia do sistema ou para o sistema. Poder-se-ia chamá-lo de enrolamento de força. Desde os primórdios das máquinas elétricas, esse enrolamento é denominado de "ENROLAMENTO DE ARMADURA" da máquina. A figura 9.2 traz a foto do estator de uma máquina síncrona.

FIGURA 9.2: ESTATOR DE UMA MÁQUINA SÍNCRONA. GENTILEZA: WEG MÁQUINAS LTDA. - JARAGUÁ DO SUL - S. C. - BRASIL

Dessa forma, o estator de uma máquina síncrona, basicamente, compreende:

- *CARCAÇA.*
- *PACOTE DE CHAPAS DE AÇO-SILÍCIO RANHURADAS.*
- *ENROLAMENTO DE CONDUTORES CIRCULARES OU DE BARRAS DE COBRE.*

9.2.2.2: ROTOR DA MÁQUINA SÍNCRONA

I: DEFINIÇÃO

Denomina-se ROTOR órgão girante apresentado pela máquina, seja ela síncrona ou não. Nas MÁQUINAS SÍNCRONAS, o rotor é sede de um enrolamento que possui a finalidade primeira de gerar um campo magnético, quando da passagem de uma corrente contínua por ele. É responsável pela criação de um fluxo magnético, à semelhança de um eletroímã, com tantos pólos quantos sejam os pólos do enrolamento do estator ou armadura.

De acordo com a velocidade angular do rotor da máquina - n_S - e a finalidade da máquina, é a construção do referido. Assim, pode-se encontrar:

II: ROTOR DE PÓLOS LISOS OU ROTOR CILÍNDRICO

Esse rotor é executado em chapas de aço-silício mais espessas que as chapas que compõem o pacote do estator. As ranhuras do pacote do rotor, normalmente, são fechadas e os condutores do enrolamento do rotor ou enrolamento de campo são lançados nelas. É um rotor desenvolvido para máquinas velozes de dois ou quatro pólos. Quando operando como gerador, denominadas atualmente de alternadores, são acionadas por turbinas rápidas alimentadas por vapor de água a alta pressão ou a gás. Devido a essa particularidade, esses geradores, essas máquinas síncronas operando como geradores e assim acionadas são chamadas de TURBOGERADORES.

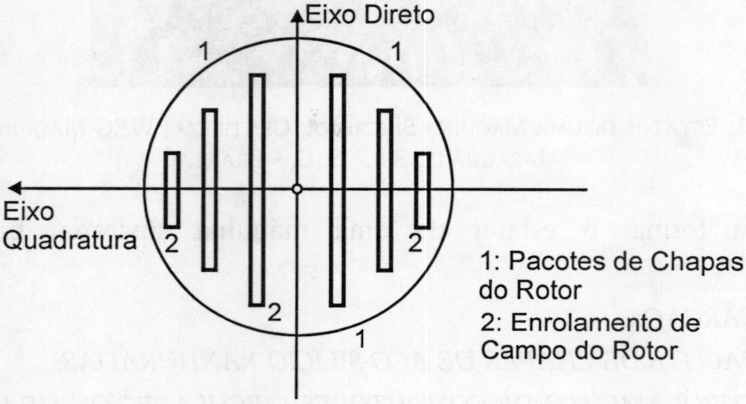

FIGURA 9.3: ROTOR DE UMA MÁQUINA SÍNCRONA DE PÓLOS LISOS OU CILÍNDRICO.

No rotor de PÓLOS LISOS, o seu comprimento L normalmente é muito maior que o seu diâmetro, e esse diâmetro D é calculado para velocidades tangenciais entre:

$$20 \text{ m/s} \leq \text{V tang} \leq 25 \text{ m/s} \tag{9.4}$$

A velocidade linear síncrona para o campo magnético estabelecido no entreferro tem por expressão:

$$V_{SX} = 2 \cdot tp \cdot f \tag{9.5}$$

Levando à equação (9.5) a expressão do passo polar do estator de uma máquina rotativa, equação (9.2), resulta:

$$V_{SX} = 2 \cdot \frac{\pi \cdot D}{p} \cdot f \tag{9.6a}$$

Trabalhando a equação (9.6a), encontra-se:

$$V_{SX} = \frac{2}{p} \cdot (2 \cdot \pi \cdot R \cdot f) \tag{9.6b}$$

ou ainda:

$$\boxed{V_{SX} = \frac{2}{p} \cdot (\omega_S \cdot R)} \tag{9.6c}$$

A relação matemática existente entre a velocidade mecânica do rotor de uma máquina síncrona e a velocidade angular do sinal de alimentação do **enrolamento de armadura** está ligada ao número de pólos do enrolamento da referida. Assim, um estator que porte um enrolamento de dois pólos dá origem a um campo magnético no entreferro, girante, que viaja com uma velocidade angular igual à velocidade angular do sinal de alimentação desse enrolamento. À medida que o número de pólos do referido enrolamento vai crescendo, a velocidade angular do campo magnético criado pela corrente de alimentação, que circula por esse enrolamento, vai decrescendo. Se a freqüência do sinal de alimentação do enrolamento de armadura for f, a velocidade angular desse sinal será:

$$\omega_S = (2 \cdot \pi \cdot f) \tag{9.7a}$$

Se a máquina em destaque é síncrona e o enrolamento foi desenvolvido para dois pólos, a velocidade angular do rotor, na máquina síncrona, será dada por:

$$\omega_R = \omega_S \tag{9.7b}$$

Como foi dito anteriormente, à medida que o número de pólos aumenta, a velocidade angular do campo magnético de translação, que viaja no entreferro com a velocidade Vsx, diminui. Tal proceder pode ser visualizado pela combinação das equações (9.1) e (9.2) que associadas resultaram na equação (9.6a):

$$V_{SX} = 2 \cdot \frac{\pi \cdot D}{p} \cdot f \tag{9.6a}$$

Operando a equação (9.6a), resulta:

$$V_{SX} = (2 \cdot \pi \cdot D \cdot f) \cdot \frac{1}{p} \tag{9.7c}$$

Da equação (9.7c), pode-se enunciar:

"Mantidos o diâmetro e a freqüência do sinal de alimentação constantes, a velocidade do campo magnético que se translada pelo entreferro é inversamente proporcional ao número de pólos do enrolamento de armadura".

Conseqüentemente pode-se, para as velocidades angulares do sinal de alimentação do enrolamento de armadura e do rotor, respectivamente, escrever:

$$\boxed{\omega_R = \frac{2}{p} \cdot \omega_S} \tag{9.7d}$$

em que ω_R é a velocidade angular do membro mecânico do conversor e ω_S, a velocidade angular do sinal de alimentação do enrolamento de armadura, que tem sede no estator da máquina sob estudo. Retornando à equação (9.6a) e remanejando alguns termos relacionados ao diâmetro do túnel do rotor, resulta:

$$\boxed{V_{SX} = R \cdot \omega_R} \tag{9.8}$$

que relaciona a velocidade angular do rotor da máquina síncrona à velocidade linear síncrona do campo de translação que viaja no seu entreferro dela.

FIGURA 9.4: ROTOR DE PÓLOS LISOS PARA MÁQUINAS SÍNCRONAS. GENTILEZA: WEG .- MÁQUINAS LTDA. - JARAGUÁ DO SUL - S. C. - BRASIL.

III: ROTOR DE PÓLOS SALIENTES PARA AS MÁQUINAS SÍNCRONAS

Esse rotor, denominado de pólos salientes, é desenvolvido, normalmente, para máquinas que apresentam velocidades tangenciais de rotor médias e baixas, inferiores a 20 m/s. Esse rotor é composto de:

PÓLOS OU PEÇAS POLARES

São peças executadas em chapas de aço-carbono, de espessura maior do que aquelas usadas no pacote do estator (o estator é executado em peças de aço-silício, sem orientação preferencial e relativamente finas, para minimizar as correntes parasitas devidos ao Efeito Foucault). Em máquinas de pequena potência e de pequenas dimensões, os pólos são fixos no estator e o enrolamento de campo é executado ao redor desses pólos ou das peças polares. O enrolamento de armadura é colocado no rotor. Em máquinas maiores e, conseqüentemente, mais potentes, os pólos são móveis, extraíveis ou não e colocados no rotor. Se extraíveis, podem ser retirados para manutenção, colocação dos enrolamentos de campo ou substituição desses. A figura 9.5 mostra, de forma artística, uma peça polar de um rotor de pólos salientes com peças polares extraíveis. Isso só é feito em máquinas síncronas de grandes potências.

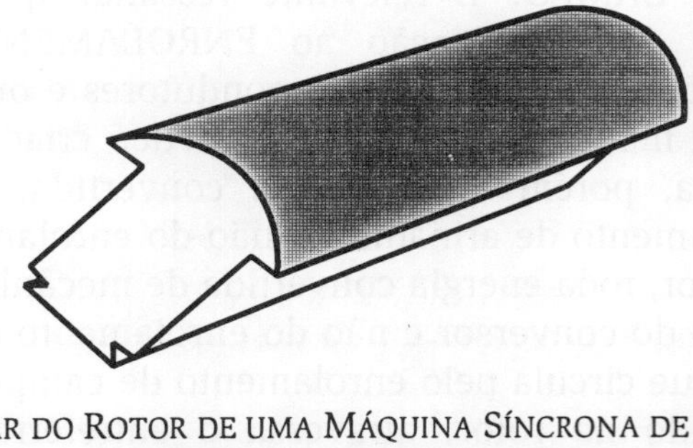

FIGURA 9.5: PEÇA POLAR DO ROTOR DE UMA MÁQUINA SÍNCRONA DE GRANDE PORTE, DOTADA DE PÓLOS SALIENTES EXTRAÍVEIS.

ENROLAMENTO DE CAMPO

Alimentando com corrente o enrolamento colocado nos corpos polares, resultam eletroímãs. Alimentados com correntes contínuas e respeitados os sentidos de entrada dessas correntes nos enrolamentos polares e o sentido de embobinar de cada pólo, geram-se expansões polares de nomes alternados ao longo da peça do rotor, vindo, assim, a constituir a COROA POLAR ROTÓRICA. Na figura 9.6 apresenta-se um rotor dotado de quatro peças polares, sendo duas de nome NORTE e duas de nome SUL.

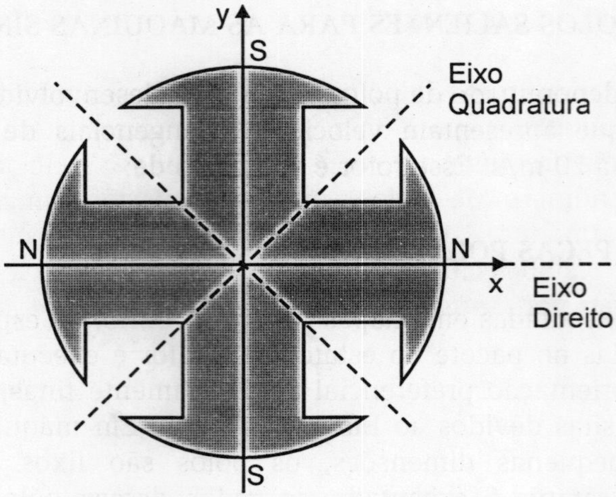

FIGURA 9.6: COROA POLAR DE UMA MÁQUINA SÍNCRONA DE QUATRO PÓLOS.

Os enrolamentos polares são depositados ao redor de cada pólo e alimentados em corrente contínua proveniente de um circuito retificador sob o qual se tem total controle. A corrente contínua é responsável pelo armazenamento de energia, na forma de um campo magnético, no conversor ou máquina síncrona. O conjunto de enrolamentos polares forma o ENROLAMENTO DE CAMPO. É relevante ressaltar que a potência ativa entregue pela fonte de alimentação ao ENROLAMENTO DE CAMPO é convertida em calor pelas resistências dos condutores e outras resistências do circuito de campo da máquina. O campo magnético criado é a plataforma de conversão de energia, porém toda energia convertida, na operação como motor, vem do enrolamento de armadura e não do enrolamento de campo. Na operação como gerador, toda energia convertida de mecânica para elétrica vem do membro mecânico do conversor e não do enrolamento de campo. Portanto, a corrente contínua que circula pelo enrolamento de campo produz um campo magnético que, gerado no rotor, atravessa o entreferro e participa como plataforma para a conversão de energia, seja da forma mecânica para a elétrica, seja da forma elétrica para a mecânica.

9.2.3: APLICAÇÕES GERAIS DA MÁQUINA SÍNCRONA

As MÁQUINAS SÍNCRONAS podem ser empregadas, fundamentalmente, como:

9.2.3.1: GERADORES SÍNCRONOS

Neste caso, as máquinas síncronas podem ser chamadas de alternadores e quando confeccionadas para tais, geram tensões alternantes senoidais, plasmadas em uma freqüência f, constante, ligada à velocidade angular do rotor e ao seu número de pólos, que é igual ao número de pólos do enrolamento de armadura, depositado no estator. A velocidade angular do campo magnético estabelecido no entreferro da máquina, campo magnético girante, em rotações por minuto, tem por expressão:

$$n_S = \omega_R \cdot \left[\frac{60}{(2 \cdot \pi)}\right] \qquad (9.9a)$$

Levando à equação (9.9a) a equação (9.7d) e conseqüências, resulta:

$$n_S = (\omega_S) \cdot \frac{2}{p} \cdot \left[\frac{60}{(2 \cdot \pi)}\right] \qquad (9.9b)$$

ou ainda:

$$\boxed{n_S = \frac{120 \cdot f}{p}} \qquad (9.9c)$$

com n_S dada em **rotações por minuto**. De (9.9c) pode-se derivar a freqüência do sinal presente no enrolamento de armadura, conhecendo a velocidade angular do rotor em rotações por minuto e o número de pólos do rotor. É muito importante relembrar que o número de pólos do enrolamento de armadura é sempre igual ao número de pólos do rotor:

$$\boxed{f = \frac{n_S \cdot p}{120}} \qquad (9.10)$$

Em termos de potência e de dimensões, as máquinas síncronas que operam como geradores são as maiores máquinas elétricas rotativas desenvolvidas pelo homem. Essas máquinas, impulsionadas por turbinas térmicas ou turbinas hidráulicas, são responsáveis pelo potential elétrico da totalidade dos países do mundo atual. Nos geradores, é fornecida energia elétrica, na forma de uma corrente contínua, para alimentação do circuito de campo da máquina e retirada energia elétrica, em corrente alternada, do circuito da armadura, como produto da conversão mecânico-elétrica de energia. Na figura 9.7, mostra-se, de forma esquemática, o circuito elétrico equivalente de uma máquina síncrona de pólos lisos ou de rotor cilíndrico.

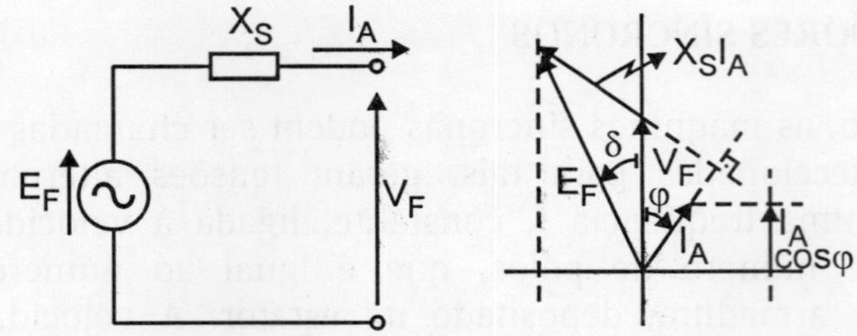

FIGURA 9.7: CIRCUITO ELÉTRICO EQUIVALENTE DE UMA MÁQUINA SÍNCRONA DE PÓLOS LISOS

Operação como GERADOR

Para as máquinas de pólos lisos operando como geradores, pode-se desenvolver um Diagrama Fasorial muito acessível que mostra o comportamento da força eletromotriz induzida no enrolamento de armadura e da tensão de terminais da referida. Para as máquinas síncronas de pólos salientes, o Diagrama Fasorial resulta bastante complexo em face das saliências do rotor. Observe que o ângulo delta formado entre a força eletromotriz induzida no enrolamento de armadura da máquina e a tensão nos seus terminais é positivo, pois nascendo nessa, se dirige para aquela. Quando esse ângulo cresce no sentido anti-horário, a máquina está operando como gerador e, por convenção, esse sentido de crescimento é positivo.

9.2.3.2: EXPRESSÃO DA FORÇA ELETROMOTRIZ INDUZIDA EM UM ENROLAMENTO DE ARMADURA MONOFÁSICA

Seja uma armadura monofásica, dentro da qual gira um rotor de pólos salientes, desenvolvido para portar dois pólos. O fluxo magnético polar caminha no espaço do entreferro, com uma velocidade ωr e é visto pelas bobinas do estator como uma manifestação magnética. Dessa forma, existe um comportamento eletromagnético que criará ângulos elétricos e um comportamento mecânico que criará ângulos mecânicos.

Seja um estator planificado, como mostra a figura 9.8.

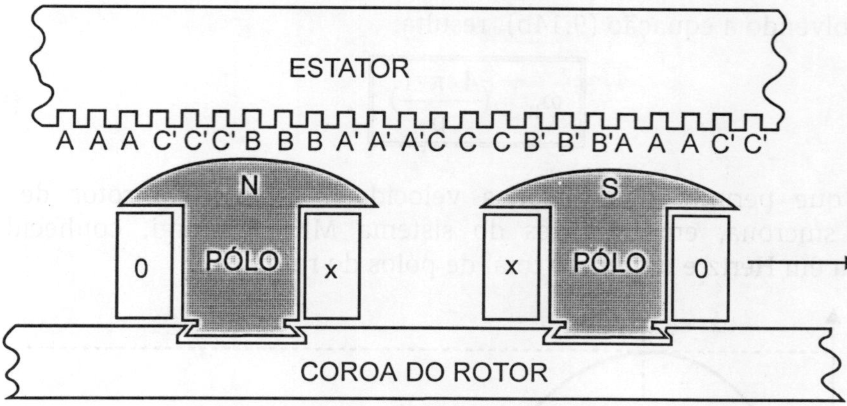

FIGURA 9.8: MÁQUINA SÍNCRONA DE DOIS PÓLOS PLANIFICADA.

Examinando a figura 9.8, estabelece-se uma relação entre ângulos elétricos e ângulos mecânicos formados:

$$\theta_{mec} = \theta_{elet} \cdot \left[\frac{2}{p}\right] \tag{9.11}$$

observar a semelhança entre esta equação e a equação (9.7d).

Para uma máquina de dois pólos, p = 2, os ângulos mecânicos e elétricos numericamente se igualam, e:

$$\theta_{elet} = \omega_S \cdot t = (2 \cdot \pi \cdot f) \cdot t \tag{9.12}$$

ou ainda:

$$\theta_{mec} = \omega_S \cdot t \tag{9.13}$$

para a máquina de dois pólos.

Levando as equações (9.12) à equação (9.11), resulta:

$$\omega_R \cdot t = \frac{2}{p} \cdot \omega_S \cdot t \tag{9.14a}$$

ou ainda:

$$\omega_R \cdot t = \frac{2}{p} \cdot (2 \cdot \pi \cdot f) \cdot t \tag{9.14b}$$

Resolvendo a equação (9.14b), resulta:

$$\omega_R = (\frac{4 \cdot \pi \cdot f}{p}) \qquad (9.15)$$

equação que permite determinar a velocidade angular do rotor de uma máquina síncrona, em unidades do sistema MKS - Giorgi, conhecidos a freqüência em Hertz e o número total de pólos do rotor.

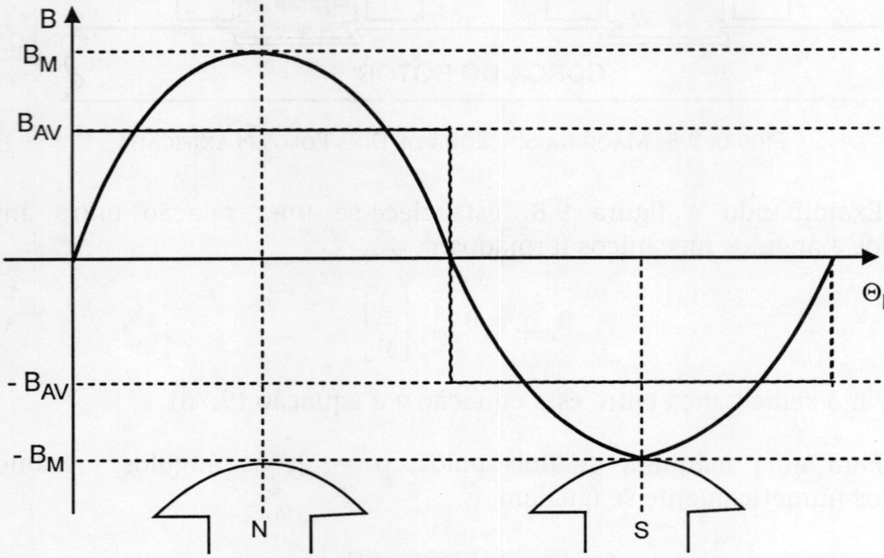

FIGURA 9.9: COMPORTAMENTO DA ONDA DE DENSIDADE DE CAMPO MAGNÉTICO NO ENTREFERRO DE UMA MÁQUINA SÍNCRONA.

Definindo como ϕ_P o fluxo magnético que deixa uma expansão polar do rotor, resulta:

$$\phi_P = B_{AV} \cdot S_P \qquad (9.16)$$

em que B_{AV} é a densidade de campo magnético no seu valor médio e Sp é a seção reta oferecida ao fluxo e abrangida por um passo polar tp:

$$\phi_P = B_{AV} \cdot tp \cdot L \qquad (9.17)$$

em que L é o comprimento do pacote do estator e tp é o seu passo polar.

Por outro lado, tomando meio período de uma distribuição de campo magnético com feitio senoidal, a relação existente entre o valor médio nesse meio período e o valor de máximo da função, resulta:

$$B_{AV} = \frac{2}{\pi} \cdot B_{máx} \quad (9.18)$$

Levando a equação (9.18) à equação (9.17), resulta:

$$\phi_P = \frac{2}{\pi} \cdot B_M \cdot tp \cdot L \quad (9.19)$$

em que B_M é o valor máximo da referida densidade de campo magnético. Sendo:

$$tp = \frac{\pi \cdot D}{p} \quad (9.20)$$

resulta:

$$\phi_P = \frac{2}{\pi} \cdot B_M \cdot \frac{\pi \cdot D}{p} \cdot L \quad (9.21)$$

ou ainda:

$$\phi_P = \frac{2}{\pi} \cdot B_M \cdot \frac{\pi \cdot 2 \cdot R}{p} \cdot L \quad (9.22)$$

Efetuando possíveis cancelamentos, resulta:

$$\boxed{\phi_P = 4 \cdot B_M \cdot \frac{R \cdot L}{p}} \quad (9.23)$$

Examinando a onda de densidade de campo magnético a partir dos arcos elétricos representados no eixo das abcissas e o fluxo magnético gerado por essa onda, encontra-se:

$$\bar{\phi}(t) = \phi_P \cdot \cos(\theta_{elet}) \quad (9.24)$$

Porém: $$\theta_{elet} = \omega_S \cdot t \quad (9.24)$$

Porém, no estudo das máquinas elétricas deve-se recordar que existem variáveis elétricas e mecânicas. Assim:

$$\boxed{\theta_{mec} = (\frac{2}{p}) \cdot \theta_{elet}} \quad (9.25)$$

Comparando: $$\theta_{elet} = \frac{p}{2} \cdot \theta_{mec} \quad (9.26)$$

Levando esta constatação à equação (9.24), resulta:

$$\bar{\phi}(t) = \phi_P \cdot \cos(\frac{p}{2} \cdot \theta_{mec}) \tag{9.27a}$$

em que, o fluxo magnético que deixa uma peça polar e cobre um passo polar do túnel do estator pode ser representado por:

$$\phi_P = B_{AV} \cdot S_P \tag{9.27b}$$

Porém, o fluxo total concatenado com o enrolamento concentrado de N_A espiras da fase A do enrolamento depositado na armadura da máquina pode ser representado por:

$$\lambda_A(t) = N_A \cdot \bar{\phi}(t) N_A = \phi_P \cdot \cos((p/2) \cdot \theta_{mec}) \tag{9.28}$$

Definindo como a TENSÃO INDUZIDA NUMA BOBINA CONCENTRADA DE N_A ESPIRAS:

$$v'_A = \frac{d\lambda_A}{dt} \tag{9.29}$$

e a FORÇA ELETROMOTRIZ INDUZIDA, como:

$$e_A = -\frac{d\lambda_A}{dt} \tag{9.30}$$

e, ainda, levando à equação (9.30) a equação (9.28), com as devidas considerações de uma mudança de variáveis, resulta:

$$\boxed{e_A = -\frac{d\lambda_A}{d\theta_{mec}} \cdot \frac{d\theta_{mec}}{dt}} \tag{9.31}$$

em que:

$$e_A = -\frac{d}{d\theta_{mec}}(N_A \cdot \phi_P \cdot \cos((p/2) \cdot \theta_{mec}) \cdot \frac{d\theta_{mec}}{dt} \tag{9.32}$$

Porém, a derivada do ângulo de deslocamento do observador em relação ao tempo resulta na velocidade angular do rotor:

$$\frac{d\theta_{mec}}{dt} = \omega_R \tag{9.33}$$

em que ω_R representa a velocidade angular do rotor para uma máquina síncrona, em radianos por segundo - (rad/s).

Levando a equação(9.33) à equação (9.32), resulta:

$$e_A(t) = (-)\cdot(N_A \cdot \phi_P \cdot \omega_R)\cdot(-)\cdot(\text{sen}((p/2)\cdot\theta_{mec}))\cdot\frac{p}{2} \quad (9.34)$$

ou ainda:

$$e_A(t) = (N_A \cdot \phi_P \cdot \omega_R)\cdot(p/2)\cdot(\text{sen}(\omega_R \cdot t\cdot(p/2))) \quad (9.35)$$

Como:

$$\omega_S = (p/2)\cdot\omega_R \quad (9.36)$$

resulta:

$$\boxed{e_A(t) = (N_A \cdot \phi_P \cdot \omega_S)\cdot(\text{sen}(\omega_S \cdot t))} \quad (9.37)$$

que é a expressão da FORÇA ELETROMOTRIZ INDUZIDA em uma fase - fase A - de um enrolamento concentrado dotado de N_A espiras. Esse enrolamento tem sede na armadura da máquina síncrona.

Voltando à equação (9.37), resulta:

$$\boxed{E_{A\,máx} = (N_A \cdot \phi_P \cdot \omega_S)} \quad (9.38a)$$

em valor máximo. O valor eficaz da tensão será dado por:

$$E_A = \frac{1}{\sqrt{2}}\cdot(N_A \cdot \phi_P \cdot (2\cdot\pi\cdot f)) \quad (9.38b)$$

Atuando sobre os valores numéricos presentes na equação (9.38b), resulta:

$$\boxed{E_A = 4{,}44 \cdot f \cdot N_A \cdot \phi_P} \quad (9.39)$$

com:

$$\boxed{\phi_P = 4 \cdot B_M \cdot \frac{R \cdot L}{p}} \quad (9.40)$$

que representa o valor da força eletromotriz induzida em um enrolamento concentrado dotado de N_A espiras e depositado na armadura da máquina síncrona. Na presente análise, o enrolamento de armadura está depositado no ESTATOR da máquina. Para máquinas síncronas de potências muito pequenas, pode ocorrer que o ENROLAMENTO DE ARMADURA seja depositado no ROTOR e o ENROLAMENTO DE CAMPO, no ESTATOR, porém isso em nada altera o estudo realizado.

9.2.3.3: CONSIDERAÇÕES

As máquinas síncronas com potência superior a 5 kVA sempre possuem o enrolamento de armadura depositado no estator, dada a facilidade de acesso da corrente elétrica a esse enrolamento. Nas máquinas síncronas menores ou de menor potência, o enrolamento de armadura pode estar no estator ou no rotor de acordo com a conveniência do fabricante e o aproveitamento de estampos. Uma máquina síncrona de pequena potência pode aproveitar muitas peças empregadas na execução de máquinas de corrente contínua convencionais, tais como, a carcaça, as peças polares e o pacote de chapas do rotor. No lugar do coletor, elemento identificador da máquina de corrente contínua, são colocados anéis para o deslizamento de escovas coletoras de energia elétrica. O número de anéis depende do número de portas do enrolamento de armadura, que agora, tem sede no rotor. Uma armadura trifásica pode ter três ou quatro anéis, dependendo se o centro dos enrolamentos das fases é acessível ao exterior ou não. É nesse pacote de chapas de aço-silício do rotor que será depositado o enrolamento de armadura, isto é, a armadura de máquinas pequenas pode estar no rotor e os enrolamentos polares, geradores do fluxo magnético polar, podem estar depositado em peças polares colocadas ou fixadas à carcaça da máquina ou estator por parafusos.

Observando as equações (9.39) e (9.40), constata-se que a força eletromotriz induzida tem freqüência f e está ligada à densidade máxima de fluxo presente no entreferro, ao número de pólos do enrolamento de armadura, que é igual ao das peças polares do rotor, ao raio R do túnel do estator e ao comprimento axial do pacote de chapas do estator, que é praticamente igual ao comprimento do rotor.

9.2.4: FORÇAS ELETROMOTRIZES INDUZIDAS EM UMA ARMADURA TRIFÁSICA

9.2.4.1: FUNDAMENTOS

Se o enrolamento do estator for trifásico, isto é, possuir três portas elétricas, m = 3, a distribuição das fases se processa como mostra a figura 9.10.

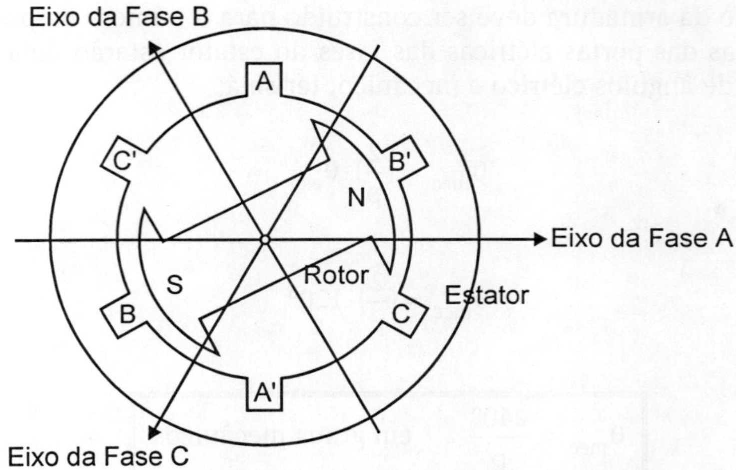

FIGURA 9.10: MODELO CONSTRUTIVO ESTATOR LISO - ROTOR SALIENTE.

Quando a peça polar transitou pela região do eixo de fase da bobina concentrada A, ela induziu nessa fase ou nessa porta uma força eletromotriz induzida que pode ser expressa por:

$$e_A(t) = E_{A_{máx}} \cdot (\text{sen}(\omega_S \cdot t)) \tag{9.41}$$

Com o giro do rotor e, portanto, com o passar do tempo, o rotor estará transitando na região do eixo da fase B e induzirá, nessa fase, forças eletromotrizes. Como o rotor gira no sentido anti-horário, o eixo da fase B está atrasado 120° em relação ao eixo da fase A. Dessa forma, para a fase B, pode-se escrever:

$$e_B(t) = E_{B_{máx}} \cdot (\text{sen}(\omega_S \cdot t - 120^o)) \tag{9.42}$$

De forma semelhante, para a fase C ou para a porta C que está atrasada em relação a porta B, 120°, escreve-se:

$$e_C(t) = E_{C_{máx}} \cdot (\text{sen}(\omega_S \cdot t - 240^o)) \tag{9.43a}$$

ou:

$$e_C(t) = E_{C_{max}} \cdot (\text{sen}(\omega_S \cdot t + 120^o)) \tag{9.43b}$$

se for observada a partir da fase A.

Dessa forma, pode-se concluir que uma máquina de três portas elétricas ou uma máquina trifásica pode ser dotada de qualquer número de pólos. O enrolamento da armadura deve ser construído para o número de pólos do rotor e as entradas das portas elétricas das fases do estator estarão defasadas 120°. Em termos de ângulos elétrico e mecânico, ter-se-á:

$$\theta_{mec} = (\frac{2}{p}) \cdot \theta_{elet} \tag{9.44a}$$

e:

$$\theta_{mec} = (\frac{2}{p}) \cdot 120° \tag{9.44b}$$

em que:

$$\boxed{\theta_{mec} = \frac{240°}{p} \qquad \text{em graus mecânicos}} \tag{9.45}$$

Portanto, se a máquina possuir p = 4 pólos, as portas das fases do estator estarão defasadas de 60° mecânicos e isso deve ser levado em conta para o enrolamento da armadura da referida máquina de quatro pólos e para a construção da peça do rotor.

9.2.5: MOTORES SÍNCRONOS

No item anterior, estudou-se a máquina síncrona operando como gerador, isto é, o conversor recebendo energia mecânica e a convertendo em energia elétrica. Neste item, entregar-se-á energia elétrica às portas elétricas do conversor e retirar-se-á energia mecânica a partir da porta mecânica do referido.

Os motores síncronos são empregados em atividades na quais se demanda energia mecânica a velocidade absolutamente constante. Esses motores não possuem conjugado de partida e por isso devem ser levados, por algum meio externo ou interno ao referido, à velocidade de sincronismo ou muito próximo dela. Quando alcançadas as proximidades do sincronismo, com a armadura energizada previamente, energiza-se o circuito de campo que, nas máquinas de pequeno porte, (iguais ou menores do que 7,5 kVA), pode estar no estator ou no rotor e nas máquinas de porte maior, sempre está no rotor.

A máquina síncrona, operando como motor, pode ser levada às proximidades do sincronismo:

Por meio de um motor hidráulico (turbina hidráulica), por uma turbina a gás, a vapor ou por um motor elétrico assíncrono (de indução). Esse método é empregado para grandes máquinas síncronas.

Por meio de uma gaiola de esquilo colocada sobre a expansão polar do rotor. Essa gaiola de esquilo está sempre presente nas máquinas síncronas porque ela possui uma função adicional, muito mais importante do que a tarefa de levar a máquina às proximidades de velocidade de sincronismo. Sua primacial utilidade é a de operar como enrolamento amortecedor, seja na operação como motor, seja na operação como gerador.

Do Diagrama Fasorial da figura 9.11 desenvolvido para uma máquina de rotor liso ou cilíndrico, é possível visualizar os ângulos:

$\varphi \Rightarrow$ ligado ao fator de potência desenvolvido pela máquina.

$\delta \Rightarrow$ ligado à potência transferida pelo conversor ou pela máquina.

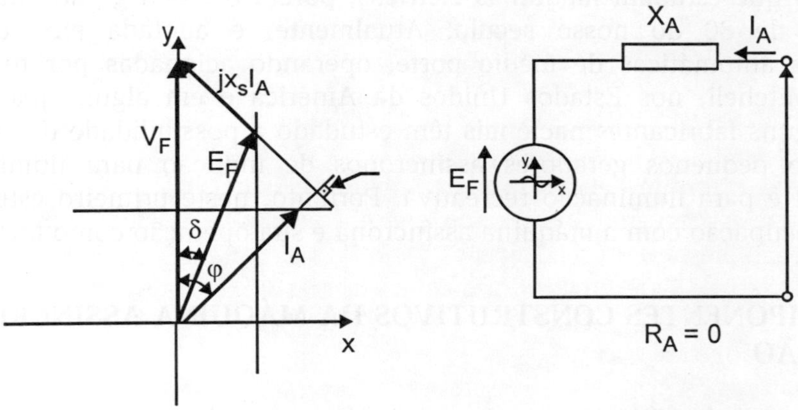

FIGURA 9.11: DIAGRAMA FASORIAL PARA A MÁQUINA SÍNCRONA DE ROTOR CILÍNDRICO OPERANDO COMO MOTOR (A). CIRCUITO ELÉTRICO CLÁSSICO DA MÁQUINA DE ROTOR CILÍNDRICO OPERANDO COMO MOTOR (B).

9.3: INTRODUÇÃO AO ESTUDO DA MÁQUINA ASSÍNCRONA DE INDUÇÃO

9.3.1: ASPECTOS GERAIS

Como foi visto no capítulo 8, a grande particularidade da máquina assíncrona é ter a velocidade angular do rotor-ω_R diferente da velocidade angular do campo girante produzido pela armadura- ω_S. Dado o Princípio da Reversibilidade, a máquina assíncrona de indução pode operar como motor, o que é muito tradicional, ou pode operar como gerador. Existe a operação como freio, porém esta é tratada dentro de curso específico de Máquinas Elétricas. Por ora, ficar-se-á restrito ao estudo ou à operação da máquina assíncrona como motor e como gerador.

A aplicação ou operação como motor é a mais usual. A operação como gerador, proposta ao final do século passado, foi tratada em muitos compêndios que estudam máquinas elétricas, porém recebeu grande impulso na década de 80 do nosso século. Atualmente, é adotada em centrais hidrelétricas automáticas de médio porte, operando acionadas por turbinas Banki ou Mitchell, nos Estados Unidos da América e em alguns países da Europa. Alguns fabricantes nacionais têm estudado a possibilidade de colocar no mercado pequenos geradores assíncronos de indução para iluminação emergencial e para iluminação recreativa. Portanto, neste primeiro estudo, a grande preocupação com a máquina assíncrona é sua operação como MOTOR.

9.3.2: COMPONENTES CONSTRUTIVOS DA MÁQUINA ASSÍNCRONA DE INDUÇÃO

Da imensa família de máquinas, a máquina assíncrona de indução é aquela que apresenta o maior número de unidades em serviço, dada a sua simplicidade, robustez e seu custo relativamente pequeno, quando comparado com o custo de uma máquina de corrente contínua ou de uma máquina síncrona de igual potência.

A máquina assíncrona de indução é, basicamente, um transformador monofásico ou trifásico cujo secundário é girante. Como todas as máquinas, possui:

ESTATOR DA MÁQUINA ASSÍNCRONA DE INDUÇÃO

É a parte da máquina de indução que porta, por meio de apoios, o pacote de chapas de aço-silício, ranhuradas em que é colocado o enrolamento de armadura. Esse enrolamento pode ser monofásico, trifásico ou hexafásico, tradicionalmente. De uma forma geral, podem-se desenvolver enrolamentos de armadura polifásicos, bastando que se possua uma alimentação adequada às portas elétricas do referido.

A carcaça das máquinas de indução, na atualidade, é feita em aço laminado trabalhado de forma a ganhar o feitio de um cilindro. Na carcaça, são fixados os apoios para os pés, as tampas para o estator, os rolamentos e a caixa de terminais.

O pacote estatórico é composto de lâminas de aço-silício, isoladas eletricamente entre si, ranhuradas e formando um cilindro interno à carcaça. Esse pacote possui um cilindro central que forma o túnel do rotor. Nas ranhuras do pacote de chapas do estator, é depositado o enrolamento de armadura composto de condutores elétricos embobinados, formando bobinas. Cada conjunto de bobinas forma uma fase. Adequadamente conectadas, as bobinas que formaram as fases são ligadas à rede de alimentação de energia elétrica.

O número de ranhuras do pacote do estator, à semelhança do pacote empregado nas máquinas síncronas, é calculado segundo a equação:

$$\boxed{N_R = m \cdot p \cdot q} \qquad (9.46)$$

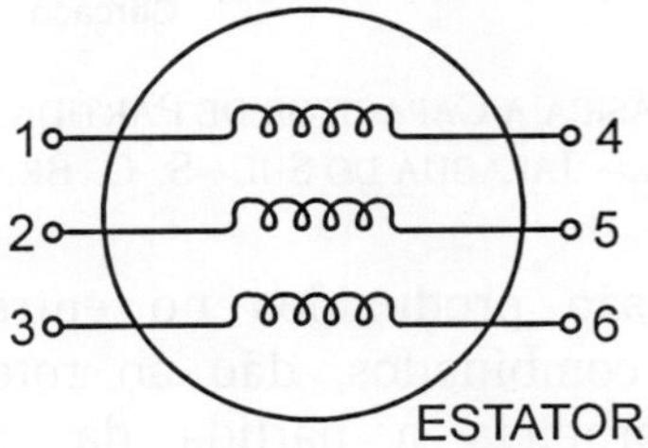

FIGURA 9.12: FASES DE UM ENROLAMENTO DE ARMADURA TRIFÁSICA.

Em que q é o número de ranhuras por pólo e por fase do enrolamento de armadura e m é o número de fases do referido enrolamento. Para a máquina de três portas elétricas, m é igual a 3.

As máquinas que se encontram no mercado, com o nome de máquinas monofásicas de indução a capacitor permanente ou a capacitor de partida, são, verdadeiramente, máquinas difásicas nas quais o capacitor trabalha ligado em série com uma das fases do enrolamento. Possuem um enrolamento de armadura que porta duas seções: uma seção, denominada enrolamento principal, é conectada diretamente à rede de alimentação. A outra seção, denominada enrolamento secundário, é ligada em série com o aludido capacitor e o circuito assim composto, é ligado em paralelo com o anterior. Dessa forma, a corrente elétrica que circula pelo enrolamento auxiliar (que porta o capacitor) está adiantada em relação àquela que circula pelo enrolamento principal. A figura 9.13 mostra, em corte, uma máquina monofásica dotada de capacitor de partida.

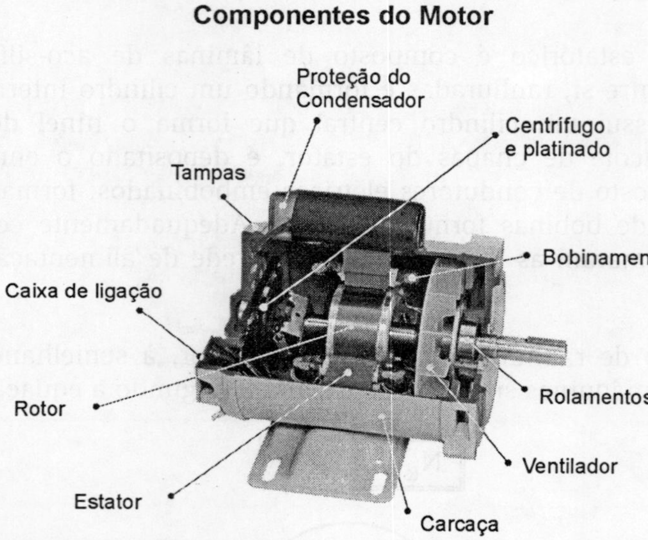

FIGURA 9.13: MÁQUINA MONOFÁSICA A CAPACITOR DE PARTIDA. GENTILEZA: WEG MÁQUINAS LTDA. - JARAGUÁ DO SUL . S. C. BRASIL

Conseqüentemente, são produzidos no entreferro da máquina dois campos magnéticos que, combinados, dão ao rotor uma manifestação de campo girante, o que propicia a partida da máquina. Nas máquinas monofásicas a capacitor permanente, como o próprio nome indica, o capacitor fica permanentemente ligado ao circuito. Nas máquinas monofásicas a capacitor de partida, o capacitor e, conseqüentemente, o enrolamento auxiliar de partida, são retirados de operação quando a velocidade da máquina atinge 70 % a 75 % de sua velocidade nominal. Na figura 9.14, mostra-se um estator monofásico operando com capacitor permanentemente ligado. Uma chave comutadora permite a reversão do sentido de rotação do motor.

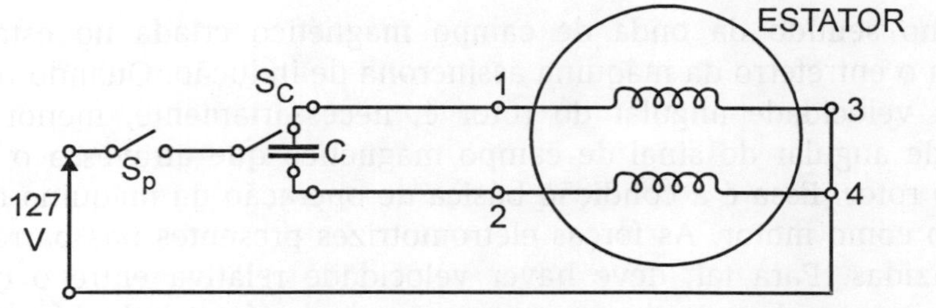

FIGURA 9.14: MOTOR ASSÍNCRONO DE INDUÇÃO MONOFÁSICO A CAPACITOR PERMANENTE.

ROTOR DA MÁQUINA ASSÍNCRONA DE INDUÇÃO

A potência, na forma de um fluxo magnético, que atravessa o entreferro e alcança o rotor corta os condutores deste e induz nos referidos, forças eletromotrizes. Se o circuito elétrico do rotor for eletricamente fechado, correntes induzidas circularão nesse circuito fechado. Em presença de campos magnéticos estatóricos, essas correntes rotóricas gerarão forças mecânicas que, por sua vez, movimentarão o rotor. Na figura 9.15, o campo magnético gerado no estator corta os condutores do rotor, produzem correntes circulantes, forças motoras, e a movimentação do rotor. As regras para a determinação dos sentidos dessas correntes e forças motoras foram explicitadas no capítulo 3 desta obra.

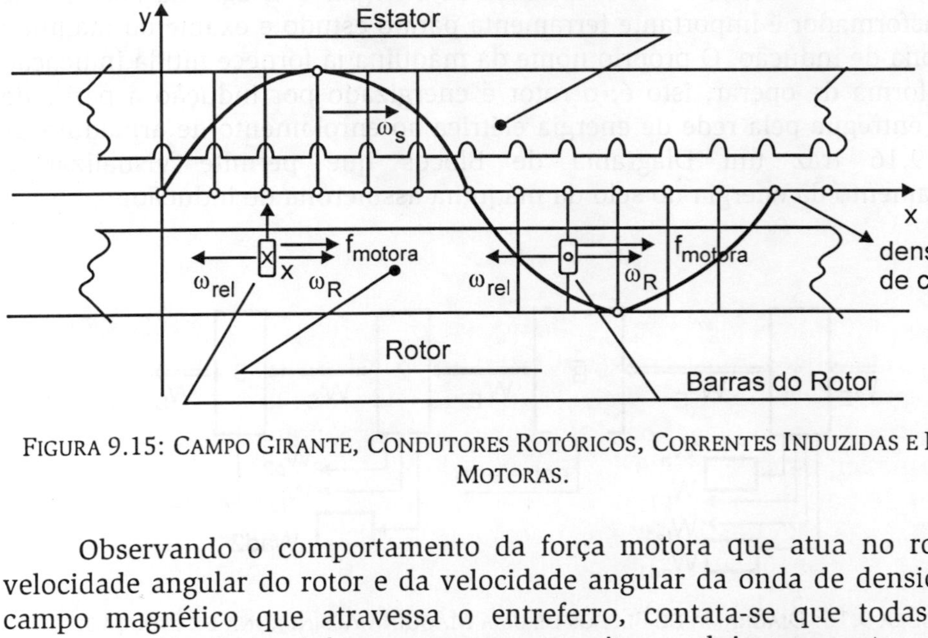

FIGURA 9.15: CAMPO GIRANTE, CONDUTORES ROTÓRICOS, CORRENTES INDUZIDAS E FORÇAS MOTORAS.

Observando o comportamento da força motora que atua no rotor, da velocidade angular do rotor e da velocidade angular da onda de densidade de campo magnético que atravessa o entreferro, contata-se que todas têm o mesmo sentido de caminhamento, o que permite concluir que o rotor caminha no mesmo sentido da onda de campo magnético criada no estator e que atravessa o entreferro da máquina assíncrona de indução. Quando opera como motor, a velocidade angular do rotor é, necessariamente, menor do que a velocidade angular do sinal de campo magnético que atravessa o entreferro, vindo do rotor. Essa é a condição básica de operação da máquina de indução operando como motor. As forças eletromotrizes presentes nas barras do rotor são induzidas. Para tal, deve haver velocidade relativa entre o campo que atravessa o entreferro e as barras do rotor, sede das fems induzidas referidas.

9.3.3: CONVENÇÕES

Com a Regra da Mão Direita, determina-se a polaridade das forças eletromotrizes induzidas nas barras e das correntes que circulam por atuação dessas forças eletromotrizes.

Com a Regra da Mão Esquerda, determina-se o sentido do força motora ou propulsora que atua nas barras do rotor, por passagem das correntes induzidas em condutores imersos em campo magnético gerado no estator.

Observar que a energia presente no rotor, que tem operação semelhante ao secundário de um transformador, foi tomada da rede de fornecimento pelo enrolamento de armadura e transferida magneticamente para o rotor que, por sua vez, efetua conversão eletromecânica de energia. O Diagrama Fasorial de um transformador é importante ferramenta para o estudo e exame da máquina assíncrona de indução. O próprio nome da máquina já fornece nítida indicação de sua forma de operar, isto é, o rotor é energizado por indução a partir de energia entregue pela rede de energia elétrica ao enrolamento de armadura. A figura 9.16 traz um Diagrama de Blocos que permite visualizar o caminhamento da energia no seio da máquina assíncrona de indução.

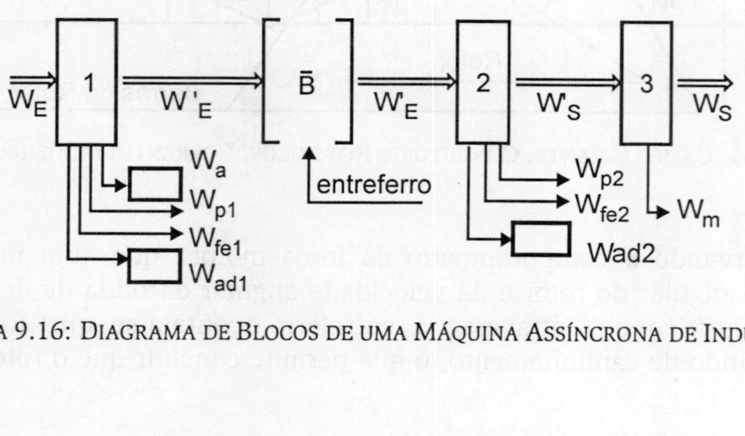

FIGURA 9.16: DIAGRAMA DE BLOCOS DE UMA MÁQUINA ASSÍNCRONA DE INDUÇÃO.

Na figura 9.16, apresentam-se:

W_A ⇨ Energia Armazenada na forma de um campo magnético.

W_{FE1} ⇨ Energia Dissipada no Ferro do Estator.

W_{P1} ⇨ Energia Dissipada no Cobre do Enrolamento de Armadura.

W_{AD1} ⇨ Energia Armazenada na forma de um campo magnético de dispersão de armadura.

W_{AD2} ⇨ Energia Armazenada na forma de um campo magnético de dispersão no rotor.

W_{P2} ⇨ Energia Dissipada no Cobre ou no Alumínio do Rotor.

W_{FE2} ⇨ Energia Dissipada no ferro do Rotor.

W_M ⇨ Energia Dissipada no Membro Mecânico da Máquina: Eixo do Rotor.

Como o rotor da máquina de indução opera à semelhança do secundário de um transformador, pode-se tratar a máquina com as ferramentas usadas no estudo das unidades transformadoras e traçar um Diagrama Fasorial para ela. O enrolamento do rotor comporta-se como uma carga colocada no secundário da unidade transformadora. Essa carga é variável, função de uma importante variável presente nas máquinas de indução, que se denomina **ESCORREGAMENTO** do rotor em relação ao campo magnético estabelecido no entreferro pelas correntes que circulam no enrolamento de armadura, o qual tem sede no estator.

Representando por s o **escorregamento** do rotor em relação ao campo magnético que atravessa o entreferro, escreve-se:

$$\boxed{s = \frac{\omega_S - \omega_R}{\omega_S} \cdot 100\%} \qquad (9.47)$$

Representando por R_2 a resistência ôhmica da gaiola do rotor num modelo "por fase" e sabendo que a potência desenvolvida pela máquina está intimamente ligada ao escorregamento s, pode-se demonstrar que essa potência é proporcional a:

$$\boxed{P_{convertida} \propto R_2 \cdot \frac{(1-s)}{(s)}} \qquad (9.48)$$

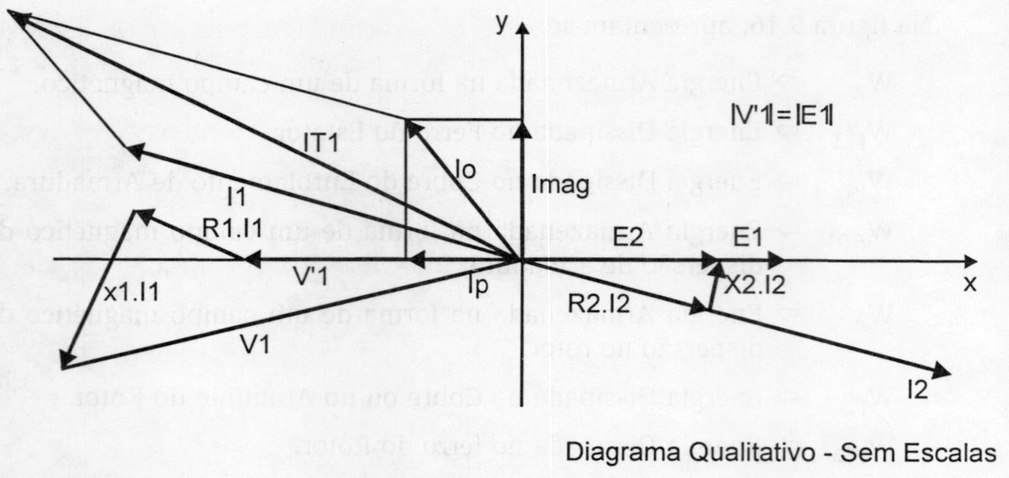

FIGURA 9.17: DIAGRAMA FASORIAL DA MÁQUINA DE INDUÇÃO EM UM MODELO "POR FASE".

Os rotores das máquinas de indução possuem muitas particularidades, as quais podem ser classificadas. Assim, efetuar-se-á uma classificação didática que permitirá ao pesquisador tomar contato com algumas dessas particularidades referidas.

I: QUANTO À CONSTRUÇÃO DO ROTOR

Quanto à construção do rotor, ele pode ser:

ROTOR BOBINADO

Esses rotores são ranhurados. As ranhuras são semifechadas e recebem um enrolamento executado em condutores cilíndricos ou barras.

Normalmente, o enrolamento depositado nos mesmos é trifásico e conectado eletricamente em Y. As entradas dos enrolamentos do rotor são levadas a anéis de deslizamento de escovas colocados em contato com os anéis de deslizamento colocados no eixo do rotor e, por meio de escovas de grafite estacionadas no estator efetua-se a conexão do enrolamento rotórico com resistores externos mecanicamente variáveis. Esses resistores limitam, na partida do motor, a corrente que circula pelo enrolamento rotórico e, conseqüentemente, a corrente que circula pelo enrolamento de armadura. Limitando esta, limita-se a corrente que circula pela linha de alimentação da máquina de indução.

No instante da partida do motor, os resistores da caixa externa, denominada " Caixa de Resistores de Partida, " estão em seu valor de máxima resistência. À medida que o motor acelera, vai atuando sobre os resistores, reduzindo o valor da resistência externa até zerá-la. Esses rotores são muito empregados quando necessita-se de partida a plena tensão de armadura com grande conjugado de partida e corrente de linha, na partida, moderada. Pode, dimensionando-se apropriadamente a dissipação de calor dos resistores da caixa externa, regular a velocidade angular do rotor e fazer o motor trabalhar com um escorregamento muito maior do que o convencional.

O escorregamento nominal de uma máquina de indução operando como motor, muito raramente ultrapassa os 5% de escorregamento. Com a introdução dos resistores externos ligados ao circuito do rotor, termicamente projetados para dissiparem o calor gerado, o escorregamento pode ser levado e mantido em níveis bastante maiores.

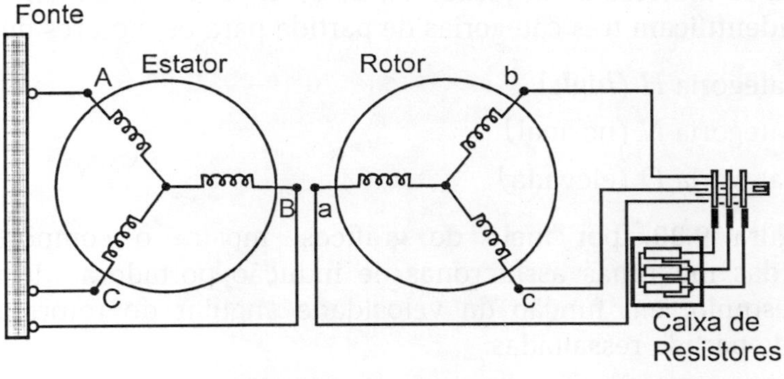

FIGURA 9.18: MOTOR DE INDUÇÃO A ROTOR BOBINADO.

A fotografia da figura 9.19 mostra o conjunto de Anéis Coletores de uma máquina assíncrona de indução a rotor bobinado.

FIGURA 9.19: ANÉIS COLETORES DE UM ROTOR BOBINADO DE MÁQUINA ASSÍNCRONA DE INDUÇÃO. GENTILEZA: WEG MÁQUINAS LTDA. - JARAGUÁ DO SUL - S. C. - BRASIL

ROTOR GAIOLA DE ESQUILO

A grande maioria dos motores assíncronos de indução trabalham com rotores tipo GAIOLA DE ESQUILO. Essas gaiolas são formadas por barras longitudinais, paralelas ao eixo de movimento e fechadas nas extremidades por anéis que, nas gaiolas dos rotores, denominam-se "anéis de curto-circuito". O pacote do rotor é confeccionado em lâminas de aço-silício ranhuradas e as ranhuras são fechadas. O alumínio é injetado no estado líquido, a quente, nas ranhuras do pacote do rotor, formando as barras condutoras, os anéis de curto-circuito e, em alguns projetos, as aletas de ventilação e de refrigeração do motor. Atuando no desenho e na profundidade das barras de cobre ou de alumínio da gaiola de esquilo do rotor, alteram-se a "categoria de partida" da máquina, sua corrente de partida e, conseqüentemente, seu conjugado de partida, assim como sua curva característica "conjugado versus rotação". No passado, os fabricantes nacionais e estrangeiros ofereciam cinco categorias de partida para os motores de indução: A, B, C, D e F. Atualmente, as normas brasileiras identificam três categorias de partida para os motores de indução:

- Categoria *H* (*high*)
- Categoria *N* (normal)
- Categoria *D* (elevada)

A figura 9.20, por meio de gráficos, mostra o comportamento do conjugado das máquinas assíncronas de indução portadoras de rotores tipo gaiola de esquilo, em função da velocidade angular do rotor, para as três categorias de partida ressaltadas:

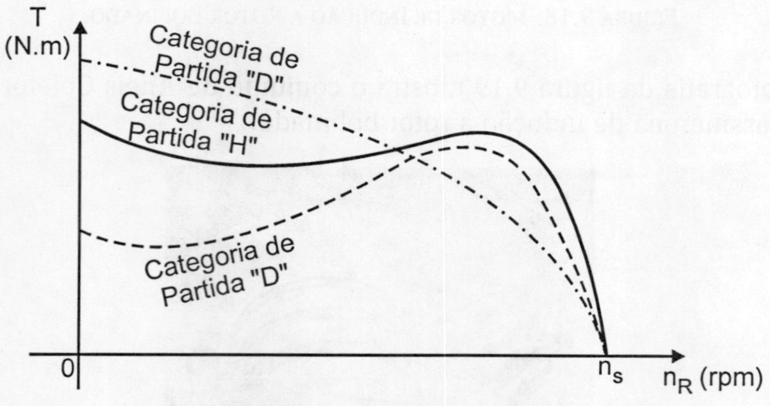

FIGURA 9.20: CURVAS CARACTERÍSTICAS T = T(N_R).

9.4: CAMPO MAGNÉTICO GIRANTE E CAMPO MAGNÉTICO PULSANTE

Quando-se lança mão de um estator, este pode estar embobinado com um enrolamento monofásico, um enrolamento difásico, um enrolamento trifásico ou um enrolamento polifásico genérico. Com exceção do enrolamento monofásico, que é um enrolamento de uma porta elétrica, os demais, quando convenientemente alimentados, geram Campos Magnéticos Girantes no entreferro da máquina. O enrolamento monofásico, quando alimentado por uma corrente alternada senoidal, gera um campo magnético estacionário ou pulsante.

9.4.1: ESTUDO DO CAMPO PULSANTE PRODUZIDO EM UM ENROLAMENTO MONOFÁSICO

Por convenção, entregar-se-á energia elétrica ao estator, isto é, o estator da máquina receberá energia elétrica e gerará um campo magnético que atravessará o entreferro. Na figura 9.21, um estator é dotado de duas ranhuras diametralmente posicionadas, que recebem o enrolamento de armadura. Como uma única porta elétrica de entrada foi providenciada no estator, o enrolamento é denominado monofásico e o campo magnético estabelecido no entreferro por uma corrente elétrica alternada entregue a esse, denominar-se-á "campo magnético pulsante ou estacionário".

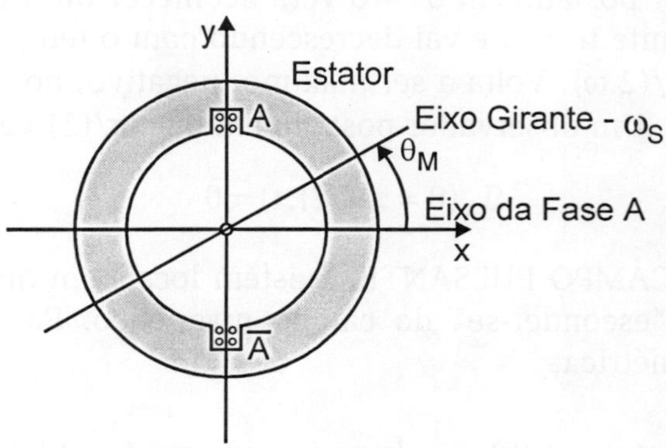

FIGURA 9.21: ESTATOR DOTADO DE ENROLAMENTO MONOFÁSICO CONCENTRADO.

Na figura 9.21, representa-se:

θ_m = ângulo posicionador do observador

Nas análises que seguem, este ângulo será representado por θ porque o estator da máquina possui dois pólos. A armadura será alimentada com uma fonte monofásica que lhe aplica uma tensão v = v(t) e que é responsável pela circulação de uma corrente i = i(t) cuja expressão é do tipo:

$$i_A(t) = I_{A_{máx}} \cdot \cos(\omega \cdot t) \qquad (9.49)$$

A bobina colocada nas ranhuras tem N_A espiras e a força magnetomotriz produzida pela passagem da referida corrente nas N_A espiras é expressa por

$$\Im_A(\theta, t) = N_A \cdot i_A(t) \cdot \cos(\theta) \qquad (9.50)$$

Observar que se está ligando uma função temporal a uma função espacial, isto é, o observador poderá estar colocado ou estacionado em qualquer lugar do entreferro, em qualquer instante t. Levando a equação (9.49) à equação (9.50), resulta:

$$\Im_A(\theta, t) = N_A \cdot I_{A\,máx} \cdot \cos(\omega \cdot t) \cdot \cos(\theta) \qquad (9.51)$$

Se o observador postar-se em θ = 0, a força magnetomotriz $\Im_A(\theta = 0, t)$, isto é, a força magnetomotriz vista por esse observador, terá por expressão

$$\Im_A(\theta = 0, t) = N_A \cdot I_{A_{máx}} \cdot \cos(\omega \cdot t) \qquad (9.52)$$

O observador postado em θ = 0 verá acontecer um fluxo magnético que é máximo no instante t_1 = 0 e vai decrescendo com o tempo, chegando a zero no instante t_2 = π/(2.ω). Volta a ser máximo, negativo, no instante t_3 = π/(ω) e assim por diante. Um observador postado em θ = π/(2) verá sempre:

$$\Im_A(\theta = \pi/(2), t) = 0 \qquad (9.53)$$

ISSO É UM CAMPO PULSANTE. Existem locais em que, praticamente, o observador pode "esconder-se" do campo magnético. Para tanto, tome-se a igualdade trigonométrica:

$$\cos(a) \cdot \cos(b) = \frac{1}{2} \cdot [\ \cos(a+b) + \cos(a-b)\ ] \qquad (9.54)$$

Levando à equação (9.54) a equação (9.51), resulta:

$$\boxed{\Im_A(\theta, t) = \frac{1}{2} \cdot N_A \cdot I_{A\,máx} \cdot \cos(\omega \cdot t + \theta) + \frac{1}{2} \cdot N_A \cdot I_{A_{máx}} \cdot \cos(\omega \cdot t - \theta)} \qquad (9.55)$$

Fazendo:

$$\omega \cdot t + \theta = \text{cte.} \tag{9.56}$$

e derivando a referida expressão em relação a t, determina-se:

$$\frac{d\theta}{dt} = -\omega \tag{9.57a}$$

Como a máquina em estudo tem **dois pólos**:

$$\theta_{mec} = (2/p) \cdot \theta_{elet} = (2/p) \cdot \theta \tag{9.57b}$$

Conseqüentemente, para o caso particular de uma máquina dotada de dois pólos, resulta:

$$p = 2 \qquad \text{e} \qquad \omega_R = \omega_S = \omega \tag{9.58}$$

em face do campo magnético ser síncrono, o observador se desloca com a velocidade angular $\omega_s = \omega$ e em sentido contrário ao sentido de propagação positivo do referencial. Na equação (9.55), a segunda onda ou o segundo termo do segundo membro da referida equação caracteriza uma onda de força magnetomotriz que se desloca no sentido positivo de θ:

$$\omega \cdot t - \theta = \text{cte.} \tag{9.59a}$$

e:

$$\theta = (\omega \cdot t - \text{cte.}) \tag{9.59b}$$

Derivando a equação (9.59b), resulta:

$$\frac{d\theta}{dt} = \omega_R = \omega_S = \omega \tag{9.59c}$$

porque p = 2. Para o caso geral em que p, número de pólos do enrolamento de armadura, for qualquer, encontra-se:

$$\omega_S = \frac{2}{p} \cdot \omega_{mec} \tag{9.59d}$$

Esta segunda parcela do segundo membro da referida equação, esta segunda onda, desloca-se no sentido positivo de θ com velocidade angular:

$$\omega_{elet} = 2 \cdot \pi \cdot f \tag{9.60a}$$

resultando:

$$\omega_{mec} = \frac{4 \cdot \pi \cdot f}{p} \tag{9.60b}$$

Portanto, um campo pulsante pode ser decomposto em duas parcelas, como mostra a equação (9.55), que vêm caracterizar duas ondas de forças magnetomotrizes girantes ou, em análise ou terminologia elétrica, dois campos magnéticos girantes. O segundo termo do segundo membro da equação (9.55) caracteriza um campo magnético girante que se propaga no sentido anti-horário ou positivo, se for seguida a referência θ_m:

$$\Im^{+}(\theta, t) = \tfrac{1}{2} \cdot N_A \cdot I_{máx} \cdot \cos(\omega_{elet} \cdot t - \theta) \tag{9.61a}$$

O primeiro termo do segundo membro da equação (9.55) caracteriza um campo girante que se propaga no sentido horário, ou melhor, no sentido negativo de propagação de θ_m:

$$\Im^{-}(\theta, t) = \tfrac{1}{2} \cdot N_A \cdot I_{máx} \cdot \cos(\omega_{elet} \cdot t + \theta) \tag{9.61b}$$

Assim, um campo magnético pulsante no tempo e no espaço pode ser analisado como composto por duas ondas girantes no tempo e no espaço. Uma onda que gira com velocidade angular ω_S no sentido anti-horário e outra que gira no sentido horário, com velocidade angular de igual intensidade (e sentido contrário). Se colocar-se no túnel do estator um rotor dotado de uma gaiola de esquilo, este ficará submetido às duas ondas de força magnetomotriz, cada uma produzindo forças propulsoras na gaiola e querendo gira-la em seu particular sentido. Como as forças tem igual intensidade e sentidos contrários, a máquina assíncrona monofásica dotada de gaiola de esquilo e submetida a um campo pulsante, não terá conjugado de partida. Porém, definido um sentido de rotação para o referido rotor, as forças aplicadas à gaiola de esquilo pelos dois campos girantes caracterizados pela equação (9.55), terão intensidades diferentes. O rotor terá definido o seu sentido de rotação. A figura 9.22 mostra os conjugados a que está submetida a gaiola de esquilo do rotor. A curva 3, que é a resultante das forças e conseqüentemente, dos conjugados aplicados à gaiola do rotor, tem intensidade nula quando o rotor está parado.

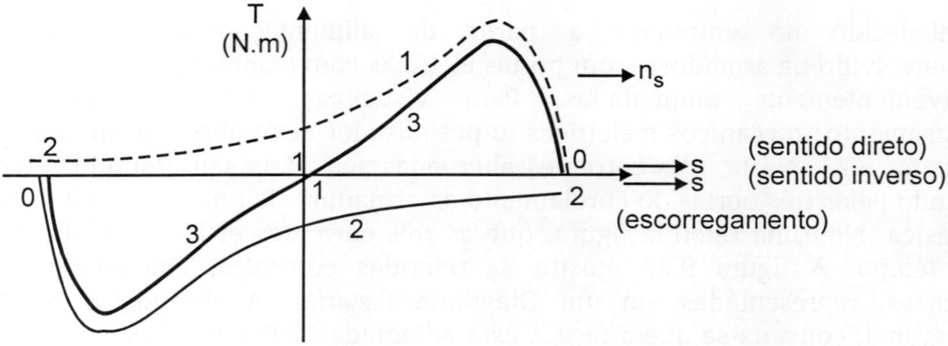

FIGURA 9.22: COMPORTAMENTO DOS CONJUGADOS GERADOS POR UM CAMPO PULSANTE.

Na figura 9.22:

Curva 1: Conjugado gerado pela parcela $\Im+(\theta,t)$

Curva 2: Conjugado gerado pela parcela $\Im-(\theta,t)$

Curva 3: Conjugado Resultante

Como se pode observar na figura 9.22, o rotor da máquina de indução colocado no túnel do estator, quando parado, não tem conjugado resultante, que poderia levá-lo a partir. Se for decidido para o rotor um determinado sentido de giro, este girará no sentido escolhido. Desta forma, um motor monofásico que possua um enrolamento de armadura que, por sua vez, só crie no entreferro um campo pulsante, necessita de um meio de partida, isto é, um elemento agregado a ele, que o tire do repouso. Nas máquinas usuais, para retirar o rotor do repouso e dar-lhe um sentido de rotação, empregam-se:

- *Pólos Sombreados.*
- *Enrolamento Auxiliar de Partida e Capacitor Permanente.*
- *Enrolamento Auxiliar de Partida e Capacitor de Partida.*
- *Enrolamento Auxiliar de Partida, Capacitor Permanente e Capacitor de Partida.*
- *Outros meios de Partida.*

9.4.2: ESTUDO DO CAMPO MAGNÉTICO GIRANTE PRODUZIDO EM UM ENROLAMENTO POLIFÁSICO

A aplicação de tensões alternadas a partir de um alimentador trifásico que propicie correntes defasadas de 120° no enrolamento de armadura de uma máquina, seja ela síncrona ou assíncrona, leva à criação de um campo magnético girante no entreferro dela. O campo magnético girante é estabelecido no entreferro a partir da alimentação do enrolamento desenvolvido na armadura, com portas elétricas convenientemente defasadas e convenientemente alimentadas. Para visualizar esta combinação de defasamentos mecânicos e elétricos, o pesquisador deve observar atentamente a figura 9.23. Nesta, três correntes alternadas senoidais são assumidas como fluindo pelas três portas do enrolamento da armadura de uma máquina elétrica trifásica. Note, na referida figura, que as três correntes estão defasadas 120º no tempo. A figura 9.23 mostra as referidas correntes, em seus valores eficazes, representadas em um Diagrama Fasorial. Analisando o referido Diagrama, constata-se que a fase A está adiantada 120º em relação à fase B e esta adiantada 120º em relação à fase C.

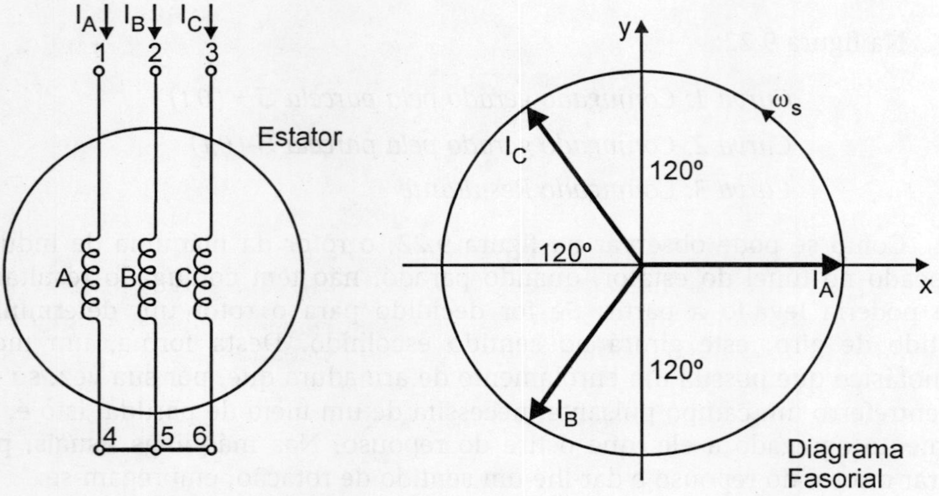

FIGURA 9.23: CORRENTES ALTERNADAS SENOIDAIS ALIMENTANDO AS TRÊS PORTAS DE UM ENROLAMENTO DE ARMADURA DE UM ESTATOR TRIFÁSICO - DIAGRAMA FASORIAL.

Para a figura 9.23, convencionou-se:

$$
\begin{aligned}
i_A &= I_{A_{máx}} \cdot \cos(\omega \cdot t) \\
i_B &= I_{B_{máx}} \cdot \cos(\omega \cdot t - 120^o) \\
i_C &= I_{C_{máx}} \cdot \cos(\omega \cdot t - 240^o) = I_{C_{máx}} \cdot \cos(\omega \cdot t + 120^o)
\end{aligned}
\tag{9.62}
$$

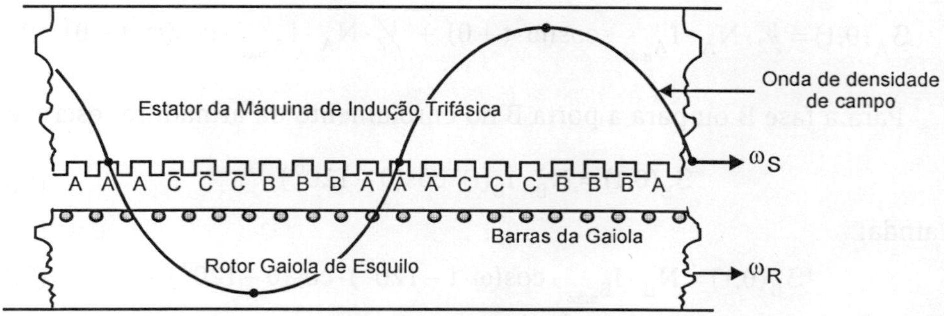

FIGURA 9.24: ESTATOR LINEARIZADO DOTADO DE UM ENROLAMENTO TRIFÁSICO.

A figura 9.24 mostra, de forma esquemática, um enrolamento de armadura linearizado. Na peça estatórica, praticaram-se dezoito ranhuras e depositaram as três portas do enrolamento de armadura de uma máquina trifásica. Observe que a entrada da fase A está a 180° da saída da fase A. Por outro lado, a entrada da fase B está a 120° da entrada da fase A e a entrada da fase C, está a 120° da entrada da fase B. Desta forma, cria-se mecanicamente, com o enrolamento disposto na armadura, o defasamento espacial procurado para um enrolamento trifásico de armadura. Examinando a porta A ou a fase A do referido enrolamento, nota-se que ela opera como um solenóide concentrado, gerando um pólo Norte e um pólo Sul. Portanto, o enrolamento depositado na referida armadura é de dois pólos magnéticos.

Para a figura 9.24, convencionaram:

θ	⇨	ângulo de deslocamento do observador
$d\theta/dt$	⇨	velocidade angular do observador

A fase A do enrolamento da armadura, mostrado na figura 9.24, forma a primeira porta elétrica de entrada de energia para o estator. Se ela possuir N_A espiras e receber a corrente $i_A(t)$, mostrada na equação (9.62), produzir-se-á uma força magnetomotriz de expressão:

$$\Im_A(\theta,t) = N_A \cdot i_{A_{máx}}(t) \cdot \cos(\theta) \qquad (9.63a)$$

ou ainda:

$$\Im_A(\theta,t) = N_A \cdot I_{A_{máx}} \cdot \cos(\omega \cdot t) \cdot \cos(\theta) \qquad (9.63b)$$

que caracteriza uma força magnetomotriz geradora de um campo magnético pulsante ou estacionário. Como foi visto anteriormente, um campo magnético pulsante pode ser decomposto em dois campos magnéticos girantes, tendo um deles o sentido de propagação horário e o outro, o sentido anti-horário. Operando sobre a equação (9.63b), resulta:

$$\Im_A(\theta,t) = \frac{1}{2}\cdot N_A \cdot I_{A_{máx}} \cdot \cos(\omega\cdot t+\theta) + \frac{1}{2}\cdot N_A \cdot I_{A_{máx}} \cdot \cos(\omega\cdot t-\theta) \quad (9.63c)$$

Para a fase B ou para a porta B do enrolamento da armadura, escreve-se:

$$\Im_B(\theta,t) = N_B \cdot i_B(t)\cdot \cos(\theta - 120^o) \quad (9.64a)$$

ou ainda:

$$\Im_B(\theta,t) = N_B \cdot I_{B_{máx}} \cdot \cos(\omega\cdot t - 120^o)\cdot \cos(\theta - 120^o) \quad (9.64b)$$

que, à semelhança da equação anterior, pode ser operada, obtendo:

$$\Im_B(\theta,t) = \frac{1}{2}\cdot N_B \cdot I_{B_{máx}} \cdot \cos(\omega\cdot t+\theta - 240^o) + \\ + \frac{1}{2}\cdot N_B \cdot I_{B_{max}} \cdot \cos(\omega\cdot t-\theta) \quad (9.64c)$$

Para a terceira porta ou porta C, escreve-se:

$$\Im_C(\theta,t) = N_C \cdot i_C(t)\cdot \cos(\theta + 120^o) \quad (9.65a)$$

ou ainda:

$$\Im_C(\theta,t) = N_C \cdot I_{C_{max}} (\omega\cdot t + 120^o)\cdot \cos(\theta + 120^o) \quad (9.65b)$$

que caracteriza um campo pulsante o qual pode ser decomposto em dois campos girantes dotados de opostos sentidos de rotação. Operando a equação (9.65b), resulta:

$$\Im_C(\theta,t) = \frac{1}{2}\cdot N_C \cdot I_{C_{máx}} \cdot \cos(\omega\cdot t+\theta + 240^o) + \\ + \frac{1}{2}\cdot N_C \cdot I_{C_{máx}} \cdot \cos(\omega\cdot t-\theta) \quad (9.65c)$$

Quando são associadas as três portas elétricas do estator, a força magnetomotriz resultante tem por expressão:

$$\Im_R(\theta,t) = \Im_A(\theta,t) + \Im_B(\theta,t) + \Im_C(\theta,t) \quad (9.66)$$

Nas máquinas elétricas polifásicas, o enrolamento de armadura tem bobinas iguais distribuídas ao longo de toda a periferia do túnel do estator, como mostra a fotografia da figura 9.25, e como conseqüência, as correntes elétricas em seus valores eficazes são praticamente iguais para todas as portas elétricas. Portanto, a menos que a máquina tenha uma especificidade ou uma particularidade, pode-se, de forma geral, escrever:

$$N_A = N_B = N_C = N_F \quad (9.67)$$

e:

$$I_{A\,máx} = I_{B_{máx}} = I_{C_{máx}} = I_{F_{máx}} \tag{9.68}$$

Levando essas informações à equação (9.66), resultam três ondas de força magnetomotriz que estão em fase e giram com igual intensidade, velocidade e sentido. Dessa forma, a força magnetomotriz resultante caracteriza-se como uma onda de força magnetomotriz girante que tem por expressão:

$$\boxed{\Im_R(\theta,t) = \frac{3}{2}\cdot N_F \cdot I_F \cdot \cos(\omega\cdot t - \theta)} \tag{9.69}$$

que se caracteriza em um campo girante, em que:

$$\omega\cdot t - \theta = \text{cte.} \tag{9.70a}$$

$$\theta = (\omega\cdot t - \text{cte.}) \tag{9.70b}$$

$$\boxed{\frac{d\theta}{dt} = \omega_R = \omega_S = \omega} \tag{9.70c}$$

isto é, o observador viaja junto com a onda de força magnetomotriz dotada de velocidade ω. Se o estator possuir um enrolamento de p pólos, ter-se-á:

$$\boxed{\omega_R = \frac{2}{p}\cdot\omega_S} \tag{9.71}$$

em que:

$$\boxed{n_S = \frac{120\cdot f}{p}} \tag{9.72}$$

em rotações por minuto, que é a velocidade do observador para qualquer número de pólos do enrolamento e, por sua vez, é a velocidade da onda de força magnetomotriz gerada no entreferro da máquina. Se a máquina for síncrona, o seu rotor gira a uma velocidade angular igual a ω_R e igual a n_S. Se a máquina for assíncrona de indução, operando como motor, o seu rotor gira a uma velocidade ω_R menor, caracterizando um escorregamento do rotor em relação à velocidade do campo girante e esse escorregamento tem por expressão:

$$\boxed{s\% = \frac{n_S - n_R}{n_S} x100\%} \tag{9.73}$$

sendo n_R a velocidade angular do rotor de uma máquina assíncrona de indução, velocidade essa dada em rotações por minuto.

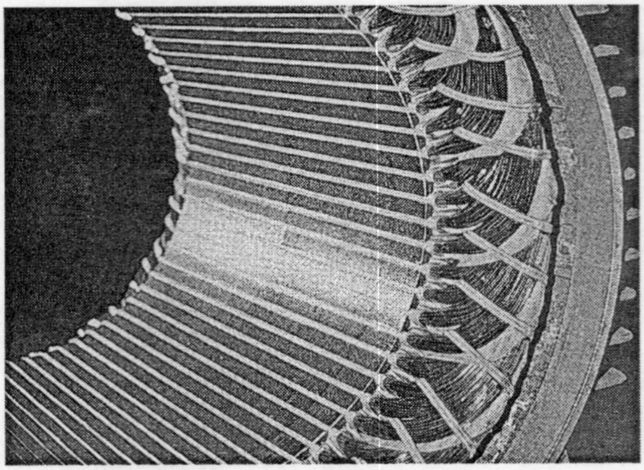

FIGURA 9.25: ESTATOR DE UMA MÁQUINA ASSÍNCRONA DE INDUÇÃO. GENTILEZA: WEG MÁQUINAS LTDA. - JARAGUÁ DO SUL - S. C. - BRASIL

9.5: BIBLIOGRAFIA RECOMENDADA PARA O CAPÍTULO

Crosno, C. D. (**1968**). Fundamentals of Electromechanical Conversion. Hardcourt, Brace & World, Inc. New York, U. S. A. p. 215.

Del Toro, V. (**1968**). Electromechanical Energy Conversion. Prentice-Hall, Inc. Englewood Cliffs, New Jersey, U. S. A. p. 617.

Kosow, I. L. (**1964**). Electric Machinery and Control. Prentice-Hall, Inc. Englewood Cliffs, New Jersey, U. S. A. p. 707.

Meisel, J. (**1969**). Princípios de Conversion de Energia Electromecanica. Libros McGraw-Hill. Madrid, Spaña. p. 647.

Schmitz, N. L. e D. W. Novotny. (**1965**). Introductory Electromechanics. The Ronald Press Co. New York, U. S. A. p. 315.

Sen, P. C. (**1997**). Principles of Electric Machines and Power Electronics. Second Edition. John Wiley and Sons, Inc. New York, U.S.A. p. 615.

LANÇAMENTOS DE DEZEMBRO - 98

Automação e Controle Discreto
Autores: Winderson E. Santos e Paulo R. da Silveira
Código: 5918 • 256 páginas

Automação e Controle Discreto é uma obra destinada a técnicos e engenheiros já atuantes ou em fase de estudo de sistemas automatizados. São apresentadas técnicas para resolução de problemas de automatização envolvendo sistemas de eventos discretos como o controlador lógico programável, a modelagem de sistemas seqüenciais por meio de Grafcet e técnicas de programação oriundas da experiência dos autores. O texto que contém seis capítulos também aborda, em linguagem coloquial, aspectos histórico-sociais da automação, além de contextualizar as mais recentes tecnologias na área. Ao final de cada capítulo, é proposta uma lista de exercícios.

Conhecendo e Trabalhando com o Delphi 4
Autores: Pedro Luiz Côrtes e Kazuhiro Shiraishi
Código: 5926 • 392 páginas

Nesta obra, os autores fornecem um panorama bastante amplo sobre o Delphi 4. O livro parte do desenvolvimento de aplicativos básicos, passando à elaboração de programas mais sofisticados tais como um editor de textos, um sistema para leitura e gravação de imagens, e chega à produção de um sistema para FTP (transmissão de arquivos via Internet). Além disso, boa parte do livro é dedicada ao desenvolvimento de aplicativos com bancos de dados. São mostradas diversas técnicas, desde o Wizard até o desenvolvimento de sistemas mais complexos, com a utilização de comandos SQL e relacionamento de tabelas.

Conhecendo e Trabalhando com o Visual Basic 6
Autores: Pedro Luiz Côrtes e Roberto Alessandre Scherr
Código: 5969 • 352 páginas

Este livro apresenta, de maneira clara e didática, a técnica de desenvolvimento de aplicativos com o Visual Basic 6.0. São mostrados diversos exemplos passo a passo de montagem de programas, explorando diversas possibilidades do Visual Basic. No início, são apresentados programas simples, mostrando aos leitores as técnicas básicas do Visual Basic. São discutidos aspectos tais como estruturas de controle e decisão, estruturas de repetição e utilização de cores, sempre apresentando exemplos práticos e objetivos aos leitores. Prosseguindo, os leitores são brindados com aplicativos mais complexos e úteis tais como um Editor de Textos e um programa para efetuar Slide Show (leitura de imagens BMP seqüencialmente). Finalmente, serão apresentados os conceitos básicos de programação com Bancos de Dados, incluindo desde a elaboração de programas com a utilização do Data Control até o acesso direto a Bancos de Dados, contendo pesquisas com a utilização de SQL.

CorelDRAW 8 - Descobrindo e Conquistando
Autor: William Pereira Alves
Código: 5934 • 408 páginas

O objetivo desse livro é levar ao leitor os conhecimentos básicos sobre os principais recursos da versão 8 do CorelDRAW, necessários para a elaboração de ilustrações diversas, das mais simples às mais sofisticadas.
São abordados os principais assuntos referentes a essa área. Entre eles: Conceitos sobre ilustrações vetoriais e mapeadas a bit; Fundamentos de cores; Utilização de textos; Aplicação de efeitos especiais; Criação de textos tridimensionais; Utilização de objetos tridimensionais; Mistura de objetos; Extrusão de objetos e Transparência de objetos
Possui uma linguagem de fácil assimilação e capítulos ricamente ilustrados. É indicado tanto a iniciantes quanto a profissionais da área.

Lançamentos de Dezembro - 98

Delphi 4 – Proteção e Segurança de Banco de Dados
Autor: Cristos Constantin Vozikis
Código: 5942 • 232 páginas

Este livro faz abordagens sobre segurança de aplicações com recursos de criptografia de dados e proteção de Banco de Dados por meio de senhas. Você, leitor, vai aprender passo a passo como desenvolver um sistema de controle de acesso para aplicativos, descobrindo truques e segredos da ferramenta de desenvolvimento Delphi 4. O sistema desenvolvido pelo livro contém os seguintes formulários: um formulário de Login para restringir acesso a uma aplicação, um formulário para criar usuários, permitindo criar nível de acesso aos módulos do sistema e um formulário para definir o layout de outros formulários em tempo de execução etc. Poderá ser utilizado em escolas técnicas, universidades e por profissionais da área.

Projeto Efeito Estufa
Autor: Nilbo Ribeiro Nogueira
Código: 5896 • 64 páginas

Dentre os temas emergentes voltados à área de meio ambiente, o Efeito Estufa é sem dúvida um dos mais preocupantes.
No Projeto Efeito Estufa, pretende-se que o aluno reflita sobre as problemáticas referentes à camada de ozônio, elevação de temperatura média do planeta, queimadas e desmatamento das florestas, etc., analisando seus efeitos sobre o meio ambiente, procurando gerar atitudes nos alunos participantes deste Projeto, que venham a auxiliar na conscientização da comunidade escolar em prol da proteção de nosso Planeta. Todos estes temas e problemas são tratados interdisciplinarmente a fim de integrar as disciplinas de Matemática, Educação Física, Geografia, Língua Portuguesa, Ciências, Inglês e Educação Artística.

Projeto S.O.S. Corpo Humano
Autor: Nilbo Ribeiro Nogueira
Código: 5888 • 64 páginas

Um dos objetivos deste Projeto é o trabalho de conscientização dos alunos sobre a importância de manter um corpo saudável e em equilíbrio tanto físico quanto mental. Trabalhado o nível de conscientização, o próximo objetivo é gerar a reflexão dos alunos sobre as atitudes que cada um, individualmente e/ou em grupo, pode tomar para manter um corpo saudável, discutindo as problemáticas das doenças, das drogas, da alimentação, da sexualidade, do respeito para com os semelhantes, etc. Todo este processo é desenvolvido na forma de um Projeto de caráter interdisciplinar, com a realização de diversas atividades práticas nas diferentes áreas do conhecimento. Pretendendo-se, desta forma, que cada aluno interaja, vivencie, crie hipóteses e construa seu conhecimento sobre um corpo saudável e harmonioso.

Redes de Computadores - Dados, Voz e Imagem
Autor: Lindeberg Barros de Sousa
Código: 590X • 520 páginas

Este livro tem o objetivo de explicar o funcionamento das tecnologias que compõem as redes corporativas e ajudar na: elaboração de projetos de redes de computadores; tomada de decisões estratégicas e escolha da melhor tecnologia a ser aplicada em sua empresa; redução de custos e no aumento da velocidade e da performance de suas conexões e planejamento de redes. Conheça e entenda como funcionam: Modems; Satélites; Internet, Intranets e Extranets; EDI; Redes locais e remotas (LAN e WAN); Comunicações sem fio e móveis; ISDN; Protocolos; ATM e Frame-relay e Cabling.
Se você utiliza computador e redes, acessa a Internet, ou quer conhecer as tecnologias de interligação de computadores, este livro mostrará soluções e exemplos, sendo um guia prático para profissionais e usuários que trabalham com informática e telecomunicações.

CADASTRO PARA MALA DIRETA

Preenchendo este formulário e enviando para Editora Érica, você receberá informações periódicas sobre os nossos lançamentos.

Desejo cadastrar-me para receber informações sobre os lançamentos

Livro: **Conversão Eletromecânica de Energia**
Autores: **Gilio Aluisio Simone/Renato Crivellari Creppe** ISBN: **85-7194-603-5**

Nome:

Endereço para correspondência:

Cidade: **Estado:**

CEP: **Fone:**

Data de Nascimento:

Empresa onde trabalha:

E-mail:

DEIXE-NOS SABER SUA OPINIÃO SOBRE ESTE NOSSO PRODUTO

Onde este livro foi comprado?

( ) Livraria ____________
( ) Loja ____________
( ) Banca ____________
( ) Outro ____________

Onde você tomou conhecimento do livro?

( ) Revista ____________
( ) Catálogo ____________
( ) Anúncio ____________
( ) Escola ____________
( ) Mala Direta ____________
( ) Outro ____________

O que mais agradou você no livro?

( ) O Conteúdo
( ) As Ilustrações
( ) A forma como foi escrito
( ) A capa
( ) Não gostei

Como você classifica este livro?

( ) Ruim
( ) Regular
( ) Bom
( ) Ótimo

PRT/SP-4707/94
UP AC CENTRAL

DR/SÃO PAULO

CARTÃO RESPOSTA

NÃO É NECESSÁRIO SELAR

o selo será pago por

EDITORA ÉRICA LTDA.

03399-999 SÃO PAULO - SP

recortar